Math Fundamentals

21世纪数学基础课系列教材

大学文科数学

（第二版）

主　编　王章雄　胡桂华
副主编　徐群芳　叶彩儿

编写人员　（按姓氏笔画为序）
王章雄　叶彩儿　余永清　胡桂华
胡慧兰　顾光同　徐群芳

中国人民大学出版社
·北京·

内容简介

本书是为面向文科类大学生开设的“大学文科数学”课程而编写的教材. 全书分为五个部分：函数极限与微积分，线性代数，线性规划简介，概率论初步，数理统计及 Excel 统计应用简介. 全书例题丰富，每节之后均配有适当数量的习题，书末附有习题答案，便于教师教学与学生自学.

本书适用于普通高校文史哲、法律、语言及其他文科类专业的本科生，也可供高职高专层次的经管类和文科专业作为教材，同时还可作为一些工科类专业的数学教学参考书。

第二版前言

为了适应文科类学生数学教学的需要，我们曾于 2007 年编写了《大学文科数学》教材．经过几年来文科数学教学改革的发展和教学实践的检验，我们认为文科类学生的数学课程和教材应该更加体现文科类学生的专业特点和实际需求．在传授适宜的高等数学知识的同时，要重点培养文科类学生的数学思想和科学思维能力，提高他们的整体科学素质．为此，我们对第一版《大学文科数学》作了较大的修改．这次修改，除了对原书的内容在深度、广度、难度方面做了一些调整之外，还有以下几方面改动：

（1）将原书的第一章拆分开，提炼出“数学及其特点”作为全书的绪论，而“数学简史”部分的内容分散到各个相关章节中，这样可使读者对数学有一个宏观的认识，也便于与具体教学内容相结合，让学生在学习相应的数学知识之前，对各个学科分支的历史发展和全局有一个基本的了解．

（2）在线性代数部分，加强了矩阵初等变换的内容，强调了它在矩阵应用中的作用．

（3）在统计软件部分，考虑到文科类学生的实际情况和需要，将专业性较强的 SPSS 软件的内容改为介绍 Excel 在统计方面的应用．

（4）为了更加切合文科类学生的实际情况，更换了部分难度过大的例题和习题，同时改正了原书中的一些错误．

本次改编由王章雄、胡桂华、顾光同完成．具体执笔：第一章——胡桂华，第二、三、四章——王章雄，第五章——顾光同．对书中的疏漏和不妥之处，恳请读者和同行不吝指正．

本教材可供大中专院校语言类、文法类、艺术类、社科类等文科类专业学生使用，也可以作为非文科类专业学生的课外参考书.

编者

2011 年孟夏于临安

第一版前言

对于数学教育，人们往往强调其工具功能，即更关注数学与专业的结合. 但是事实告诉我们，如果你从事的工作不直接使用数学的话，那你在大学里所学的数学知识大部分人在毕业后一两年就会基本忘掉. 然而，如果一个人在大学里得到了良好的数学素质的培养，那么不管你将来从事什么样的工作，铭刻于头脑中的数学精神、数学的思维方法、研究方法、推理方法和着眼点，都能随时随地发生作用，受益终身. 早在 20 世纪 30 年代末，英国哲学家（同时也是数学家、教育学家）怀特海（A. N. Whitehead）曾经预言："在人类思想领域里具有压倒性的新情况，将是数学地理解问题占统治地位."人类社会进入 21 世纪以来，随着科学技术的日新月异，不仅科学本身在数学化，即用数学的思想和方法来构建、解决问题，对整个社会的发展来说，数学化的倾向也在加速进行，怀特海的预言正在变成现实. 1989 年，美国国家研究委员会在一份名为《人人关心数学教育的未来》的专题报告中也写道："数学提供了有特色的思考方式，包括建立模型、抽象化、最优化、逻辑分析、从数据进行推断，以及运用符号等等. 它们是普遍适用并且强有力的思考方式. 运用这些思考方式的经验构成了数学能力——是当今这个技术时代日益重要的一种智力，它使人们能批判地阅读，能识别谬误，能探察偏见，能估计风险，能提出变通办法. 数学能使我们更好地了解我们生活在其中的充满信息的世界.""从来没有像现在这样，他们需要数学式的思维."随着我国改革发展的不断深入，对大学教育也提出了更高更新的要求. 近些年，大学教育中也强化了数学教育的地位，各个学校也陆续开设了《大学文科数学》课程，而且在一些文科专业，根据自身发展的需要，对数学课程的要求还在不断提升. 大学把数学作为文科类各专业必修课，反映了数学教育对人的思维训练的重要性.

作为一门面向文科类各专业开设的基础课程，《大学文科数学》主要目的是培养文科类学生的科学素养，养成良好的思维习惯，提高学生的整体素质，同时还要照顾到文科学生的专业与思维特点. 因此本教材不仅仅在向文科学生传授高深的数学知识，而且旨在培养学生的现代数学意识，提高其理性思维能力，同时向学生展示数学在实际应用中的强大功能，在理性思维训练、实用技术学习和数学文化欣赏这三者中寻找合适的平衡点. 为贯彻以上指导思想，本书在编写内容上注重基本数学思想的培养，适当降低了理论性与难度；编写风格上淡化了逻辑与技巧，强调实用性和拓展文科学生的高等数学方面的知识面. 在此基础上，本书力争使学生学会欣赏数学文化，领略和体会数学多个分支的思想本质，也能用所学知识解决一些在实际应用中遇到的问题.

全书共分六章，除了包括传统“大学文科数学”的内容，如函数与微积分、线性代数、概率统计初步等方面的内容之外，还从训练思维与实用两方面考虑，简要介绍了线性规划的基本知识及其简单解法，同时增加了数学简史的内容. 编者认为，让文科学生了解一些数学各个分支学科方面的历史进程，有利于他们建立对数学的整体印象，同时增加他们学习数学的兴趣. 另外，为了适应当前计算机在处理实际问题方面的强大功能与快速进展，本书结合数理统计知识的学习，比较详细地介绍了常用数学软件 SPSS 的应用，希望这样的安排能够兼顾到读者对思辨性与实用性、知识性与趣味性的要求. 全书注重通过对大量典型例题的分析和点评，启迪读者加深对有关数学概念和理论的认识，提高分析问题和解决问题的能力. 为了便于读者巩固所学内容，书后附有对每节所留练习题的部分答案与提示. 读者在做题前要把相关的概念和理论搞清楚，不要急于翻阅答案，要养成独立思考的习惯，尽量自己完成解题过程.

本书各章的编写者是：第一章，胡桂华；第二章，胡慧兰、胡桂华；第三章，叶彩儿；第四章，王章雄；第五章，徐群芳；第六章，顾光同. 余永清审查和整理了所有习题的答案，全书由王章雄和胡桂华统稿. 在形成本书之前，浙江林学院理学院部分老师在教学中作为讲义试用，此间他们提出了不少好的建议. 张立溥在讲义的编写过程中也做了很多工作. 中国人民大学出版社副编审潘旭燕为本书的出版付出了辛勤劳动. 在此，对他们表示衷心的感谢.

本教材适用于普通本科语言类、文法类、艺术类、社科类等文科专业，对于非文科类专业也是一本不错的参考教材. 另外，由于各方面的原因，书中定有不少疏漏和不妥，敬请指正！

编者

2007 年春于杭州临安

目　录

绪论

数学及其特点

第一位诺贝尔物理学奖获得者伦琴在回答“科学家需要什么样的修养”的问题时说：“第一是数学，第二是数学，第三是数学.”爱因斯坦在谈到数学时说：“数学之所以有高声誉，还有另一个理由，那就是数学给予精密自然科学以某种程度的可靠性，没有数学，这些科学是达不到这种可靠性的.”我国著名数学家华罗庚也说过：“宇宙之大，粒子之微，火箭之速，化工之巧，地球之变，生物之谜，日用之繁……无一不可用数学来表达.”这些科学大师对数学如此推崇，表明了数学在人类文明中的极端重要性. 可以说，现代社会中的每个人，无论你从事什么职业，都不可能离开数学，所以我们无论从事什么行业的工作，都必须对数学有所了解.

一、 什么是数学

伽利略认为“宇宙像一本用数学语言写成的大书”. 事实上，数学不仅用于自然科学的各个领域，而且早已渗透到社会科学的每一个领域，尤其在经济和管理领域显得更为突出. 在经济管理中，预测是管理的依据，而数学则是预测的重要武器. 可以说无论是经济学家还是经济管理工作者，不懂数学决不会成为杰出的人才. 数学是我们理解世界及其发展的一把主要钥匙.

那数学是什么呢？简单地说，数学是关于内容与形式相脱离，只从形式上研究数量关系和空间形式的科学. 例如，数学上的数字乘法表在实际问题中可能是男孩的数目再乘上苹果的数目，或者苹果的数目乘上苹果的价钱，等等；数学上的变化率在实际应用中可能是速度或电流等；几何上的线段在实际问题中可能指细棒或拉紧了的绳子，等等. 总之，数学是抛开具体问题的内容和含义，从中抽象出它们的共同本质与实质加以研究、概括和总结，从对数量关系或空间形式的研究来表达其自然规律、发现自然规律的奥秘和对自然规律的认识.

二、 数学的特征

数学概念来源于实际，是实际问题的高度概括和高度抽象，因此，抽象性是它的第一个特征；数学思维的正确性和表现在逻辑上的严密性以及它的结论的确定性使得精确性成为它的第二个特征；一切科学、技术及社会的发展都需要数学，应用的广泛性是它的第三个特征.

数学在它的抽象方面的特点在于：第一，在数学的抽象中只保留着数量的关系和空间形式，而舍弃了其他一切. 第二，数学的抽象是经过一系列阶段而产生的；它们达到的抽象程度大大超过了自然科学中一般的抽象. 第三，数学本身几乎完全周旋于抽象概念和它们的相互关系的圈子之中. 如果自然科学家为了证明自己的论断常常求助于实验，那么数学家证明定理只需用推理和计算. 当然，数学家们为了发现自己的定理和方法，也常常利用模型、物理的类比、注意许多单个的十分具体的实例，等等. 所有这些都是理论的现实来源，有助于发现理论的定理，但是每个定理只有当它已从逻辑的推论上严格地被证明了的时候，它才最终地在数学中成立. 如果一个几何学家报告一条他所发现的新定理时，只限于在模型上把它表示出来，那么任何一个数学家都不会承认这条定理是被证明了. 只有当他引用固有的原始性质（或已经被公认的定理），用推理的方法导出这个定理，数学家们才会承认这一定理. 这样看来，不仅数学的概念是抽象的、思辨的，而且数学的方法也是抽象的、思辨的. 由于数学推理的进行具有严格的精密性，因此，数学结论具有更大的逻辑严格性. 数学结论证明的这种精密性和确定性使得数学真理是完全不容争辩的.

由于数学的研究对象——数量关系与空间形式都来自于现实世界，因而数学的概念和结论尽管在形式上具有高度的抽象性，但实质上总是扎根于现实世界的. 生活实践与技术需要始终是数学的真正源泉，反过来，数学对改造世界的实践又起着重要的、关键性的作用. 理论上的丰富提高与应用的广泛深入在数学史上始终是相伴相生、相互促进的.

三、 数学思想与数学文化

数学思想是伴随着数学科学的产生而产生的，是从数学内容中抽象概括、再抽象再概括出来的，因而具有高度的包摄性和可迁移性，是对数学科学的理性认识，是数学的精髓和灵魂．领悟到数学思想的存在，有助于提高分析问题、解决问题的能力，发展创造性思维，有助于形成科学的世界观和方法论．基本数学思想有：方程的思想、函数的思想、数形结合的思想、分类讨论的思想、转化的思想等．

数学是人类文化最基本的基础之一．语言和数学，构成了人类文化的有机体．没有数学的单纯的语言文化，如同有形而无灵魂的雕塑．所以，在语言产生的最初时代，由于语言缺乏灵性，人类认识和解释世界的层次非常肤浅，那些已经用文字记载下来的丰富多彩的传统文化，由于对事物和自然规律的描述始终处在唯象的阶段，处在从现象到现象的描述过程中，处在经验论的层次上，所以，许多至今看来我们并没有视其为伪科学的思想、观点、理论，在现代科学殿堂上我们也没有光明正大地、理直气壮地把它们归为“经典科学理论”．例如，中国的中医学、气功与经络理论，印度的瑜伽功，等等．根源在哪里？应该说缺乏数学的理性描述和解释是最重要的原因之一．

传统的理论对这些领域现象的解释，缺乏数学推理那样的严谨性，以至于发展成了我们俗称的“玄学”．这类唯象的理论，虽然也可以部分地解释和体现理论的作用（如中医学的五行生克、辨证施治），但是却始终停留在经验论的基础上，其科学威力实际上大打折扣．

还有一些西方传统的科学理论，例如心理学，典型的如弗洛伊德的精神分析，主要的观点也是唯象的．“恋母情结”实际上利用的是人的生理本能起源原理，似乎其中有了一点逻辑推理的意味，结果就成为经典．实际上，生理本能起源说在中国也是早就产生了．孔子说：“食、色，性也．”但是逻辑推理在中国文化中却没有得到西方那么系统的发展，所以也就无法达到更高的层面．西方是从欧氏几何学开始，把理性的数学以及数学的思想方法应用到科学乃至社会伦理的各个领域．这也是中国传统文化与西方文化发展在现代出现差距的原因之一．所以，我们说语言形成了人类文化的形体，而数学则给文化注入了理性的生命，没有数学的文化是没有灵魂的文化．

四、 数学与科学

现代科学最典型的特征就是，既有血肉——用严谨的实验基础证明唯象的客观现象的存在，又有灵魂——用逻辑的、数学的严格推理表述内在的原理，因此才体现了不可否认的巨大威力，才被我们公认为经典科学．

我们之所以推崇经典科学，尤其是经典物理学，其重要的原因之一就是：经典科学不但能够较完美地解释我们已经发现的许多客观规律，还由于其理性地通过数学所做的推理体现了经典科学的强大的超前性、预见性．由此我们才可以预见我们暂时还没有发现和证实的许多自然现象和客观规律．于是，人类生产力的提高出现了跨越式的发展，人类社会出现了大踏步的前进．经典科学理论依靠理性的数学工具进行了较严密的推导，用数学论述了经典科学的各种研究论题的内在规律．

数学给科学注入了生命，科学才在现代成为具有强大生命力的理论，发挥着巨大的威力．所以，数学是现代科学密不可分的重要内容，可以说，没有数学就没有现代经典自然科学．因此，讨论自然科学，就必然要涉及数学，盲目排斥数学的自然科学论是对自然科学无知的表现．

总而言之，数学是人类文化的理性、灵魂，是科学思想的理性的部分，有了数学，科学才成为真正有生命的具备了强大威力的文化．当我们对数学所具备的重要意义有了这样的认识之后，我们爱好数学就有了更深刻的原动力．

五、 数学概念的学习方法

首先要弄清数学概念的特点．数学的研究对象是现实世界的数量关系和空间形式，这种关系和形式是脱离了事物的具体物质属性的．因此，数学概念有与此相对应的特点．

（1）数学概念是反映一类事物在数量关系和空间形式方面本质属性的思维形式，它是排除一类对象物理属性以后的抽象，反映了一类对象在数与形方面内在的、固有的属性，因而它在这一类对象的范围内具有普遍意义．

（2）数学概念是人类对现实世界的空间形式和数量关系的简明、概括的反映，并且都由反映概念本质特征的符号来表示，这些符号使数学有比其他学科更加简明、清晰、准确的表述形式．这说明在数学的发展中引进恰当的符号来表示概念是非常重要的，这是数学概念的一个重要特点．

（3）数学概念是具体性与抽象性的辩证统一．数学是高度抽象的，但另一方面，数学概念又是非常具体的，任何一个数学概念的背后都有许多具体内容支撑着．只有掌握了数学概念的定义，同时又能够举出概念的具体事例，才算真正掌握了数学概念．

（4）数学概念具有很强的系统性．前面已指出，数学概念往往是“抽象之上的抽象”；先前的概念往往是后续概念的基础，从而形成了数学概念的系统．公理化体系就是这种系统性的最高反映．

其次是要深刻理解和掌握并会应用数学概念．理解数学概念是学习数学的关键，只有理解了数学概念和原理，才能牢固地掌握数学知识，才能灵活地、举一反三地、融会贯通地、具有创造性地应用数学知识. 学习数学知识切勿只是停留在表面上，形式地记住了数学概念的某个要领的词句，套用公式、法则，不知道概念的本质属性，不知道公式的来龙去脉，知其然，不知其所以然，无法变通，那是学不好数学的. 数学是思维的体操，数学学习要求具有较强的抽象和概括能力，因而数学学习中的理解较之一般性的理解有更高的要求. 数学学习中的理解应解释为对已学东西的意义不断地加以更新、改造、整理和重组的过程，为形成更合理的结构，从整体内部进行正、逆向交叉，跳跃式的联系，从总体中认识局部的、孤立的概念之间的内部联系，通过表象的更新、新联系的建立、旧联系的调整或抛弃来影响总体或局部结构的进化，甚至得以革新，形成联系更丰富、更紧密、更融会贯通的知识网络. 数学中的理解学习应是学习者先认识数学对象的外部表征，构建相应的心理表象，然后在建立新旧知识联系的动态过程中，打破原有的认识平衡，将数学对象的心理表象进行改造、整理、重组，重新达到新的平衡，以便提炼出数学对象的本质特征及规律；也就是说，用已有的知识来理解未知的知识，把所学的知识进行比较，加强新旧知识的联系，促进数学知识的系统化，把抽象的知识形象化、直观化，从而达到对数学知识的理解.

一般地，对数学概念的理解有下面三个层次的体现：

第一，能用自己的语言来正确地表述数学概念、公式、法则等数学知识，能依据自己已有的数学知识和经验去对教师所讲的内容做出解释，能够根据数学内容来提出问题和回答问题.

第二，能否进行实际操作是对数学知识确切理解的主要标志. 实际操作是指根据所学的数学知识，进行判断、运算、推理、证明等. 在这一过程中，通过建立新旧知识的动态联系，打破原有的认知平衡，将数学对象的心理表象直接纳入认知结构.

第三，能否进行具体运用是衡量是否达到对数学知识深刻理解的重要标志. 具体运用是能综合运用所学的数学知识解决相关的数学问题. 实际上，具体运用的过程也是对数学对象的心理表象进行改造、整理、重组，达到新的平衡，以便提炼出数学对象的本质特征及规律，从而对数学知识加以运用.

其中，后一个体现的理解层次比前一个更能体现其理解深刻性. 总之，能否把语言表述、实际操作和具体运用三者结合起来，是全面理解数学知识的标志. 这种结合越好，表明理解越深.

六、 数学分支学科

数学是一个庞大的家族，加之其历史悠久，经过千百年来的不断发展，使得其内容极其丰富．到今天，数学已经成为科学世界中拥有 100 多个主要分支学科的庞大的王国．其中除了我们熟悉的经典的如几何学（主要包括欧氏几何、非欧几何、解析几何、微分几何、代数几何、射影几何、拓扑学、分形几何等）、代数学（主要包括线性代数与多项式理论、数论、抽象代数等）、分析学（主要包括微积分学、实变函数论、复变函数论、泛函分析与算子理论、微分方程等）等三大核心领域之外，还通过与其他科学相互渗透，出现了许多边缘学科和交叉学科．例如，概率统计、数理逻辑、组合数学与图论、运筹学与控制论、计算数学、模糊数学、突变理论等．

随着人们对客观世界和对数学自身的深入研究，我们相信，还会有新的分支学科不断涌现出来．

第一章

函数极限与微积分

函数是数学中最重要的基本概念之一，是微积分研究的主要对象. 极限是贯穿整个微积分研究过程的最重要的概念，其研究特点在于舍弃事物非本质的内容，研究其共性. 例如，通过对切线斜率、作变速直线运动的质点的速度与加速度的讨论，发现了它们的共同点——变化率，即引出了导数；通过对曲边梯形面积的研究，给出了积分的概念. 反过来，利用这些数学概念可以进一步解决更多的实际问题，使得微积分在各个科学领域中都有非常广泛的应用. 本章主要介绍函数极限与微积分的基本概念、性质及其简单应用.

第一节 微积分发展简史

微积分的产生是数学上的伟大创造，具有划时代的意义. 它从生产技术和理论科学的需要中产生，又反过来广泛影响着生产技术和科学的发展. 如今，微积分已是广大科学工作者以及技术人员不可缺少的工具. 它不仅成为学习高等数学各个分支必不可少的基础，还是学习近代任何一门自然科学和工程技术的必备工具.

微积分是微分学和积分学的统称，它的萌芽、发生与发展经历了漫长的时期. 现在的微积分学教程，通常的讲授次序是先极限、再微分、后积分，这与历史顺序正好相反.

一、 微积分的萌芽

早在古希腊时期，欧多克斯(Eudoxus，约公元前 400 年—公元前 347 年)

提出了穷竭法，他是微积分学的先驱，而我国庄子（公元前 369 年—公元前 286 年）在《天下篇》中也有“一尺之棰，日取其半，万世不竭”的极限思想. 公元 263 年，刘徽为《九章算术》作注时提出了“割圆术”，用正多边形来逼近圆周. 这是极限论思想的成功运用.

积分概念是由求某些面积、体积和弧长引出的，古希腊数学家阿基米德在《抛物线求积法》中用穷竭法求出抛物线弓形的面积. 虽然当时他还没有使用极限，而是用“有限”的穷竭法，但阿基米德的工作可以算作积分学的萌芽.

17 世纪上半叶，法国数学家笛卡尔（R. Descartes，1596—1650）在欧几里得几何学的基础上，把代数与几何综合起来，建立了解析几何学，使微积分的发明成为可能. 现在一般认为，微积分学最重要的工作是由牛顿和莱布尼茨各自独立完成的. 但在此之前，有很多数学家做了大量的前期工作.

微分是在解决对曲线作切线的问题和函数的极大值、极小值问题时产生的. 微分方法的第一个真正值得注意的先驱工作起源于法国数学家费马（P. de Fermat，1601—1665）于 1629 年给出的如何确定极大值和极小值的方法. 其后英国剑桥大学的巴罗(J. Barrow）教授又给出了求切线的方法，进一步推动了微分学概念的产生. 在这一微分学发展的早期阶段，意大利数学家卡瓦列里（B. Cavalieri，1598—1647）的不可分量原理、沃里斯的《无穷算术》都沿着不同的方向朝着微积分的大门在逼近，但是所有这些努力还不足以标志着微积分作为一门独立科学的诞生，它们的方法缺乏足够的一般性. 因此，就需要有人站在更高的高度上，将以往个别的贡献和分散的努力综合起来作为统一的理论. 这是 17 世纪中叶数学家们面临的艰巨任务，牛顿和莱布尼茨正是在这样的时刻出场的.

二、 牛顿的“流数术”

牛顿于伽利略去世的那年（1642 年）出生于英格兰沃尔索浦的一个农村家庭. 他于 1661 年进入剑桥大学三一学院，受教于巴罗，同时钻研伽利略、开普勒、笛卡尔和沃里斯等人的著作. 笛卡尔的《几何学》和沃里斯的《无穷算术》对他的数学思想的形成影响最深，正是这两部著作引导牛顿走上了创立微积分之路.

1. 流数术的初建

牛顿对微积分的研究始于 1664 年秋，当时他反复阅读笛卡尔的《几何学》，对笛卡尔求切线的“圆法”产生兴趣并试图寻找更好的方法. 此时，牛顿首创了

用记号 o 表示 x 的无限小且最终趋于零的增量.

1665 年至 1667 年春，牛顿在家乡躲避瘟疫期间，继续探讨微积分并取得突破性进展. 据他自述，他于 1665 年 11 月发明"正流数术"（微分法），次年 5 月又建立了"反流数术"（积分法）. 1666 年 10 月，牛顿将前两年研究的成果整理成一篇总结性的文章，此文现在译为《流数简论》（*Tract on Fluxions*）. 这是历史上第一篇系统的微积分学文献.《流数简论》（以下简称《简论》）反映了牛顿微积分的运动学背景. 该文事实上以速度形式引进了"流数"（即微商）的概念. 牛顿在《简论》中提出微积分的基本问题如下：

(a) 设两个或者更多的物体 A，B，C，…在同一时刻内描画线段 x，y，z，…. 已知表示这些线段关系的方程，求它们的速度 p，q，r，…的关系.

(b) 已知表示线段 x 和运动速度 p，q 之比 $\frac{p}{q}$ 的关系方程式，求另一线段 y.

实际上，用现在的语言表达，问题 (a) 是已知物体运动的位移，求运动的速度；而问题 (b) 则是已知物体运动的速度，求物体运动的位移. 这就涉及数学中的求微分和求积分的问题.

特别重要的是，《简论》中讨论了如何借助于这种逆运算来求面积，从而建立了所谓的"微积分基本定理".

2. 流数术的发展

《简论》标志着微积分的诞生，但它在很多方面还是不成熟的. 1667 年春天，牛顿回到剑桥大学，开始致力于微积分的改进和完善工作. 从那时起到 1693 年，他先后完成了三篇微积分论文，分别是：

《论用无限项方程所作的分析》，简称《分析学》，完成于 1669 年；

《级数和流数方法论著》，简称《流数法》，完成于 1671 年；

《曲线求积术》，简称《求积术》，完成于 1691 年.

这三篇论文反映了牛顿微积分学说的发展过程. 但由于牛顿对发表自己的科学著作态度谨慎，以上三篇文章发表都很晚. 他在微积分方面最早的公开表述出现在 1687 年出版的力学著作《自然哲学的数学原理》之中，因此《自然哲学的数学原理》也成为数学史上的划时代巨著.

三、 莱布尼茨的微积分

莱布尼茨出生于德国莱比锡的一个教授家庭，他比牛顿小 4 岁，早年在莱比锡大学学习法律，同时开始接触伽利略、开普勒、笛卡尔、帕斯卡以及巴罗等人的科学思想．莱布尼茨在巴黎居住了四年（1672—1676），这四年对他整个科学生涯的意义，可以与牛顿在家乡躲避瘟疫的那两年相比．莱布尼茨许多重大的成就，包括创立微积分，都是在这一时期完成的．

莱布尼茨被誉为“百科全书式的天才”．从幼年起，他就学习运用多种语言表达思想，并表现出了超凡的哲学天赋．他曾制作了一台能做加减乘除的计算机，并把这台计算机的复制品献给了中国的康熙皇帝．

1．特征三角形

莱布尼茨在巴黎与荷兰数学家、物理学家惠更斯的结识和交往，激发了他对数学的兴趣．他通过接触卡瓦列里、帕斯卡、巴罗等人的著作，了解并开始研究曲线的切线以及求面积和体积等微积分问题．与牛顿流数术的运动学背景不同，莱布尼茨创立微积分首先是出于对几何问题的思考，尤其是对特征三角形的研究．特征三角形，也称“微分三角形”，在巴罗的著作中已经出现．帕斯卡在特殊情形下也使用过这种三角形．莱布尼茨在 1673 年提出了他自己的特征三角形．

莱布尼茨在关于特征三角形的研究中认识到：求曲线的切线等价于求纵坐标的差值与横坐标的差值在这些差值变成无限小的时候的比值；而求曲线下的面积则依赖于无限小区间上的纵坐标之和（纵坐标之和在这里是指纵坐标乘以无限小区间的长度再相加，因此也相当于宽度为无限小的矩形面积之和）．莱布尼茨还看出了这两类问题的互逆关系．他深信，反方法等价于通过求和来求面积和体积．和牛顿一样，莱布尼茨也意识到微分与积分必定是相反的过程，即悟出了微积分学基本定理．因此这一基本定理被命名为“牛顿-莱布尼茨定理”．

2．分析微积分的建立

1684 年，莱布尼茨发表了他的第一篇微分学论文——《一种求极大值与极小值和求切线的新方法》（以下简称《新方法》），刊登在《教师学报》上，这也是数学史上第一篇正式发表的微积分文献．该文是莱布尼茨对自己自 1673 年以来微分学研究的概括，其中定义了微分并广泛采用了微分记号 dx 和 dy．在《新方法》中，莱布尼茨明确陈述了函数和、差、积、商、乘幂与方根的微分公式，同时还得出了复合函数的链式微分法则．《新方法》还包含了微分法在求极大值、极小值、拐点以及光学方面的广泛应用，其中对光学折射定律的推证特别有意义．

1686 年，莱布尼茨又发表了他的第一篇积分学文献《深奥的几何与不可分量及无限的分析》．这篇文章初步论述了积分或求积问题与微分或切线问题的互逆关系．正是在这篇文章中，积分号“$\int$”第一次出现于印刷出版物上．他引进的符号“d”和“$\int$”体现了微分与积分的“差”与“和”的实质，后来获得普遍接受并沿用至今.

牛顿和莱布尼茨都是他们那个时代的巨人. 就微积分的创立而言，他们尽管在背景、方法和形式上存在着差异，各有特色，但是二者的功绩是相当的. 他们都使微积分成为能普遍使用的算法，同时又能将面积等问题归结为反切线运算. 他们认识到微分和积分实际上是一对逆运算，从而给出了微积分学基本定理，即牛顿-莱布尼茨公式. 应该说，微积分能成为独立的科学并给整个自然科学带来革命性的影响，主要是依靠牛顿和莱布尼茨的工作. 莱布尼茨应与牛顿共同分享创立微积分的荣誉.

四、 微积分的发展

到 1700 年，现在大学里讲授的大部分微积分内容已经建立起来，还包括了较高等的内容，例如变分法. 1696 年，法国数学家洛比达（L'Hospital）写了第一本微积分课本，其中出现了对求解许多极限问题很有效的方法——现在我们称之为洛比达法则. 1769 年，欧拉论述了二重积分. 1773 年，拉格朗日考察了三重积分. 1837 年，波尔查诺（B. Bolzano）给出了级数的现代定义. 18 世纪以后，微积分进一步深入发展，这种发展与广泛的应用紧密交织在一起，促进和推动了许多数学新分支的发展，从而形成了“分析”这样一个观念和方法上都具有鲜明特点的数学领域. 在数学史上，这也是向现代数学过渡的重要时期.

由于微积分学科显著的应用性，吸引了大批的数学家来不及考虑其基础的可靠性而大胆创造出各种分析方法和相关分支学科. 这更大大扩展了微积分的应用范围，尤其是与力学的有机结合. 这种结合的紧密程度成为 18 世纪数学的鲜明特征之一，是数学史上任何时期都不能比拟的. 但是，牛顿和莱布尼茨创立的微积分在相当长一段时间里都是不严格的，特别是在使用无穷小概念上的随意与混乱，使他们的学说从一开始就受到怀疑和批评. 这种混乱导致了史上的第二次数学危机.

18 世纪的数学家们开始努力探索微积分严格化的途径. 经过近一个世纪的尝试与酝酿，数学家们在严格化基础上重建微积分的努力在 19 世纪初开始获得成效. 应该说，19 世纪分析学的严谨化，主要是由法国数学家柯西（A. L. Cauchy，1789—1857）奠基的. 现在的分析教科书中的极限、连续等定义、把导数看做差商的极限、把定积分看做和的极限，等等，实质上都是柯西给出的. 进一步完成这一工作的是维尔斯特拉斯（K. Weierstrass），他给出了现在使用的精确的极限定义，并同狄德金、康托于 19 世纪 70 年代建立了严格的实数理论，使微积分有了坚固可靠的逻辑基础.

但是，加固基础的工作并没有影响到 19 世纪分析学家去进一步拓宽自己的研究领域. 随着分析的严格化，分析中的一朵奇葩——复变函数论逐渐成长壮大起来；与物理问题密切相关的微分方程成为数学家和物理学家共同关注的焦点；数学家们也开始自觉地将分析工具应用于其他数学分支中，解析数论应运而生；概率论则为在 20 世纪的独立发展做好了准备.

微积分在发展的过程中还与数学的其他分支相互结合，逐渐形成新的数学分支，主要包括研究运动问题的常微分方程、研究弦振动（波动）问题的偏微分方程、起源于“最速降线问题”等问题的变分法、研究复变量 $z=x+iy$ 的函数的复分析以及研究拓扑线性空间之间映射的泛函分析等分支学科.

习题 1.1

1. 微积分的主要创始人是哪两位数学家，他们的方法有何不同?
2. 第一本微积分课本是谁所著?
3. 柯西对微积分的主要贡献是什么?

第二节　函数与极限

一、 函数的概念及性质

1. 函数的概念

在同一自然现象或技术过程中，往往同时有几个变量一起变化，但这几个变量不是彼此孤立地变化，而是相互有联系的，遵从一定的规律变化着.

例 1　圆面积问题. 考虑圆的面积 A 与它的半径 r 之间的依赖关系：

$$A=\pi r^2 .$$

当半径 r 取定一个正的数值时，圆的面积 A 的值也就随之确定；当半径 r 变化时，面积 A 也变化.

例 2　自由落体问题. 设物体下落的时间为 t，下落的距离为 s. 假定开始下落的时刻为 $t=0$，那么 s 与 t 之间的关系由 $s=\frac{1}{2}gt^2$ 给出，其中 g 是重力加速度. 在这个关系中，距离 s 随着时间 t 的变化而变化. 例如，当 $t=1$ 时，$s=\frac{1}{2}g$；当 $t=2$ 时，$s=2g$，等等. 其特点是，当下落时间 t 取定一个值时，对应的距离 s 的值也就确定了.

在上面的两个实例中，抛开所考虑量的具体意义，我们看到，它表达了两个变量间的依赖关系，当其中一个变量在某一范围内每取一个数值时，另一变量就有唯一确定的一个值与之对应，两个变量间的这种对应关系就是函数概念的实质.

定义 1 设 x，y 是两个变量，当变量 x 在集合 X 中取定一个数值时，如果变量 y 依照某种对应法则在集合 Y 中有唯一的数值与之对应时，就称 y 是 x 的**函数**，记为 $y=f(x)$.

集合 X 称为函数的定义域，集合 Y 称为函数的值域. 变量 x 称为自变量，变量 y 称为因变量.

确定函数的两个要素是函数的定义域和对应法则.

例 3 下列各对函数中，（ ）是相同的.

(A) $f(x)=\sqrt{x^2}$，$g(x)=x$； (B) $f(x)=\ln x^2$，$g(x)=2\ln x$；

(C) $f(x)=\ln x^3$，$g(x)=31\mathrm{n}x$； (D) $f(x)=\frac{x^2-1}{x+1}$，$g(x)=x-1$.

解 (A) 中两函数的对应关系不同，$\sqrt{x^2}=|x|\neq x$；(B)、(D) 两个选项中的每对函数的定义域都不同，所以 (A)，(B)，(D) 都不是正确的选项；而选项 (C) 中的函数定义域相等，且对应关系相同，故选项 (C) 正确.

在求函数定义域时，除了考虑使解析式有意义的自变量取值外，还要注意函数本身所表示的实际意义. 如例 1 中的自变量圆的半径 r 和例 2 中的自变量时间 t 均应为非负数.

例 4 函数 $f(x)=\frac{1}{\ln(x-2)}+\sqrt{5-x}$ 的定义域是______.

解 对函数的第一项，要求 $x-2>0$ 且 $\ln(x-2)\neq 0$，即 $x>2$ 且 $x\neq 3$；对函数的第二项，要求 $5-x\geqslant 0$，即 $x\leqslant 5$. 取公共部分，得函数定义域为 $(2,3)\cup(3,5]$.

2. 基本初等函数

常函数，幂函数，指数函数，对数函数，三角函数，反三角函数六类函数称为基本初等函数.

3. 复合函数与初等函数

设 y 是 z 的函数：$y=f(z)$，而 z 又是 x 的函数：$z=\varphi(x)$. 设 X 表示 $z=\varphi(x)$ 的定义域或其一部分. 如果对于 x 在 X 上取值时所对应的 z 值，函数 $y=f(z)$是有定义的，则 y 成为 x 的函数，记为：

$$y=f[\varphi(x)].$$

这个函数称为由函数 $y=f(z)$ 及 $z=\varphi(x)$ 复合而成的**复合函数**，z 称为**中间变量**.

例如，$y=\sin^2 x$ 是由 $y=z^2$ 及 $z=\sin x$ 复合而成的复合函数，其定义域为 $(-\infty, +\infty)$，就是 $z=\sin x$ 的定义域. 又如，$y=\sqrt{1-x^2}$ 是由函数 $y=\sqrt{z}$ 及 $z=1-x^2$ 复合而成的复合函数，它的定义域是 $[-1, 1]$，只是 $z=1-x^2$ 的定义域的一部分.

这里必须注意，并不是任何两个函数都可以复合成一个复合函数. 例如，$y=\arcsin z$ 及 $z=2+x^2$ 就不能复合成一个复合函数，因为对于 $z=2+x^2$ 的定义域（$-\infty$，$+\infty$）内的任何 x 值所对应的 z 值，$y=\arcsin z$ 都没有定义.

例 5 指出下列函数的复合过程.

（1）$y=\cos^2 x$；（2）$y=2^{(x-1)^2}$；（3）$y=\ln\{\ln[\ln(x^2+1)]\}$.

解 （1）$y=u^2$，$u=\cos x$，u 为中间变量.

（2）$y=2^u$，$u=v^2$，$v=x-1$，u，v 为中间变量.

（3）$y=\ln u$，$u=\ln v$，$v=\ln w$，$w=x^2+1$，u，v，w 为中间变量.

复合函数是产生新函数的重要方法，比借助反函数产生的函数还要丰富多彩. 下面我们给出初等函数的定义.

定义 2 由常数和基本初等函数经过有限次四则运算、乘方与开方以及有限次的函数复合运算所成的函数称为**初等函数**.

例如，$y=\sqrt{1-x^2}$，$y=\sin^2 x$，$y=\ln(1+\sqrt{1-x^2})$，$y=\arctan\sqrt{\dfrac{1+\sin x}{1-\sin x}}$都是初等函数.

二、 极限

极限理论是整个微积分理论的基础及基本工具，贯穿于整个课程之中. 在各种类型的极限中，数列的极限是最简单的.

1. 数列的极限

（1）数列的概念

极限的概念是由求解某些实际问题的真值而产生的. 如古代数学家刘徽的"割圆术"，就是极限思想在几何学上的应用.

在一个圆内，作一个内接正六边形，其面积为 A_1；再作一个内接正十二 (6×2) 边形，其面积为 A_2；再作一个内接正二十四 (6×2^2) 边形，其面积为 A_3；……；一般对于内接的正 $6\times 2^{n-1}$ 边形，面积记作 $A_n(n\in \mathbf{N})$. 于是，得到一系列的内接正多边形的面积：A_1，A_2，…，A_n，…，形成一列有次序的数，而且 n 越大，即随着边数的无限增加，内接正多边形就无限地接近于圆，同时 A_n 就越接近某个定值，此定值即为圆的面积.

定义 3　按照一定的顺序排成的一列数称为**数列**，可以记为

$$x_1, x_2, x_3, \cdots, x_n, \cdots, \text{或}\{x_n\},$$

其中 x_n 称为数列的**一般项或通项**.

若视数列为定义在自然数域 $\mathbf{N}$ 上的函数 $f(n)$，则 $x_n = f(n), n\in \mathbf{N}$.

(2) 数列的特性

有界性：若 $\exists M>0$，使 $|x_n|\leqslant M$ 对所有的 n 都成立，称数列 $\{x_n\}$ 为**有界数列**，其特点是所有的 x_n 都落在一条宽为 $2M$ 的带子中(见图 1—1).

例如，数列 $\left\{\frac{1}{2^n}\right\}$，$\{(-1)^n\}$ 都是有界数列；数列 $\{n\}$，$\{(-1)^n n^2\}$ 则为无界数列.

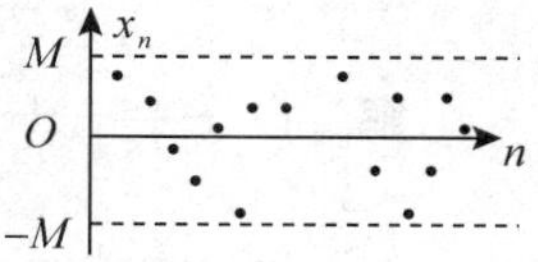

图 1—1

注　有界数列的等价定义：存在常数 a，b，使得 $a\leqslant x_n\leqslant b$，$\forall n\in \mathbf{N}$. 其中 a 称为**下界**，b 称为**上界**.

单调性：满足 $x_1<x_2<x_3<\cdots<x_n<\cdots$ 的数列 $\{x_n\}$ 称为**单调增加数列**；满足 $x_1>x_2>x_3>\cdots>x_n>\cdots$ 的数列 $\{x_n\}$ 称为**单调减少数列**.

例如，数列 $\left\{\frac{1}{2^n}\right\}$：$\frac{1}{2}$，$\frac{1}{4}$，$\frac{1}{8}$，…，$\frac{1}{2^n}$，…为单调减少数列（同时也是有界数列)；数列 $\{n\}$：1，2，3，…，n，…为单调增加（无界）数列，而 $\{(-1)^n\}$：-1，1，-1，1，…则为非单调（有界）数列.

(3) 数列的极限概念

观察下面的数列的变化趋势：

$$1, \frac{1}{2}, \frac{1}{4}, \frac{1}{8}, \cdots, \frac{1}{2^n}, \cdots \qquad x_n=\frac{1}{2^{n-1}}\to 0\ (n\to\infty);$$

$$\frac{1+1}{1}, \frac{2+1}{2}, \frac{3+1}{3}, \cdots, \frac{n+1}{n}, \cdots \qquad x_n=\frac{n+1}{n}\to 1\ (n\to\infty);$$

$1,-\frac{1}{2},\frac{1}{3},-\frac{1}{4},\cdots,(-1)^{n-1}\frac{1}{n},\cdots \qquad x_n=(-1)^{n-1}\frac{1}{n}\to 0(n\to\infty).$

共同点：存在常数 a，当 n 无限增大时，x_n 无限接近于 a．这一类数列统称为“收敛数列”，a 称为数列的极限.

定义 4 若对于数列 $\{x_n\}$，当 n 无限增大时，x_n 无限接近于常数 a，则称数列 $\{x_n\}$ 为**收敛数列**，常数 a 称为数列 $\{x_n\}$ 的**极限**，记作 $\lim\limits_{n\to\infty}x_n=a$ [或 $x_n\to a(n\to\infty)$]. 不具备这一条件的数列称为**发散数列**. 例如，数列 $\{(-1)^n\}$，$\{n\}$ 均为发散数列.

(4) 收敛数列的性质

定理 1（极限的唯一性） 若数列 $\{x_n\}$ 收敛，则其极限是唯一的.

定理 2（有界性） 收敛的数列一定是有界数列.

定理 3（数列极限的夹逼准则） 设有数列 $\{x_n\}$，$\{y_n\}$，$\{z_n\}$ 满足

① $y_n\leqslant x_n\leqslant z_n$； ② $\lim\limits_{n\to\infty}y_n=a$，$\lim\limits_{n\to\infty}z_n=a$；

则数列 $\{x_n\}$ 收敛于 a，即 $\lim\limits_{n\to\infty}x_n=a$.

例 6 求极限 $\lim\limits_{n\to\infty}\left[\frac{1}{n^2}+\frac{1}{(n+1)^2}+\cdots+\frac{1}{(n+n)^2}\right]$.

解 设 $x_n=\frac{1}{n^2}+\frac{1}{(n+1)^2}+\cdots+\frac{1}{(n+n)^2}$，则 $y_n=\frac{n+1}{(n+n)^2}\leqslant x_n\leqslant\frac{n+1}{n^2}=z_n$，

$$\lim_{n\to\infty}y_n=\lim_{n\to\infty}\frac{n+1}{(n+n)^2}=\lim_{n\to\infty}\frac{1}{4}\left(\frac{1}{n}+\frac{1}{n^2}\right)=0,$$

$$\lim_{n\to\infty}z_n=\lim_{n\to\infty}\frac{n+1}{n^2}=\lim_{n\to\infty}\left(\frac{1}{n}+\frac{1}{n^2}\right)=0.$$

根据夹逼准则可知，$\lim\limits_{n\to\infty}x_n=0$.

定理 4 设数列 $\{x_n\}$ 有界，数列 $\{y_n\}$ 满足 $\lim\limits_{n\to\infty}y_n=0$，则 $\lim\limits_{n\to\infty}x_ny_n=0$.

2. 函数的极限

(1) 自变量趋于无穷大时函数的极限（$x\to\infty$ 时，$f(x)\to A$）

定义 5 若对于函数 $y=f(x)$，当 x 无限增大时，$f(x)$ 的值也无限接近于常数 A，则称函数 $y=f(x)$ 在 $x\to\infty$ 时**收敛**，常数 A 称为**函数 $y=f(x)$ 在 $x\to\infty$ 时的极限**，记作 $\lim\limits_{x\to\infty}f(x)=A$（或 $x\to\infty$，$f(x)\to A$）.

例 7 因为 $x\to\infty$ 时 $\frac{1}{x}\to 0$，所以 $\lim\limits_{x\to\infty}\frac{1}{x}=0$.

(2) 自变量趋于有限值时函数的极限（$x\to x_0$ 时，$f(x)\to A$）

设函数 $f(x)=\dfrac{2(x^2-1)}{x-1}$ 在点 $x=1$ 处无定义．但通过观察可得，当 x 充分接近 1 时，$f(x)$ 充分接近 4．所以 $\lim\limits_{x\to1}\dfrac{2(x^2-1)}{x-1}=4$．

定义 6　若对于函数 $y=f(x)$，当 x 无限接近 x_0 时，$f(x)$ 的值也无限接近常数 A，则称函数 $y=f(x)$ 在 $x\to x_0$ 时**收敛**，常数 A 称为**函数 $y=f(x)$ 在 $x\to x_0$ 时的极限**，记作 $\lim\limits_{x\to x_0}f(x)=A$ 或 $f(x)\to A(x\to x_0)$．

例 8　因为 $x\to2$ 时，$x^2-1\to3$，所以 $\lim\limits_{x\to2}(x^2-1)=3$．

有些时候，还需要考虑如下所述的单边极限．

左极限：当 $x<x_0$ 时，$\lim\limits_{x\to x_0}f(x)=A$ 称为 $x\to x_0$ 的**左极限**，记为 $\lim\limits_{x\to x_0^-}f(x)=A$ 或 $f(x_0-0)=A$.

右极限：当 $x>x_0$ 时，$\lim\limits_{x\to x_0}f(x)=A$ 称为 $x\to x_0$ 的**右极限**，记为 $\lim\limits_{x\to x_0^+}f(x)=A$ 或 $f(x_0+0)=A$.

定理 5　$\lim\limits_{x\to x_0}f(x)=A$ 的充要条件是 $\lim\limits_{x\to x_0^-}f(x)=\lim\limits_{x\to x_0^+}f(x)=A$.

例 9　考察函数

$$f(x)=\begin{cases}x-1, & x<0\\ 0, & x=0,\\ x+1, & x>0\end{cases}$$

当 $x\to0$ 时，$f(x)$ 的极限是否存在.

解　因为当 $x\to0$ 时，$f(x)$ 的左极限是

$$\lim_{x\to0^-}f(x)=\lim_{x\to0^-}(x-1)=-1,$$

而右极限是

$$\lim_{x\to0^+}f(x)=\lim_{x\to0^+}(x+1)=1,$$

左极限和右极限存在但不相等，所以 $\lim\limits_{x\to0}f(x)$ 不存在（见图 1—2）.

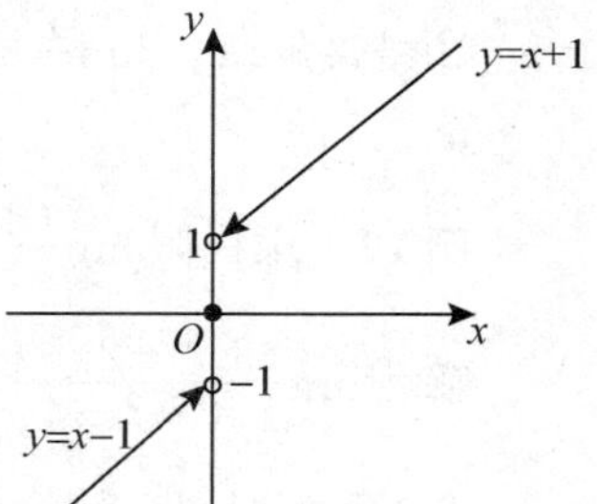

图 1—2

（3）函数极限的四则运算

定理 6（极限的四则运算法则）　设 $\lim f(x)=A$，$\lim g(x)=B$，则

① $\lim[f(x)\pm g(x)]=\lim f(x)\pm\lim g(x)=A\pm B$；

② $\lim[f(x)\cdot g(x)]=\lim f(x)\cdot\lim g(x)=A\cdot B$；

③ $\lim\dfrac{f(x)}{g(x)}=\dfrac{\lim f(x)}{\lim g(x)}=\dfrac{A}{B}(B\neq 0)$.

推论 ① $\lim k\cdot f(x)=k\lim f(x)$；

② $\lim[f(x)]^n=[\lim f(x)]^n$（其中 n 是非负整数）.

例 10 求极限$\lim\limits_{x\to 1}\dfrac{x}{x+1}$.

解 $\lim\limits_{x\to 1}\dfrac{x}{x+1}=\dfrac{\lim\limits_{x\to 1}x}{\lim\limits_{x\to 1}(x+1)}=\dfrac{1}{\lim\limits_{x\to 1}x+1}=\dfrac{1}{2}$.

例 11 求极限$\lim\limits_{x\to 3}\dfrac{x-3}{x^2-9}$.

解 $\lim\limits_{x\to 3}\dfrac{x-3}{x^2-9}=\lim\limits_{x\to 3}\dfrac{x-3}{(x-3)(x+3)}=\lim\limits_{x\to 3}\dfrac{1}{x+3}=\dfrac{1}{6}\left(\dfrac{0}{0}\text{型，消除零因子}\right)$.

注 ①当 $x\to\infty$ 时，对于有理函数，有如下结论（$a_0\neq 0$，$b_0\neq 0$）：

$$\lim_{x\to\infty}\frac{a_0x^n+a_1x^{n-1}+\cdots+a_{n-1}x+a_n}{b_0x^m+b_1x^{m-1}+\cdots+b_{m-1}x+b_m}=\begin{cases}0, & n<m\\ \dfrac{a_0}{b_0}, & n=m.\\ \infty, & n>m\end{cases}$$

利用此结论，对于上述类型的极限，均可以直接写出结果，例如：

$$\lim_{x\to\infty}\frac{3x^3+3x^2-1}{x^5+3x^4+x-2}=0;\ \lim_{x\to\infty}\frac{5x^5+3x^2+4x-1}{3x^5-2x^4+x^3-2}=\frac{5}{3};\ \lim_{x\to\infty}\frac{8x^7+3x^5-1}{4x^6-2x^4-2}=\infty.$$

②错误解法：$\lim\limits_{x\to\infty}\dfrac{x^2-5x+4}{2x-3}=\lim\limits_{x\to\infty}\dfrac{\frac{x^2-5x+4}{x^2}}{\frac{2x-3}{x^2}}=\dfrac{1}{0}=\infty$.

例 12 求极限$\lim\limits_{x\to\infty}\dfrac{(3x^4+2x^2+x+6)^3(2x^2-3)^9}{(5x^6-4x^3+7)^4(x^3-1)^2}$.

解 $\lim\limits_{x\to\infty}\dfrac{(3x^4+2x^2+x+6)^3(2x^2-3)^9}{(5x^6-4x^3+7)^4(x^3-1)^2}=\lim\limits_{x\to\infty}\dfrac{3^3\cdot 2^9\cdot x^{30}+\cdots}{5^4\cdot x^{30}+\cdots}=\dfrac{3^3\cdot 2^9}{5^4}$.

3. 无穷小与无穷大

(1) 无穷小

定义 7 如果当 $x\to x_0$（或 $x\to\infty$）时，函数 $f(x)$ 的极限为 0，即 $\lim\limits_{\substack{x\to x_0\\(x\to\infty)}}f(x)=0$，那么 $f(x)$ 称为 $x\to x_0$（或 $x\to\infty$）时的**无穷小**.

极限为 0 的数列 $\{x_n\}$ 也称为 $n\to\infty$时的无穷小.

例如，因为$\lim\limits_{x\to3}(x^2-9)=0$，所以函数（$x^2-9$）是 $x\to3$ 时的无穷小．因为$\lim\limits_{n\to\infty}\frac{2}{n+8}=0$，所以数列$\left\{\frac{2}{n+8}\right\}$是 $n\to\infty$时的无穷小．

注　无穷小是一个以 0 为极限的函数，不要把它与很小的数混为一谈．除了常数 0 可以为无穷小外，其他任何常数，即使其绝对值很小，也不是无穷小．

定理 7　在自变量的同一变化过程 $x\to x_0$（或 $x\to\infty$）中，函数 $f(x)$ 具有极限 A 的充分必要条件是 $f(x)=A+\alpha$，其中 α 是无穷小．

（2）无穷大

定义 8　如果当 $x\to x_0$（或 $x\to\infty$）时，函数 $f(x)$ 的极限为∞（按照函数极限定义来说，极限为∞属于极限不存在，这里是为了叙述的方便），即 $\lim\limits_{\substack{x\to x_0\\(x\to\infty)}}f(x)=\infty$，那么 $f(x)$ 称为 $x\to x_0$（或 $x\to\infty$）时的**无穷大**．

例如，因为$\lim\limits_{x\to3}\frac{1}{x^2-9}=\infty$，所以函数$\frac{1}{x^2-9}$是 $x\to3$ 时的无穷大．因为$\lim\limits_{n\to\infty}(3n+2)=\infty$，所以数列 $\{3n+2\}$ 是 $n\to\infty$时的无穷大．

注　无穷大（∞）不是数，不可与很大的数混为一谈．

（3）无穷小和无穷大的关系

定理 8　在自变量的同一变化过程中，如果 $f(x)$ 为无穷大，则$\frac{1}{f(x)}$为无穷小；反之，如果 $f(x)$ 为无穷小，且 $f(x)\neq0$，则$\frac{1}{f(x)}$为无穷大．

（4）无穷小的性质

（a）有限个无穷小的和差仍是无穷小；

（b）任意常数与无穷小的乘积仍是无穷小；

（c）有限个无穷小的乘积仍是一个无穷小；

（d）无穷小与有界函数的乘积为无穷小．

4．两个重要极限

在单位圆中，对于 $0<x<\frac{\pi}{2}$（见图 1—3），面积之间有不等式：

$$S_{\Delta AOC}<S_{扇AOC}<S_{\Delta AOB}.$$

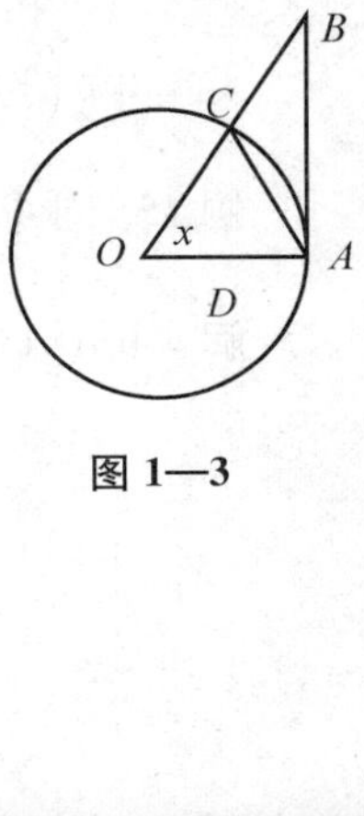

图 1—3

由于 $S_{\Delta AOC}=\frac{1}{2}\sin x$，$S_{扇AOC}=\frac{1}{2}x$，$S_{\Delta AOB}=\frac{1}{2}\tan x$，则有

$$\frac{1}{2}\sin x<\frac{1}{2}x<\frac{1}{2}\tan x,\text{即 } \sin x<x<\tan x.$$

因 $\sin x>0$，两端同时除以 $\sin x$，得 $1<\frac{x}{\sin x}<\frac{1}{\cos x}$，或 $\cos x<\frac{\sin x}{x}<1$. 上述不等式对 $-\frac{\pi}{2}<x<0$ 也成立，即对 $0<|x|<\frac{\pi}{2}$，均有 $\cos x<\frac{\sin x}{x}<1$，且 $\lim\limits_{x\to 0}\cos x=1$，由夹逼准则可得 $\lim\limits_{x\to 0}\frac{\sin x}{x}=1$.

（1）第一个重要极限

$$\lim_{x\to 0}\frac{\sin x}{x}=1.$$

注 ①函数 $f(x)=\frac{\sin x}{x}$ 在点 $x=0$ 处无定义，但极限仍然存在；

②当 $x\to x_0$（或 $x\to\infty$）时，若 $\varphi(x)\to 0$，则有 $\lim\limits_{\substack{x\to x_0\\(x\to\infty)}}\frac{\sin\varphi(x)}{\varphi(x)}=1$.

例 13 求极限 $\lim\limits_{x\to 0}\frac{\tan x}{x}$，$\lim\limits_{x\to 0}\frac{1-\cos x}{x^2}$.

解 $\lim\limits_{x\to 0}\frac{\tan x}{x}=\lim\limits_{x\to 0}\frac{1}{x}\cdot\frac{\sin x}{\cos x}=\lim\limits_{x\to 0}\frac{\sin x}{x}\cdot\frac{1}{\cos x}=1$，

$$\lim_{x\to 0}\frac{1-\cos x}{x^2}=\lim_{x\to 0}\frac{\sin^2 x}{x^2(1+\cos x)}=\lim_{x\to 0}\left(\frac{\sin x}{x}\right)^2\frac{1}{1+\cos x}=\frac{1}{2}.$$

例 14 求极限 $\lim\limits_{x\to 0}\frac{\tan 3x}{4x}$.

解
$$\lim_{x\to 0}\frac{\tan 3x}{4x}=\lim_{x\to 0}\frac{\sin 3x}{4x\cdot\cos 3x}$$
$$=\frac{3}{4}\lim_{x\to 0}\frac{\sin 3x}{3x}\cdot\lim_{x\to 0}\frac{1}{\cos 3x}=\frac{3}{4}\cdot 1\cdot\frac{1}{1}=\frac{3}{4}.$$

（2）第二个重要极限

$$\lim_{x\to\infty}\left(1+\frac{1}{x}\right)^x=\mathrm{e}，\text{或 }\lim_{x\to 0}(1+x)^{\frac{1}{x}}=\mathrm{e}.$$

例 15 求极限 $\lim\limits_{n\to\infty}\left(1-\frac{1}{n}\right)^n$ 和 $\lim\limits_{x\to\infty}\left(1+\frac{k}{x}\right)^x$（$k$ 为非零常数）.

解
$$\lim_{n\to\infty}\left(1-\frac{1}{n}\right)^n=\lim_{n\to\infty}\left[\left(1-\frac{1}{n}\right)^{-n}\right]^{-1}=\lim_{n\to\infty}\left[\left(1+\frac{1}{-n}\right)^{-n}\right]^{-1}$$
$$=\lim_{n\to\infty}\frac{1}{\left(1+\frac{1}{-n}\right)^{-n}}=\frac{1}{\mathrm{e}},$$

$$\lim_{x\to\infty}\left(1+\frac{k}{x}\right)^{x}=\lim_{x\to\infty}\left[\left(1+\frac{k}{x}\right)^{\frac{x}{k}}\right]^{k}=\mathrm{e}^{k}.$$

例 16　求极限$\lim\limits_{x\to\infty}\left(\frac{x-1}{x+2}\right)^{x+2}$.

解　$\lim\limits_{x\to\infty}\left(\frac{x-1}{x+2}\right)^{x+2}=\lim\limits_{x\to\infty}\left(1+\frac{1}{-\frac{x+2}{3}}\right)^{\left(-\frac{x+2}{3}\right)\cdot(-3)}$

$$=\left[\lim_{x\to\infty}\left(1+\frac{1}{-\frac{x+2}{3}}\right)^{\left(-\frac{x+2}{3}\right)}\right]^{(-3)}=\mathrm{e}^{-3}.$$

三、 极限的一个简单应用

下面介绍极限的一个简单应用：e 与复利的关系.

例 17　设银行的年利率是 r，本金是 A_0，问 t 年后本金与利息的和 A_t 是多少?

解　一年后的本利和为

$$A_1=A_0(1+r).$$

两年后的本利和为

$$A_2=A_0(1+r)^2.$$

依此类推，t 年后的本利和为

$$A_t=A_0(1+r)^t.$$

现在换一种方法考虑问题，如果利息每半年计算一次，到年终本利和是多少呢？设年利率仍是 r，那么半年的利率应是$\frac{r}{2}$. 到年终的本利和为

$$A=A_0\left(1+\frac{r}{2}\right)^2.$$

如果一年计 n 次利息，那么到年终的本利和为

$$A=A_0\left(1+\frac{r}{n}\right)^n.$$

如果计息时间无限缩短，每时每刻都计利息，即 $n\to\infty$，那么到年终本利和为

$$A=\lim_{n\to\infty}A_0\left(1+\frac{r}{n}\right)^n=A_0\lim_{n\to\infty}\left[\left(1+\frac{r}{n}\right)^{\frac{n}{r}}\right]^r=A_0\mathrm{e}^r.$$

这说明本利和有一个确定的极限，也就是说每时每刻都计算利息，存款者也不会发财. t 年后的本利和是

$$A=\lim_{n\to\infty}A_0\left(1+\frac{r}{n}\right)^{nt}=A_0\lim_{n\to\infty}\left[\left(1+\frac{r}{n}\right)^{\frac{n}{r}}\right]^{rt}=A_0\mathrm{e}^{rt}.$$

所以若以连续复利计息，则复利公式是

$$A=A_0\mathrm{e}^{rt}.$$

这就是 e 与复利的关系.

四、 连续函数及其简单性质

1. 连续函数的概念

自然界中，有许多现象都具有这样的特点. 例如，人的身高随着时间的变化而变化，当时间的变化很微小时，人的身高变化也很微小；在一年中，温度随时间而变化，当时间变化很微小时，温度的变化也很微小. 反映在数学上，其共同特点就是：自变量的变化很小时，函数的变化也很小.

定义 9 设 $y=f(x)$ 在点 x_0 的某邻域 $U(x_0)$ 内有定义，给自变量 x 以改变量 Δx，$x_0+\Delta x\in U(x_0)$，称 $\Delta y=f(x_0+\Delta x)-f(x_0)$ 为**函数的改变量**，如果

$$\lim_{\Delta x\to 0}\Delta y=\lim_{\Delta x\to 0}[f(x_0+\Delta x)-f(x_0)]=0，即 \lim_{x\to x_0}f(x)=f(x_0),$$

则称函数 $f(x)$ 在点 x_0 处**连续**.

注 ①Δx 也称为自变量的增量，Δy 则称为函数的增量；

②连续函数的图像是一条连续的不间断的曲线.

例 18 函数 $y=x^2$，由于 $\lim\limits_{x\to 2}x^2=4=f(2)$，所以函数 $y=x^2$ 在点 $x=2$ 处连续.

函数在某点不连续就称函数在该点间断.

函数 $y=f(x)$ 在点 x_0 处产生间断的原因，可能是满足下列三个条件之一.

(1) 函数 $y=f(x)$ 在点 x_0 处无定义；

(2) $\lim\limits_{x\to x_0}f(x)$ 不存在；

(3) $\lim\limits_{x\to x_0}f(x)$ 虽然存在，但 $\lim\limits_{x\to x_0}f(x)\neq f(x_0)$.

例 19 函数 $f(x)=\dfrac{1}{x-1}$ 在点 $x=1$ 处无定义，$x=1$ 是此函数的间断点.

例 20　函数 $f(x)=\begin{cases} x\sin\dfrac{1}{x}, & x<0 \\ x+1, & x\geqslant 0 \end{cases}$，的间断点是 $x=$________.

解　$f(x)$ 是分段函数，$x=0$ 是 $f(x)$的分段点，考虑函数在点 $x=0$ 处的连续性.

因为 $\lim\limits_{x\to 0^-} x\sin\dfrac{1}{x}=0\neq\lim\limits_{x\to 0^+}(x+1)=1$，$\lim\limits_{x\to 0}f(x)$ 不存在，所以函数 $f(x)$ 在点 $x=0$ 处是间断的.

又 $f(x)$ 在 $(-\infty, 0)$ 和 $(0, +\infty)$ 上都是连续的，故函数 $f(x)$ 的间断点是 $x=0$.

2．连续函数的简单性质

连续函数的和、差、积、商仍然是连续的.

定理 9　设 $\lim\limits_{x\to x_0}f(x)=f(x_0)$，且 $\lim\limits_{x\to x_0}g(x)=g(x_0)$.

①若 $F(x)=f(x)\pm g(x)$，则 $\lim\limits_{x\to x_0}F(x)=f(x_0)\pm g(x_0)=F(x_0)$；

②若 $F(x)=f(x)\cdot g(x)$，则 $\lim\limits_{x\to x_0}F(x)=f(x_0)\cdot g(x_0)=F(x_0)$；

③若 $F(x)=\dfrac{f(x)}{g(x)}$，则 $\lim\limits_{x\to x_0}F(x)=\dfrac{f(x_0)}{g(x_0)}=F(x_0)$，其中 $g(x_0)\neq 0$，

即连续函数的和、差、积、商仍然连续.（证明略）

例如，$y=\sin x$，$y=\mathrm{e}^x$ 是连续函数，所以 $y=\sin x+\mathrm{e}^x$，$y=\mathrm{e}^x-\sin x$，$y=\mathrm{e}^x\sin x$，$y=\dfrac{\sin x}{\mathrm{e}^x}$都是连续函数.

习题 1.2

1．填空题：

(1) 下列各组函数中，表示相同函数的是________.

A. $y=1-x^2$ 与 $y=\sqrt{(1-x^2)^2}$；

B. $y=1$ 与 $y=\cos^2 x+\sin^2 x$；

C. $y=x-1$ 与 $y=\dfrac{x^2-1}{x+1}$；

D. $y=\ln x^2$ 与 $y=2\ln x$.

(2) 函数 $y=\dfrac{\sqrt{x^2-9}}{x-3}$的定义域为______ .

（3）函数 $y=\dfrac{x-1}{\ln x}+\sqrt{4-x^2}$ 的定义域为______.

（4）函数 $f(x)=\begin{cases}\dfrac{x^2-4}{x-2}, & x\neq 2\\ 0, & x=2\end{cases}$ 的间断点是 $x=$______.

（5）下列函数在指定的变化过程中，______是无穷小.

A. $e^{\frac{1}{x}}$，$x\to\infty$；　　B. $\dfrac{\sin x}{x}$，$x\to\infty$；

C. $\ln(1+x)$，$x\to 1$；　　D. $\dfrac{\sqrt{x+1}-1}{x}$，$x\to 0$.

2. 指出下列函数是由哪些简单函数复合而成的：

（1）$y=\sin 3x$；　　（2）$y=\cos^3\sqrt{2-x^2}$；

（3）$y=e^{\sin\frac{1}{x}}$；　　（4）$y=\dfrac{1}{\sqrt{x^2+1}}$.

3. 计算下列极限：

（1）$\lim\limits_{x\to 3}|x|$；　　（2）$\lim\limits_{t\to 3}\dfrac{|t-2|}{t-2}$；　　（3）$\lim\limits_{u\to 2}\dfrac{u^2-4}{u-2}$；

（4）$\lim\limits_{u\to 3}\dfrac{u^2+u-2}{u+2}$；　　（5）$\lim\limits_{x\to -6}(x+5)^8$；　　（6）$\lim\limits_{x\to 1}\dfrac{(x-1)^2}{|x^2-1|}$.

4. 计算下列极限：

（1）$\lim\limits_{x\to 0}x\sin\dfrac{1}{x}$；　　（2）$\lim\limits_{x\to +\infty}e^{-x}\sin\dfrac{1}{x}$；　　（3）$\lim\limits_{x\to +\infty}\dfrac{\arctan x}{x}$.

5. 讨论下列函数在其定义域内的连续性：

（1）$y=\begin{cases}x+1, & x\leqslant 0\\ x-1, & x>0\end{cases}$；　　（2）$y=\begin{cases}\dfrac{\sin 3x}{x}, & x\neq 0\\ 3, & x=0\end{cases}$；

（3）$y=\begin{cases}e^{\frac{1}{x}}, & x>0\\ 1, & x=0\\ \sin x\cos\dfrac{1}{x}, & x<0\end{cases}$.

6. 设函数

$$f(x)=\begin{cases}x\sin\dfrac{1}{x}+b, & x<0\\ a, & x=0\\ \dfrac{\sin x}{x}, & x>0\end{cases}.$$

（1）a，b 为何值时，$f(x)$ 在点 $x=0$ 处的极限存在？

（2）a，b 为何值时，$f(x)$ 在点 $x=0$ 处连续？

7. 设函数

$$f(x)=\begin{cases}\dfrac{\sin(ax)}{3x}, & x>0\\ 2x+1, & x\leqslant 0\end{cases}$$

在点 $x=0$ 处连续，求常数 a.

8. 求 $\lim\limits_{x\to a}\dfrac{f(x)-f(a)}{x-a}$，设函数 $f(x)$ 及常数 a 分别为：

（1）$f(x)=x^2$，$a=3$；　　（2）$f(x)=x^2+1$，$a=2$.

9. 解出下列问题中的常数 h：

（1）$\lim\limits_{x\to 1}(3x^2+h)=6$；　　（2）$\lim\limits_{x\to 1}\dfrac{x^2+h^2}{x+h}=\dfrac{5}{2}$.

10. 计算下列极限：

（1）$\lim\limits_{\alpha\to 0}\dfrac{\tan\alpha}{\alpha}$；　　（2）$\lim\limits_{\alpha\to 0}\dfrac{\sin 2\alpha}{\sin\alpha}$；　　（3）$\lim\limits_{x\to 1}\dfrac{\cos\left(\dfrac{\pi}{2}x\right)}{x^2-1}$；

（4）$\lim\limits_{x\to 0^+}\dfrac{x}{\sqrt{1-\cos x}}$；　　（5）$\lim\limits_{\alpha\to 0}\dfrac{1-\cos\alpha}{\alpha\sin\alpha}$；　　（6）$\lim\limits_{x\to\infty}\left(1+\dfrac{2}{x}\right)^x$；

（7）$\lim\limits_{x\to\infty}\left(1-\dfrac{1}{x}\right)^x$；　　（8）$\lim\limits_{x\to\infty}\left(\dfrac{x-4}{x+1}\right)^{2x-1}$.

第三节　导数与微分

一、导数的概念

微分学部分的第一个基本概念就是导数. 导数的概念是从各种客观过程中的变化率问题提炼出来的.

1. 引例

例 1　平面曲线的切线斜率问题.

设曲线方程为 $y=f(x)$，M、N 为曲线上的两点，且 $M(x_0, f(x_0))$，$N(x_0+\Delta x, f(x_0+\Delta x))$（如图 1—4），则过两点割线的斜率

$$k_{MN}=\frac{f(x_0+\Delta x)-f(x_0)}{\Delta x}=\frac{\Delta y}{\Delta x}=\tan\varphi.$$

让点 N 沿曲线逼近点 M，则割线以 M 为定点旋转，当 N 与 M 最终重合时的割线到达了某个极限位置，称为曲线在点 M 处的切线 MT，且割线的倾角 φ 逼近于切线的倾角 α，如果极限存在，则切线 MT 的斜率为

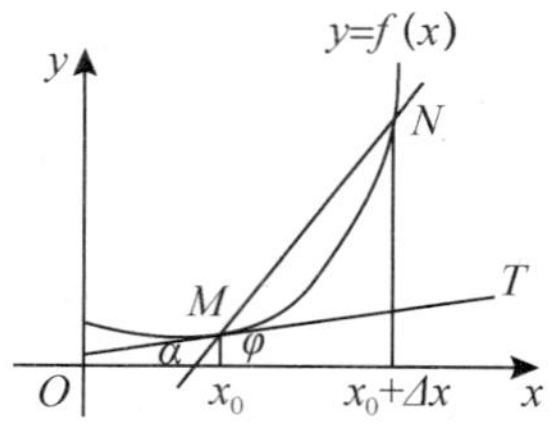

图 1—4

$$k=\tan\alpha=\lim_{\varphi\to\alpha}\tan\varphi=\lim_{\Delta x\to 0}\frac{\Delta y}{\Delta x}$$
$$=\lim_{\Delta x\to 0}\frac{f(x_0+\Delta x)-f(x_0)}{\Delta x}.$$

例 2 变速直线运动的速度问题.

设 s 表示质点从某一时刻开始到时刻 t 所走过的路程，则 s 是 t 的函数，即路程函数为 $s=s(t)$，且是连续函数. 考虑在时刻 t_0 时质点的瞬时速度.

基本想法是：整体来说速度是变的，但局部来说可以近似看成是不变的，即当时间间隔 Δt 很小时，认为从 t_0 到 $t_0+\Delta t$ 这段时间内，可以把质点近似看成匀速的运动，则在时间间隔 $[t_0, t_0+\Delta t]$ 内质点走过的路程为 $\Delta s=s(t_0+\Delta t)-s(t_0)$，在此间隔内的平均速度为：

$$\bar{v}=\frac{\Delta s}{\Delta t}=\frac{s(t_0+\Delta t)-s(t_0)}{\Delta t}.$$

Δt 越小，平均速度越接近于时刻 t_0 的瞬时速度，因此，

$$v(t_0)=\lim_{\Delta t\to 0}\bar{v}=\lim_{\Delta t\to 0}\frac{\Delta s}{\Delta t}=\lim_{\Delta t\to 0}\frac{s(t_0+\Delta t)-s(t_0)}{\Delta t}.$$

同理，平均加速度为 $\bar{a}=\dfrac{\Delta v}{\Delta t}=\dfrac{v(t_0+\Delta t)-v(t_0)}{\Delta t}$，如果极限存在，则质点在时刻 $t=t_0$ 时的瞬时加速度为：$a(t_0)=\lim\limits_{\Delta t\to 0}\bar{a}=\lim\limits_{\Delta t\to 0}\dfrac{\Delta v}{\Delta t}=\lim\limits_{\Delta t\to 0}\dfrac{v(t_0+\Delta t)-v(t_0)}{\Delta t}$.

对这样一类问题的讨论，最终都归结为一种平均变化率的极限问题，统称为变化率问题，舍弃其实际背景抽出其共同的数学形式——变化率问题加以研究，就得到了导数的概念.

2. 导数的定义

定义 1 设 $y=f(x)$ 在点 x_0 的某邻域 $U(x_0)$ 内有定义，$x_0+\Delta x\in U(x_0)$，对于函数的增量 $\Delta y=f(x_0+\Delta x)-f(x_0)$，如果极限

$$\lim_{\Delta x \to 0}\frac{\Delta y}{\Delta x}=\lim_{\Delta x \to 0}\frac{f(x_0+\Delta x)-f(x_0)}{\Delta x}$$

存在，则称函数 $y=f(x)$ 在点 x_0 处**可导**，并称极限值为 $y=f(x)$ 在点 x_0 处的**导数**，记作 $\left.\frac{\mathrm{d}y}{\mathrm{d}x}\right|_{x=x_0}$，或 $\left.\frac{\mathrm{d}f}{\mathrm{d}x}\right|_{x=x_0}$，$f'(x_0)$，$y'(x_0)$ 等.

注　如果函数 $y=f(x)$ 在区间 (a, b) 内任意一点处都可导，则称 $y=f(x)$ 在区间 (a, b) 内可导，即 $\forall x\in(a, b)$，导数 $f'(x)$ 都存在，且是点 x 的函数，称 $f'(x)$ 为 $y=f(x)$ 的导函数，简称为导数，记作 $\frac{\mathrm{d}y}{\mathrm{d}x}$，$\frac{\mathrm{d}f}{\mathrm{d}x}$，$f'(x)$，$y'$；$\frac{\mathrm{d}y}{\mathrm{d}x}=\frac{\mathrm{d}f}{\mathrm{d}x}=y'=f'(x)=\lim\limits_{\Delta x\to 0}\frac{f(x+\Delta x)-f(x)}{\Delta x}$.

例 3　用定义，求函数 $f(x)=C$（C 为常数）的导数.

解　$f'(x)=\lim\limits_{\Delta x\to 0}\frac{f(x+\Delta x)-f(x)}{\Delta x}=\lim\limits_{\Delta x\to 0}\frac{C-C}{\Delta x}=0.$

因此，$(C)'=0$（即常数的导数为 0）.

用定义还可以求出其他基本初等函数的导数，留给读者自己练习.

3. 几个基本初等函数的导数公式

$(\sin x)'=\cos x$，$(x^\alpha)'=\alpha x^{\alpha-1}$，$(\log_a x)'=\frac{1}{x\ln a}$，$(\ln x)'=\frac{1}{x}$.

例 4　设 $f(x) = 10^x$，求 $f'(1)$，$f'(0)$.

解　$f'(x)=(10^x)' = 10^x\ln 10$.

$\therefore f'(1)=10\ln 10$，$f'(0)=\ln 10$.

4. 导数的几何意义

函数在点 x_0 处可导，即 $\lim\limits_{\Delta x\to 0}\frac{\Delta y}{\Delta x}$ 存在. 由例 1，在曲线 $y=f(x)$ 上点 $(x_0, f(x_0))$ 处切线的斜率 $k=f'(x_0)=\lim\limits_{\Delta x\to 0}\frac{\Delta y}{\Delta x}$.

$\lim\limits_{\Delta x\to 0}\frac{\Delta y}{\Delta x}=\infty$ 时，函数 $y=f(x)$ 在点 x_0 处不可导，但是曲线在点 $(x_0, f(x_0))$ 处仍然有竖直切线.

例 5　求函数 $y=\sin x$ 在点 $\left(\frac{\pi}{6}, \frac{1}{2}\right)$ 处的切线方程.

解　$(\sin x)'=\cos x$，所以函数 $y=\sin x$ 在点 $\left(\frac{\pi}{6}, \frac{1}{2}\right)$ 处的切线的斜率为

$$k=\cos x\big|_{x=\frac{\pi}{6}}=\frac{\sqrt{3}}{2}.$$

从而所求的切线方程为：$y-\frac{1}{2}=\frac{\sqrt{3}}{2}\left(x-\frac{\pi}{6}\right)$，即 $6\sqrt{3}x-12y+6-\sqrt{3}\pi=0$.

5. 可导与连续的关系

定理 1 若函数 $y=f(x)$在点 x_0 处可导，则必然在点 x_0 处连续.

注 可导必然连续，但连续未必可导；如果函数在某一点处不连续，则在该点处一定不可导；可导是连续的充分条件，但不是必要条件.

例 6 已知函数 $f(x)$在点 x_0 处可导，讨论下列 A 值与 $f'(x_0)$ 有何关系.

（1）$A=\lim\limits_{h\to 0}\frac{f(x_0+h)-f(x_0)}{h}$；（2）$A=\lim\limits_{\Delta x\to 0}\frac{f(x_0+2\Delta x)-f(x_0)}{\Delta x}$；

（3）$A=\lim\limits_{h\to 0}\frac{f(x_0+h)-f(x_0-h)}{h}$.

解 （1）$A=\lim\limits_{h\to 0}\frac{f(x_0+h)-f(x_0)}{h}=f'(x_0)$.

（2）$A=\lim\limits_{\Delta x\to 0}\frac{f(x_0+2\Delta x)-f(x_0)}{\Delta x}=2\lim\limits_{\Delta x\to 0}\frac{f(x_0+2\Delta x)-f(x_0)}{2\Delta x}=2f'(x_0)$.

（3）
$$\begin{aligned}A&=\lim_{h\to 0}\frac{f(x_0+h)-f(x_0-h)}{h}\\&=\lim\left[_{\Delta x\to 0}\frac{f(x_0+h)-f(x_0)}{h}+\frac{f(x_0-h)-f(x_0)}{-h}\right]=2f'(x_0).\end{aligned}$$

二、 导数公式

1. 函数和、差、积、商的求导法则

定理 2 设 $v=v(x)$，$u=u(x)$均在点 x 处可导，则

$$[u(x)\pm v(x)]'=u'(x)\pm v'(x);$$
$$[u(x)\cdot v(x)]'=u'(x)v(x)+u(x)v'(x);$$
$$\left[\frac{u(x)}{v(x)}\right]'=\frac{u'(x)v(x)-u(x)v'(x)}{v^2(x)},\ v(x)\neq 0.$$

以上法则可以用导数定义来证明，留给读者自己练习.

注 ①若 C 是常数，则$(Cu(x))'=Cu'(x)$.

②此法则可以推广到有限个函数的积的导数，如

$[u(x)v(x)w(x)]'=u'(x)v(x)w(x)+u(x)v'(x)w(x)+u(x)v(x)w'(x)$.

利用法则和已有的导数公式，就可以进行简单的求导运算.

例 7　设 $f(x)=\sqrt{x}\sin x+\tan\frac{\pi}{8}$，求 $f'(1)$.

解　$f'(x)=(\sqrt{x}\sin x)'+\left(\tan\frac{\pi}{8}\right)'=(\sqrt{x})'\sin x+\sqrt{x}(\sin x)'$

$$=\frac{1}{2\sqrt{x}}\sin x+\sqrt{x}\cos x,$$

$$f'(1)=\frac{1}{2}\sin 1+\cos 1.$$

注　$\tan\frac{\pi}{8}$是常数，其导数等于零.

例 8　设 $f(x)=\tan x$，求 $f'(x)$及$f'\left(\frac{\pi}{4}\right)$.

解　$f'(x)=(\tan x)'=\left(\frac{\sin x}{\cos x}\right)'=\frac{(\sin x)'\cos x-\sin x(\cos x)'}{\cos^2 x}$

$$=\frac{\cos^2 x+\sin^2 x}{\cos^2 x}=\sec^2 x;$$

$$f'\left(\frac{\pi}{4}\right)=2.$$

因此$(\tan x)'=\sec^2 x$，同理可得，$(\cot x)'=-\csc^2 x$.

例 9　证明导数公式：$(\sec x)'=\sec x\tan x$ 及$(\csc x)'=-\csc x\cot x$.

证　$(\sec x)'=\left(\frac{1}{\cos x}\right)'=\frac{(1)'\cos x-1\cdot(\cos x)'}{\cos^2 x}=\frac{\sin x}{\cos^2 x}=\sec x\tan x.$

同理可得：$(\csc x)'=-\csc x\cot x$.

例 10　设 $f(x)=\sqrt{x}\tan x$，求 $f'(x)$.

解　$f'(x)=(\sqrt{x}\tan x)'=(\sqrt{x})'\tan x+\sqrt{x}(\tan x)'=\frac{\tan x}{2\sqrt{x}}+\sqrt{x}\sec^2 x.$

例 11　设 $f(x)=x^{\frac{2}{3}}\sec x$，求 $f'(x)$.

解　$f'(x)=(x^{\frac{2}{3}}\sec x)'=\frac{2}{3}x^{-\frac{1}{3}}\sec x+x^{\frac{2}{3}}\sec x\tan x=\frac{\sec x}{3\sqrt[3]{x}}[2+3x\tan x].$

例 12　设 $f(x)=x10^{x+2}$，求 $f'(x)$.

解　$f'(x)=100\{x10^x\}'=100\ \{(x)'10^x+x(10^x)'\}$

$$=100(10^x+x10^x\ln 10)\ =10^{x+2}(1+x\ln 10).$$

2. 复合函数求导

定理 3　如果函数 $u=\varphi(x)$ 在点 x 处可导，函数 $y=f(u)$ 在相应的点 u 处

可导，则复合函数 $y=f[\varphi(x)]$ 在点 x 处可导，且

$$\frac{\mathrm{d}y}{\mathrm{d}x}=\frac{\mathrm{d}y}{\mathrm{d}u}\cdot\frac{\mathrm{d}u}{\mathrm{d}x},\ \frac{\mathrm{d}y}{\mathrm{d}x}=f'(u)\cdot\varphi'(x).$$

例 13 求 $y=\mathrm{e}^{\sin x}$ 的导数.

解 $y=\mathrm{e}^{\sin x}$ 由 $y=\mathrm{e}^{u}$，$u=\sin x$ 复合而成，所以

$$\frac{\mathrm{d}y}{\mathrm{d}x}=\frac{\mathrm{d}y}{\mathrm{d}u}\cdot\frac{\mathrm{d}u}{\mathrm{d}x}=\mathrm{e}^{u}\cos x=\mathrm{e}^{\sin x}\cos x.$$

3. 几个常用的导数公式

$(c)'=0$ $(x^{\alpha})'=\alpha x^{\alpha-1}$ $(\sin x)'=\cos x$ $(\cos x)'=-\sin x$

$(\tan x)'=\sec^2 x$ $(\cot x)'=-\csc^2 x$ $(\sec x)'=\tan x\sec x$

$(\csc x)'=-\cot x\csc x$ $(\arcsin x)'=\dfrac{1}{\sqrt{1-x^2}}$ $(\arccos x)'=-\dfrac{1}{\sqrt{1-x^2}}$

$(\arctan x)'=\dfrac{1}{1+x^2}$ $(\mathrm{arccot}\,x)'=-\dfrac{1}{1+x^2}$ $(a^x)'=a^x\ln a$

$(\mathrm{e}^x)'=\mathrm{e}^x$ $(\log_a x)'=\dfrac{1}{x\ln a}$ $(\ln x)'=\dfrac{1}{x}$

例 14 求复合函数 $y=\sin x^2$ 的导数.

解 $y=\sin x^2$：$y=\sin u$，$u=x^2$，则

$$\frac{\mathrm{d}y}{\mathrm{d}x}=\frac{\mathrm{d}y}{\mathrm{d}u}\cdot\frac{\mathrm{d}u}{\mathrm{d}x}=(\sin u)'\cdot(x^2)'=\cos u\cdot 2x=2x\cos x^2.$$

也可以写作：$(\sin x^2)'=(\sin u)'\cdot(x^2)'=\cos u\cdot 2x=2x\cos x^2$.

例 15 求复合函数 $y=2^{-2x^2-x+1}$ 的导数.

解 $y=2^{-2x^2-x+1}$：$y=2^u$，$u=-2x^2-x+1$，故

$$\begin{aligned}\frac{\mathrm{d}y}{\mathrm{d}x}&=(2^u)'\cdot(-2x^2-x+1)'=2^u\ln 2\cdot(-2x^2-x+1)'\\&=2^{-2x^2-x+1}\ln 2\cdot(-2x^2-x+1)'=-(4x+1)\ 2^{-2x^2-x+1}\ln 2.\end{aligned}$$

例 16 求复合函数 $y=\ln(\arccos 2x)$ 的导数.

解
$$\begin{aligned}y'&=\frac{1}{\arccos 2x}\cdot\frac{-1}{\sqrt{1-(2x)^2}}\cdot 2\\&=\frac{-2}{\sqrt{1-4x^2}\arccos 2x}.\end{aligned}$$

三、 高阶导数

变速直线运动的质点的路程函数为 $s=s(t)$，则速度为

$$v(t)=s'(t)=\lim_{\Delta t\to 0}\frac{s(t+\Delta t)-s(t)}{\Delta t}.$$

加速度 $a(t)=\lim\limits_{\Delta t\to 0}\dfrac{\Delta v}{\Delta t}=\lim\limits_{\Delta t\to 0}\dfrac{v(t+\Delta t)-v(t)}{\Delta t}$，即

$$a(t)=v'(t)=[s'(t)]'.$$

由此得到高阶导数的概念.

定义 2　设函数 $y=f(x)$ 在点 x 的邻域内一阶导数 $f'(x)$ 存在，如果极限

$$\lim_{\Delta x\to 0}\frac{f'(x+\Delta x)-f'(x)}{\Delta x}$$

存在，则称函数 $y=f(x)$ 在点 x 处**二阶可导**，并称极限值为 $y=f(x)$ 在点 x 处的**二阶导数**，记作：$\dfrac{\mathrm{d}^2y}{\mathrm{d}x^2}=\dfrac{\mathrm{d}}{\mathrm{d}x}\left(\dfrac{\mathrm{d}y}{\mathrm{d}x}\right)$，$\dfrac{\mathrm{d}^2f}{\mathrm{d}x^2}$，$f''(x)$ 或 y''.

同理，如果将二阶导数 $f''(x)$ 作为函数，可以定义出三阶导数：

$$\frac{\mathrm{d}^3y}{\mathrm{d}x^3}=\lim_{\Delta x\to 0}\frac{f''(x+\Delta x)-f''(x)}{\Delta x},$$

记作：$\dfrac{\mathrm{d}^3y}{\mathrm{d}x^3}=\dfrac{\mathrm{d}}{\mathrm{d}x}\left(\dfrac{\mathrm{d}^2y}{\mathrm{d}x^2}\right)$，$\dfrac{\mathrm{d}^3f}{\mathrm{d}x^3}$，$y'''$ 或 $f'''(x)$. 一般地，利用函数 $y=f(x)$ 的 $n-1$ 阶导数 $\dfrac{\mathrm{d}^{n-1}y}{\mathrm{d}x^{n-1}}$，可以定义出 n 阶导数：$\dfrac{\mathrm{d}^ny}{\mathrm{d}x^n}=\lim\limits_{\Delta x\to 0}\dfrac{f^{(n-1)}(x+\Delta x)-f^{(n-1)}(x)}{\Delta x}$，并记为：$y^{(n)}$，$\dfrac{\mathrm{d}^ny}{\mathrm{d}x^n}$ 等. 称函数的二阶及其以上阶的导数为高阶导数. 通常记作：y'，y''，y'''，$y^{(4)}$，$y^{(5)}$，…，$y^{(n)}$，….

由此定义，质点的加速度可以写作：$a(t)=s''(t)=\dfrac{\mathrm{d}^2s}{\mathrm{d}t^2}$.

例 17　求 $y=3x^2+2x+1$ 的二阶、三阶导数.

解　$y'=6x+2$，$y''=(6x+2)'=6$，$y'''=(6)'=0$.

例 18　设函数 $y=\sin x^2$，求 y''.

解　$y'=2x\cos x^2$，

$$y''=2(x\cos x^2)'=2(\cos x^2+x(-2x\sin x^2))=2\cos x^2-4x^2\sin x^2.$$

例 19　求函数 $y=\ln(x+\sqrt{1+x^2})$ 的二阶导数.

解　$$y'=\frac{1}{x+\sqrt{1+x^2}}\cdot\left(1+\frac{2x}{2\sqrt{1+x^2}}\right)=\frac{1}{\sqrt{1+x^2}},$$

$$y''=(y')'=\left(\frac{1}{\sqrt{1+x^2}}\right)'=-\frac{1}{2}(1+x^2)^{-\frac{3}{2}}\cdot 2x=-\frac{x}{(1+x^2)^{\frac{3}{2}}}.$$

注 求二阶导数之前，应该将一阶导数作适当的化简、整理.

例 20 设 $y=a^x$，求 $y^{(n)}$.

解 $y'=a^x\ln a$，$y''=a^x\ln^2 a$，$y'''=a^x\ln^3 a$，…

所以

$$y^{(n)}=a^x\ln^n a.$$

特别地，当 $a=\mathrm{e}$ 时有

$$(\mathrm{e}^x)^{(n)}=\mathrm{e}^x.$$

四、导数的简单应用

1. 利用导数研究函数

(1) 利用导数判定函数的单调性

对于函数的单调性，除了用单调的定义或函数的图像判定外，还可以用函数导数的符号来判定.

定理 4 设函数 $y=f(x)$ 可导，则

① 对应导数 $f'(x)>0$ 的区间内，函数 $f(x)$ 单调增加；

② 对应导数 $f'(x)<0$ 的区间内，函数 $f(x)$ 单调减少.

注 ①如果函数 $y=f(x)$ 在区间 I 上单调，则称区间 I 为单调区间.

②函数 $y=f(x)$ 在区间 I 上可能不单调，但是在局部的子区间上也可以具有某种单调性.

例 21 讨论 $f(x)=2x^3-9x^2+12x-3$ 的单调性，确定单调区间.

解 $f(x)$ 在 $(-\infty, +\infty)$ 上有定义，但不是 $(-\infty, +\infty)$ 上的单调函数.

$f'(x)=6x^2-18x+12=6(x-1)(x-2)$，故

$$f'(x)=\begin{cases}>0, & x<1\\ <0, & 1<x<2\\ >0, & x>2\end{cases}，即\ f(x)\begin{cases}单增，x\in(-\infty, 1)\\ 单减，x\in(1, 2)\\ 单增，x\in(2, +\infty)\end{cases}.$$

为了书写表达简便，常采用列表法：

x	$(-\infty, 1)$	1	$(1, 2)$	2	$(2, +\infty)$
$f'(x)$	+	0	−	0	+
$f(x)$	↗		↘		↗

需要注意的是，此例中导数等于零的点 $x=1$，2 均为单调区间的分界点.

例 22　求函数 $f(x)=2-(x^2-2)^{\frac{2}{3}}$ 的单调区间.

解　$f(x)=2-(x^2-1)^{\frac{2}{3}}$ 的定义域为 $(-\infty, +\infty)$.

$$f'(x)=-\frac{2}{3}(x^2-1)^{\frac{-1}{3}}\cdot 2x=-\frac{4}{3}\frac{x}{\sqrt[3]{x^2-1}}.$$

令 $f'(x)=0$，得 $x=0$；注意到 $f'(x)$ 有两个不存在的点：$x=\pm1$. 列表如下：

x	$(-\infty, -1)$	-1	$(-1, 0)$	0	$(0, 1)$	1	$(1, +\infty)$
$f'(x)$	+		−	0	+		−
$f(x)$	↗		↘		↗		↘

注　①使得 $f'(x)=0$ 的点称为函数 $f(x)$ 的驻点.

②单调区间的分界点产生于函数的驻点以及导数不存在的点.

(2) 利用导数研究函数的极值

定义 3　设函数 $f(x)$ 在 x_0 的某邻域 $U(x_0)$ 内有定义，$\forall x\in\mathring{U}(x_0)$（$x_0$ 的某个去心邻域），

①若总有 $f(x)>f(x_0)$，称 $f(x_0)$ 为函数的极小值，x_0 为极小值点；

②若总有 $f(x)<f(x_0)$，称 $f(x_0)$ 为函数的极大值，x_0 为极大值点.

注　①极大值、极小值统称为极值；

②极值是局部的概念，对于同一个函数而言，极大值不一定大于极小值（如图 1—5）.

定理 5　（极值存在的必要条件）若函数 $y=f(x)$ 在点 x_0 处可导，并且取得极值，则 $f'(x_0)=0$.

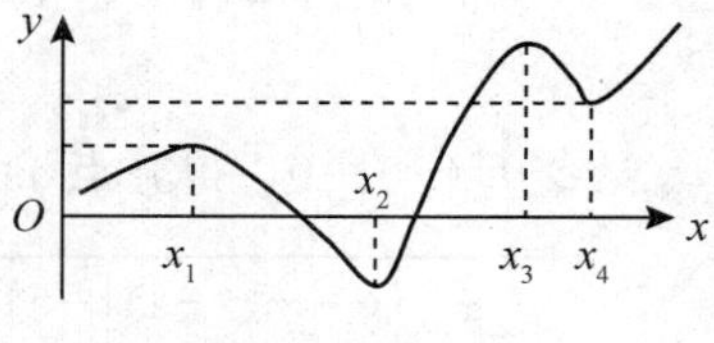

图 1—5

注　①$f'(x_0)=0$ 是可导函数 $f(x)$ 取得极值的必要条件.

②在函数可导的条件下，导数不等于零的点一定不是极值点；即此时极值点一定产生于驻点. 但驻点不一定是极值点. 例如，$y=x^3$，$y'=3x^2$，$x=0$ 是驻点，但不是极值点.

③若函数 $f(x)$ 在点 x_0 处有定义，但在点 x_0 处不可导，即 $f'(x_0)$ 不存在，

x_0 也可能是极值点．例如，$f(x)=|x|$ 在点 $x=0$ 处不可导，但从图形上可知，$x=0$ 是极小值点．

④一般地，对于函数 $f(x)$，极值点产生于驻点或导数不存在的点．

定理 6　（判别极值的第一充分条件）设函数 $f(x)$在 x_0 的某邻域 $U(x_0)$内可导，且 $f'(x_0)=0$，对 $\forall x\in U(x_0)$，

(1) 若 $x<x_0$ 时，$f'(x)>0$，$x>x_0$ 时，$f'(x)<0$，则 x_0 是极大值点；

(2) 若 $x<x_0$ 时，$f'(x)<0$，$x>x_0$ 时，$f'(x)>0$，则 x_0 是极小值点；

(3) 如果在点 x_0 的两侧，$f'(x)$保持同号，则 $f(x)$单调，x_0 非极值点．

利用第一充分条件求极值的步骤如下：

①确定函数 $f(x)$的定义域，求出导函数 $f'(x)$；

②找出函数 $f(x)$的所有驻点（$f'(x)=0$）及所有 $f'(x)$不存在的点；

③利用第一充分条件，检查上述的点两侧邻近 $f'(x)$的符号（列表）．

例 23　求函数 $y=2x^3-6x^2-18x-7$ 的极值．

解　定义域：$(-\infty, +\infty)$；$y'=6x^2-12x-18=6(x+1)(x-3)$．

令 $y'=0$，得驻点：$x=-1$，$x=3$；没有 y'不存在的点．列表如下：

x	$(-\infty, -1)$	-1	$(-1, 3)$	3	$(3, +\infty)$
y'	$+$	0	$-$	0	$+$
y	↗	3	↘	-61	↗

根据第一充分条件可知，极大值点 $x=-1$，极大值 $y(-1)=3$；极小值点 $x=3$，极小值 $y(3)=-61$．

例 24　设 $f(x)=(x-2)^2(x+1)^{\frac{2}{3}}$，求 $f(x)$ 的极值．

解　函数的定义域为：$(-\infty, +\infty)$．

$$f'(x)=2(x-2)(x+1)^{\frac{2}{3}}+\frac{2}{3}(x-2)^2(x+1)^{\frac{-1}{3}}=\frac{2(x-2)(4x+1)}{3\sqrt[3]{x+1}}.$$

令 $f'(x)=0$，得驻点 $x=2$，$-\frac{1}{4}$；$f'(x)$不存在的点：$x=-1$．列表如下：

x	$(-\infty, -1)$	-1	$\left(-1, -\frac{1}{4}\right)$	$-\frac{1}{4}$	$\left(-\frac{1}{4}, 2\right)$	2	$(2, +\infty)$
y'	$-$		$+$	0	$-$		$+$
y	↘		↗		↘		↗

所以，极小值：$f(-1)=0$，$f(2)=0$；极大值：$f\left(-\frac{1}{4}\right)=\left(\frac{9}{4}\right)^2\left(\frac{3}{4}\right)^{\frac{2}{3}}$．

在某些情况下，判断 $f'(x)$的符号比较困难，则在二阶可导的条件下，可以

考虑利用驻点的二阶导数 $f''(x)$ 对驻点进行判别.

定理 7　（判别极值的第二充分条件）设函数 $y=f(x)$ 在点 x_0 处二阶可导，且 $f'(x_0)=0$，若 $f''(x_0)\neq 0$，则 x_0 是极值点，且

(1) $f''(x_0)>0$ 时，x_0 是极小值点；(2) $f''(x_0)<0$ 时，x_0 是极大值点.

注　①只有二阶导数 $f''(x)$ 存在且不为零的驻点才可以用定理 7 判别. 对于二阶导数 $f''(x)$ 不存在的点、不可导的点，只能用第一充分条件进行判别.

②使用定理 7 时，一般要求二阶导数的计算相对较为容易.

例 25　求函数 $f(x)=e^x\cos x$ 的极值.

解　定义域：$(-\infty,+\infty)$；$f'(x)=e^x(\cos x-\sin x)$；令 $f'(x)=0$，所有驻点：$x_k=k\pi+\frac{\pi}{4}, k=0,\pm1,\pm2,\cdots$；又 $f''(x)=-2e^x\sin x$，故

$$f''(x_k)=-2e^{x_k}\sin x_k=-2e^{k\pi+\frac{\pi}{4}}\sin\left(k\pi+\frac{\pi}{4}\right)\begin{cases}<0, & k=0,\pm2,\pm4,\cdots\\ >0, & k=\pm1,\pm3,\cdots\end{cases}.$$

故极大值为：

$$f\left(2n\pi+\frac{\pi}{4}\right)=e^{2n\pi+\frac{\pi}{4}}\cos\left(2n\pi+\frac{\pi}{4}\right)=\frac{\sqrt{2}}{2}e^{2n\pi+\frac{\pi}{4}};$$

极小值为：

$$f\left((2n+1)\pi+\frac{\pi}{4}\right)=e^{(2n+1)\pi+\frac{\pi}{4}}\cos\left((2n+1)\pi+\frac{\pi}{4}\right)=-\frac{\sqrt{2}}{2}e^{(2n+1)\pi+\frac{\pi}{4}}.$$

例 26　设函数 $f(x)=(x-5)^{\frac{4}{3}}$，求函数的极值.

解　$f'(x)=\frac{4}{3}(x-5)^{\frac{1}{3}}$，驻点为：$x=5$；$f''(x)=\frac{4}{9}(x-5)^{\frac{-2}{3}}$ 在点 $x=5$ 处不存在，因此必须改用第一充分条件判别：

x	$(-\infty,5)$	5	$(5,+\infty)$
y'	$-$	0	$+$
y	↘	0	↗

所以 $x=5$ 是极小值点，极小值为 $f(5)=0$.

2. 导数在经济学中的应用

由函数 $y=f(x)$ 的导数定义可知，函数的导数就是函数的变化率，它实际上描述了该函数所表示的事物或现象的变化情况. 一切事物和现象都在不断地变化，经济现象也不例外. 因此，作为函数变化率的导数概念在经济方面也有其实

际意义．在经济学中，通常用“平均”和“边际”这两个概念来描述一个经济变量 y 对于另一个经济变量 x 的变化．“平均”表示在 x 值的某一范围内 y 的变化情况，而“边际”则表示在 x 的某一值的“边缘”上 y 的变化情况，即当 x 的一给定值发生微小变化时 y 的变化情况．显然，前者是 y 的平均变化率，后者是 y 的瞬时变化率，也就是 y 对 x 的导数．

设总成本函数为 $c=c(q)$，则当产量 q 有一个改变量 Δq 时，总成本函数 $c(q)$ 有一个相应的改变量 $\Delta c=c(q+\Delta q)-c(q)$，那么，总成本函数 $c(q)$ 的平均变化率为 $\dfrac{\Delta c}{\Delta q}=\dfrac{c(q+\Delta q)-c(q)}{\Delta q}$．它表示产量由 q 变到 $q+\Delta q$ 时，在平均意义下的成本．当总成本函数 $c(q)$ 可导时，其边际成本定义为：$\lim\limits_{\Delta q\to 0}\dfrac{\Delta c}{\Delta q}=\lim\limits_{\Delta q\to 0}\dfrac{c(q+\Delta q)-c(q)}{\Delta q}=c'(q)$，即边际成本是总成本函数 $c(q)$ 关于产量 q 的导数，其经济含义是：当产量为 q 时，再生产一个单位的产品（即 $\Delta q=1$）时所增加的总成本为 $\Delta c(q)$．因此，近似地记为 $c(q+1)-c(q)=\Delta c(q)\approx c'(q)$，边际成本有时用 MC 表示，即 $\mathrm{MC}=c'(q)$．

例 27 一企业某产品总成本 c（元）是日产量 q（件）的函数 $c(q)=10\,000+5q+0.01q^2$，求当产量为 500 件时的边际成本．

解 因为边际成本 $c'(q)=(10\,000+5q+0.01q^2)'=5+0.02q$，所以当产量为 500 件时的边际成本 $c'(500)=5+0.02\times 500=15$（元/件），即表示当产量为 500 件时，再多生产 1 件，成本将增加 15 元．

五、 函数的微分

1. 微分的定义

引例 一块正方形的铁片，受热后均匀膨胀，边长由 a 变为 $a+\Delta a$，试问铁片的面积改变了多少？

解 正方形铁片的面积计算公式：$s(a)=a^2$，故面积的改变量为

$$\Delta s=s(a+\Delta a)-s(a)=(a+\Delta a)^2-a^2=2a\Delta a+(\Delta a)^2.$$

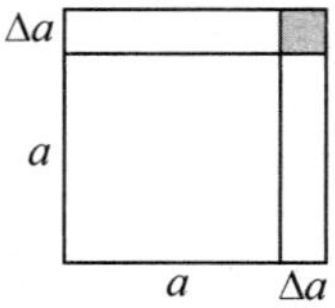

图 1—6

Δs 由两部分构成：$2a\Delta a$ 是关于 Δa 的线性函数，$(\Delta a)^2$ 是比 Δa 高阶的无穷小，$(\Delta a)^2=o(\Delta a)$；当 $|\Delta a|$ 很小时，$(\Delta a)^2=o(\Delta a)$ 更小．如果将高阶无穷小 $(\Delta a)^2$ 忽略不计，则有 $\Delta s\approx 2a\Delta a$（如图 1—6 所示）．

定义 4 设函数 $y=f(x)$ 在点 x_0 的某邻域 $U(x_0)$ 内有定义，$x_0+\Delta x\in$

$U(x_0)$，函数相应的增量为 $\Delta y=f(x_0+\Delta x)-f(x_0)$. 如果函数的增量 Δy 可以写作：$\Delta y=A\cdot\Delta x+o(\Delta x)$，且 A 只与 x_0 有关，与 Δx 无关，$o(\Delta x)$是比Δx 高阶的无穷小，则称函数 $y=f(x)$在点 x_0 处**可微**，并称 $A\Delta x$ 为函数 $y=f(x)$在点 x_0 处的**微分**，记作：$\mathrm{d}y=A\Delta x$ 或 $\mathrm{d}f(x)=A\Delta x$.

定理 8　函数 $y=f(x)$在点 x_0 处可微的充分必要条件是函数 $y=f(x)$在点 x_0 处可导.

注　①定理 8 表明，可微与可导是等价的概念，而且有 $A=f'(x_0)$，即

$$\mathrm{d}y=f'(x_0)\Delta x,\text{或 } \mathrm{d}f(x)=f'(x_0)\Delta x.$$

②对于自变量 x，有 $\mathrm{d}x=\Delta x$. 因此微分也常常写作：$\mathrm{d}y=f'(x)\mathrm{d}x$；如果 $\mathrm{d}x\neq 0$，则有$\dfrac{\mathrm{d}y}{\mathrm{d}x}=f'(x)$，因此导数通常也称为微商.

微分的几何意义：$\mathrm{d}y=f'(x_0)\Delta x$ 是曲线 $y=f(x)$在点$(x_0, f(x_0))$处的切线段上纵坐标的增量(如图 1—7 所示).

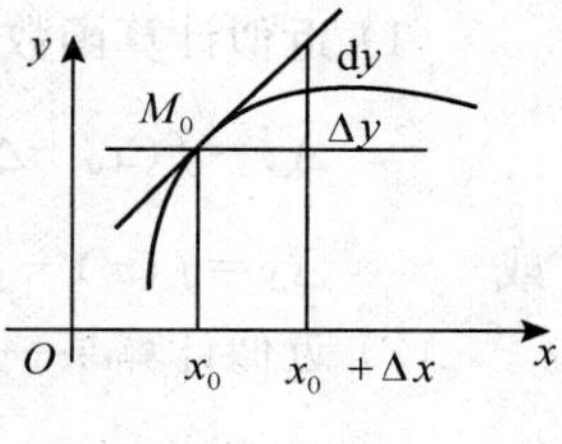

图 1—7

2. 微分基本公式和运算法则

(1) 微分基本公式

由微分的定义 $\mathrm{d}y=f'(x)\Delta x$ 及导数的基本公式，不难得出微分的基本公式，如

$$\mathrm{d}(\arctan x)=\frac{1}{1+x^2}\mathrm{d}x,\ \mathrm{d}(\log_a x)=\frac{1}{x\ln a}\mathrm{d}x,\ \mathrm{d}(x^\alpha)=\alpha x^{\alpha-1}\mathrm{d}x,\ \cdots$$

由此可得微分公式表：

$$\mathrm{d}(c)=0\quad \mathrm{d}(\sin x)=\cos x\mathrm{d}x\quad \mathrm{d}(\cos x)=-\sin x\mathrm{d}x\quad \mathrm{d}(\tan x)=\sec^2 x\mathrm{d}x$$

$$\mathrm{d}(\cot x)=-\csc^2 x\mathrm{d}x\quad \mathrm{d}(\sec x)=\tan x\sec x\mathrm{d}x\quad \mathrm{d}(\csc x)=-\cot x\csc x\mathrm{d}x$$

$$\mathrm{d}(\arcsin x)=\frac{1}{\sqrt{1-x^2}}\mathrm{d}x\quad \mathrm{d}(\arccos x)=-\frac{1}{\sqrt{1-x^2}}\mathrm{d}x$$

$$\mathrm{d}(\arctan x)=\frac{1}{1+x^2}\mathrm{d}x\quad \mathrm{d}(\mathrm{arccot} x)=-\frac{1}{1+x^2}\mathrm{d}x\quad \mathrm{d}(\mathrm{e}^x)=\mathrm{e}^x\mathrm{d}x$$

$$\mathrm{d}(\log_a x)=\frac{1}{x\ln a}\mathrm{d}x\quad \mathrm{d}(\ln x)=\frac{1}{x}\mathrm{d}x.$$

(2) 微分的四则运算法则

利用导数的四则运算法则及微分的定义，不难得出

$$d(u\pm v)=du\pm dv,\ d(uv)=udv+vdu,\ d\left(\frac{u}{v}\right)=\frac{vdu-udv}{v^2}(v\neq 0).$$

例 28 设 $y=\tan x^2$，求微分 dy.

解 $dy=(\tan x^2)'dx=2x\sec^2 x^2 dx$.

例 29 设 $y=e^{-2x}\cos 2x$，求微分 dy.

解 $dy=d[e^{-2x}\cos 2x]=e^{-2x}d(\cos 2x)+\cos 2x d(e^{-2x})$

$=e^{-2x}[-2\sin 2x]dx+\cos 2x[-2e^{-2x}]dx=-2e^{-2x}[\sin 2x+\cos 2x]dx$.

3. 微分的应用

（1）近似计算函数的增量

$$\Delta y=f(x_0+\Delta x)-f(x_0)\approx f'(x_0)\Delta x,$$

或 $$\Delta y=f(x)-f(x_0)\approx f'(x_0)(x-x_0).$$

（2）近似计算某一点处的函数值

$$f(x_0+\Delta x)\approx f(x_0)+f'(x_0)\Delta x,\text{或 } f(x)\approx f(x_0)+f'(x_0)(x-x_0).$$

例 30 近似计算 $\sqrt[3]{996}$的值.

解 设 $f(x)=\sqrt[3]{x}$，则应近似计算 $f(996)=\sqrt[3]{996}$. 取 $x_0=1\,000$，$\Delta x=-4$，于是 $x_0+\Delta x=996$，$f'(x)=\frac{1}{3\sqrt[3]{x^2}}$，$f(x_0)=f(1\,000)=10$，$f'(x_0)=f'(1\,000)=\frac{1}{300}$.

利用 $f(x_0+\Delta x)\approx f(x_0)+f'(x_0)\Delta x$，$f(996)\approx f(1\,000)+f'(1\,000)(-4)$，有

$$\sqrt[3]{996}\approx\sqrt[3]{1\,000}+\frac{1}{300}(-4)=10-\frac{4}{300}\approx 9.99.$$

例 31 一个半径为 1 厘米的球，为了提高表面的光洁度，需要镀上一层铜. 镀层厚度为 0.01 厘米. 估计每只球需要用铜多少克?（铜的密度为 8.9g/cm^3.）

解 球的体积 $V=\frac{4}{3}\pi r^3$，镀铜后，球的半径由 1cm 变为 1.01cm，故所镀铜的体积为：$\Delta V=\frac{4}{3}\pi[(r+\Delta r)^3-r^3]$，利用近似计算公式 $\Delta V\approx V'\Delta r=4\pi r^2\Delta r$，取 $r=1$，$\Delta r=0.01$，$V'=4\pi r^2$，则 $\Delta V\approx 4\pi r^2\Delta r\approx 0.13(\text{cm})^3$；因此每只球需要用铜约为 $0.13\times 8.9=1.16$ 克.

习题 1.3

1. 设 $y=x^2-3x$.

(1) 当 x 从 $x=-1$ 变到 $x=1$ 时，求 Δy，并求平均变化率.

(2) 当 x 从 $x=0$ 变到 $x=4$ 时，求 Δy，并求平均变化率.

2. 求下列函数的导数：

(1) $y=kx+l\sqrt{x}+\frac{m}{x^3}$；　(2) $y=\frac{2-\sqrt{x}+3x-5x^2}{x^2}$；

(3) $y=\frac{1+x^2}{1-x^2}$；　(4) $y=\frac{ax+b}{cx+d}(ad-bc\neq 0)$；

(5) $y=(x-1)(x-2)(x-3)$；　(6) $y=\frac{1+\sqrt{x}}{1-\sqrt{x}}$.

3. (1) 证明：曲线 $y=\frac{x^2+5}{x^2}$ 与 $y=\frac{x^2-4}{x^2+1}$ 在点 $x=2$ 处的切线互相垂直.

(2) 求等边双曲线 $y=\frac{1}{x}$ 在点 $\left(\frac{1}{2}, 2\right)$ 处的斜率，并写出在该点的切线方程和法线方程.

(3) 求曲线 $y=\frac{x^2+5}{x^2}$ 在点 $x=2$ 处的切线方程和法线方程.

4. 已知函数的导数，求函数的表达式：

(1) $\frac{\mathrm{d}y}{\mathrm{d}x}=8x(x^2+1)^3$；　(2) $\frac{\mathrm{d}y}{\mathrm{d}x}=\frac{\sqrt{x}+1}{\sqrt{x}}$.

5. 求下列函数的二阶导数：

(1) $y=\frac{1}{\sqrt{x}}$；　(2) $y=\mathrm{e}^{-2x}$.

6. 证明：$(\cot x)'=-\frac{1}{\sin^2 x}$.

7. 求下列函数的导数：

(1) $y=\cos^2 x$；　(2) $y=\cos(ax+b)$；　(3) $y=\cos^2 x-\sin^2 x$；

(4) $y=\sin x^2$；　(5) $y=\cot^2 x$；　(6) $y=\sqrt{\tan x}$.

8. 求下列函数的导数：

(1) $y=\ln(x^2+3)$；　(2) $y=\ln 6x^2$；　(3) $y=\mathrm{e}^{-ax^2}$；

(4) $y=x^2\mathrm{e}^{-x}$；　(5) $y=\arccos\frac{1}{x}$；　(6) $y=5^{x^2}$；

(7) $y=\ln\ln x$； (8) $y=\sin(e^{x^2}+1)$； (9) $y=\arctan\dfrac{2x}{1-x^2}$.

9. 若 $f(x)=e^{-2x}(x^2-2x-1)$，求 $f'(x)=0$ 的根.

10. 求下列函数的微分：

(1) $y=(x^2+1)^2$； (2) $y=\left(x+\dfrac{1}{x}\right)^4$；

(3) $y=(x+\sqrt{x})^3$； (4) $\sqrt{x^2-\dfrac{1}{x^2}}$.

11. 讨论下列函数的单调性：

(1) $y=x^3+x$； (2) $y=\dfrac{2x}{1+x^2}$.

12. 求下列函数的极值：

(1) $y=x+\dfrac{1}{x}$； (2) $y=x^2\ln x$；

(3) $y=e^x+e^{-x}$； (4) $y=x^3-3x^2+6x+7$.

第四节 积分学

一、 不定积分

前面我们介绍了函数的导数和微分，不定积分实际上就是函数求导或微分的逆运算；定积分与不定积分在概念上虽然有着本质的区别，但在计算上却有着密切的联系. 正如加法的逆运算是减法、乘法的逆运算是除法一样，函数求导数或微分的逆运算就是求不定积分.

1. 原函数与不定积分

我们知道，函数 x^2 的导函数是 $(x^2)'=2x$，现在反过来，已知函数 $2x$，要求一个函数 $F(x)$ 使 $F'(x)=2x$，很显然 x^2 就可作为这样的 $F(x)$，也就是说导函数为 $2x$ 的那个函数，在未求导之前的那个函数，意思就是原来的那个函数. 一般地，我们有下面的定义.

定义 1 设函数 $f(x)$ 在某区间上有定义，如果存在函数 $F(x)$，对于该区间上任一点 x，使 $F'(x)=f(x)$ 或 $dF(x)=f(x)dx$，则称函数 $F(x)$ 是已知函数 $f(x)$ 在该区间上的一个**原函数**.

例如，因 $(\sin x)'=\cos x$，故 $\sin x$ 是 $\cos x$ 在区间 $(-\infty, +\infty)$ 内的一个原

函数，显然 $\sin x+1$，$\sin x+8$，$\sin x+c$（c 为任意常数）也都是 $\cos x$ 在区间 $(-\infty,\ +\infty)$ 内的原函数；可见其原函数不是唯一的.

那么一个函数具备何种条件，才能保证它的原函数一定存在呢？一个简单的充分条件是，连续的函数一定有原函数.

关于函数的原函数，要说明以下两点：

第一，如果 $f(x)$ 在区间 I 上有原函数，即有一个函数 $F(x)$，对任一 $x\in I$，都有 $F(x)'=f(x)$，那么，对任何常数 C，显然也有 $[F(x)+C]'=f(x)$，即对任何常数 C，函数 $F(x)+C$ 也是 $f(x)$ 的原函数. 这说明，如果 $f(x)$ 有一个原函数，那么 $f(x)$ 就有无穷多个原函数.

第二，如果在区间 I 上 $F(x)$ 是 $f(x)$ 的一个原函数，那么 $f(x)$ 的其他原函数与 $F(x)$ 有什么关系呢？

设 $\Phi(x)$ 是 $f(x)$ 的一个原函数，即对任一 $x\in I$ 有

$$\Phi'(x)=f(x),$$

于是 $$[\Phi(x)-F(x)]'=\Phi'(x)-F'(x)=f(x)-f(x)=0.$$

在上一节中已经知道，在一个区间上导数恒为零的函数必为常数，所以

$$\Phi(x)-F(x)=C_0\ (C_0\ \text{为某个常数}).$$

这表明 $\Phi(x)$ 与 $F(x)$ 只差一个常数. 因此，当 C 为任意常数时，表达式

$$F(x)+C$$

就可以表示 $f(x)$ 的任一个原函数. 也就是说，$f(x)$ 的全体原函数所组成的集合，就是函数族

$$\{F(x)+C\mid -\infty<C<+\infty\}.$$

由以上说明，我们引进不定积分的定义.

定义 2　在区间 I 上，函数 $f(x)$ 的带有任意常数项的原函数称为 $f(x)$（或 $f(x)\mathrm{d}x$）在区间 I 上的**不定积分**，记作

$$\int f(x)\mathrm{d}x\ ,$$

其中记号 $\int$ 称为**积分号**，$f(x)$ 称为**被积函数**，$f(x)\mathrm{d}x$ 称为**被积表达式**，x 称为**积分变量**.

由此定义及前面的说明可知，如果 $F(x)$ 是 $f(x)$ 在区间 I 上的一个原函

数，那么 $F(x)+C$ 就是 $f(x)$ 的不定积分，即

$$\int f(x)\mathrm{d}x = F(x)+C.$$

因而不定积分 $\int f(x)\mathrm{d}x$ 表示 $f(x)$ 的所有原函数.

注 ① $\int f(x)\mathrm{d}x$ 是一个整体记号.

②不定积分与原函数是总体与个体的关系，即若 $F(x)$ 是 $f(x)$ 的一个原函数，则 $f(x)$ 的不定积分是一个函数族 $\{F(x)+C\}$，其中 C 是任意常数，记为：$\int f(x)\mathrm{d}x=F(x)+C$. 此时称 C 为积分常数，它可取任意实数.

从不定积分的定义，即可知下述关系：

$$\left[\int f(x)\mathrm{d}x\right]' = f(x) \quad 或 \quad \mathrm{d}\int f(x)\mathrm{d}x = f(x)\mathrm{d}x.$$

［先积分后求导（微分）正好还原.］

$$\int f'(x)\mathrm{d}x = f(x)+C \quad 或 \quad \int \mathrm{d}f(x) = f(x)+C.$$

［先求导（微分）后积分还原后需加上一个常数（不能完全还原）.］

例 1 求 $\int x^2\mathrm{d}x$.

解 由于 $\left(\frac{x^3}{3}\right)'=x^2$，所以 $\frac{x^3}{3}$ 是 x^2 的一个原函数. 因此

$$\int x^2\mathrm{d}x = \frac{x^3}{3}+C.$$

例 2 求 $\int \frac{1}{x}\mathrm{d}x$.

解 当 $x>0$ 时，由于 $(\ln x)'=\frac{1}{x}$，所以 $\ln x$ 是 $\frac{1}{x}$ 在 $(0,+\infty)$ 内的一个原函数. 因此在 $(0,+\infty)$ 内，$\int \frac{1}{x}\mathrm{d}x = \ln x + C$.

当 $x<0$ 时，由于 $[\ln(-x)]'=\frac{1}{-x}(-1)=\frac{1}{x}$，所以 $\ln(-x)$ 是 $\frac{1}{x}$ 在 $(-\infty,0)$ 内的一个原函数. 因此在 $(-\infty,0)$ 内，$\int \frac{1}{x}\mathrm{d}x = \ln(-x)+C$.

将结果合并起来，可写作 $\int \frac{1}{x}\mathrm{d}x = \ln|x| + C$.

例 3　设曲线通过点（1，2），且其上任一点处的切线斜率等于该点横坐标的两倍，求此曲线的方程.

解　设所求的曲线方程为 $y=f(x)$，按题设，曲线上任一点 (x, y) 处的切线斜率为 $\frac{\mathrm{d}y}{\mathrm{d}x}=2x$，即求 $2x$ 的原函数.

因为 $\int 2x\mathrm{d}x = x^2 + C$，即曲线方程为 $y=x^2+C$. 因所求曲线通过点（1，2），故

$$2=1+C,\ C=1.$$

于是所求曲线为 $y=x^2+1$.

函数 $f(x)$ 的原函数的图形称为 $f(x)$ 的积分曲线. 本例即是求函数 $2x$ 通过点（1，2）的那条积分曲线.

2. 基本积分公式

既然积分运算是导数或微分运算的逆运算，那么很自然地可以从导数公式得到相应的积分公式.

例如，因为 $\left(\frac{x^{\mu+1}}{\mu+1}\right)'=x^{\mu}$，所以 $\frac{x^{\mu+1}}{\mu+1}$ 是 x^{μ} 的一个原函数，于是

$$\int x^{\mu}\mathrm{d}x = \frac{x^{\mu+1}}{\mu+1} + C \qquad (\mu \neq -1).$$

类似地可以得到其他积分公式. 我们把一些基本的积分公式列在下面，便于读者查阅（更多的积分公式见附录 2《基本积分表》）.

(1) $\int k\mathrm{d}x = kx + C$　（k 是常数）

(2) $\int x^{\mu}\mathrm{d}x = \frac{x^{\mu+1}}{\mu+1} + C \quad (\mu \neq -1)$

(3) $\int \frac{1}{x}\mathrm{d}x = \ln|x| + C$

(4) $\int \frac{\mathrm{d}x}{1+x^2} = \arctan x + C$

(5) $\int \frac{\mathrm{d}x}{\sqrt{1-x^2}} = \arcsin x + C$

(6) $\int \cos x\mathrm{d}x = \sin x + C$

(7) $\int \sin x\mathrm{d}x = -\cos x + C$

(8) $\int \frac{\mathrm{d}x}{\cos^2 x} = \int \sec^2 x\mathrm{d}x = \tan x + C$

(9) $\int \frac{dx}{\sin^2 x} = \int \csc^2 x dx = -\cot x + C$　　(10) $\int \sec x \tan x dx = \sec x + C$

(11) $\int \csc x \cot x dx = -\csc x + C$　　(12) $\int e^x dx = e^x + C$

(13) $\int a^x dx = \frac{a^x}{\ln a} + C$

以上 13 个基本积分公式，是求不定积分的基础，必须熟记，因为其他函数的不定积分经运算变形后，最终归结为应用这些基本不定积分. 另外，还需借助一些不定积分的性质和法则才能求出更多函数的不定积分. 下面举几个应用积分公式（2）的实例.

例 4　求 $\int \frac{dx}{x^3}$.

解　$\int \frac{dx}{x^3} = \int x^{-3} dx = \frac{x^{-3+1}}{-3+1} + C = -\frac{1}{2x^2} + C.$

例 5　求 $\int x^2 \sqrt{x} dx$.

解　$\int x^2 \sqrt{x} dx = \int x^{\frac{5}{2}} dx = \frac{x^{\frac{5}{2}+1}}{\frac{5}{2}+1} + C = \frac{2}{7} x^{\frac{7}{2}} + C = \frac{2}{7} x^3 \sqrt{x} + C.$

例 6　求 $\int \frac{dx}{x(\sqrt[3]{x})}$.

解　$\int \frac{dx}{x(\sqrt[3]{x})} = \int x^{-\frac{4}{3}} dx = \frac{x^{-\frac{4}{3}+1}}{-\frac{4}{3}+1} + C = -3x^{-\frac{1}{3}} + C = -\frac{3}{\sqrt[3]{x}} + C.$

上面三个实例表明，有时被积函数实际上是幂函数，但用分式或根式表示. 遇此情形，应先把它化为 x^μ 的形式，然后应用幂函数的积分公式来求不定积分.

3. 不定积分的性质

根据不定积分的定义，可以推得它的如下两个性质：

性质 1　函数的和的不定积分等于各个函数的不定积分的和，即

$$\int [f(x) + g(x)] dx = \int f(x) dx + \int g(x) dx.$$

性质 2　求不定积分时，被积函数中不为零的常数因子可以提到积分号外面来，即

$$\int k f(x) dx = k \int f(x) dx \text{（常数 } k \neq 0\text{）}.$$

例 7　求 $\int \sqrt{x}\,(x^2-5)\mathrm{d}x$.

解　$\int \sqrt{x}\,(x^2-5)\mathrm{d}x=\int (x^{\frac{5}{2}}-5x^{\frac{1}{2}})\mathrm{d}x=\int x^{\frac{5}{2}}\mathrm{d}x-\int 5x^{\frac{1}{2}}\mathrm{d}x$

$$=\int x^{\frac{5}{2}}\mathrm{d}x-5\int x^{\frac{1}{2}}\mathrm{d}x=\frac{2}{7}x^{\frac{7}{2}}-5\cdot\frac{2}{3}x^{\frac{3}{2}}+C$$

$$=\frac{2}{7}x^3\sqrt{x}-\frac{10}{3}x\sqrt{x}+C.$$

注　由于任意常数的差异，一个函数的不定积分往往呈现不同的表达形式. 检验积分结果是否正确，要对结果求导，看它的导数是否等于被积函数，如果相等结果就是正确的，否则结果是错误的.

例 8　求 $\int \frac{(x-1)^3}{x^2}\mathrm{d}x$.

解　$\int \frac{(x-1)^3}{x^2}\mathrm{d}x=\int \frac{x^3-3x^2+3x-1}{x^2}\mathrm{d}x=\int \left(x-3+\frac{3}{x}-\frac{1}{x^2}\right)\mathrm{d}x$

$$=\int x\mathrm{d}x-3\int \mathrm{d}x+3\int \frac{\mathrm{d}x}{x}-\int \frac{\mathrm{d}x}{x^2}=\frac{x^2}{2}-3x+3\ln|x|+\frac{1}{x}+C.$$

例 9　求 $\int (\mathrm{e}^x-3\cos x)\mathrm{d}x$.

解　$\int (\mathrm{e}^x-3\cos x)\mathrm{d}x=\int \mathrm{e}^x\mathrm{d}x-3\int \cos x\mathrm{d}x=\mathrm{e}^x-3\sin x+C.$

例 10　求 $\int 2^x\mathrm{e}^x\mathrm{d}x$.

解　因为 $2^x\mathrm{e}^x=(2\mathrm{e})^x$，所以把 $2\mathrm{e}$ 看做 a，并利用积分公式（13），便得

$$\int 2^x\mathrm{e}^x\mathrm{d}x=\frac{(2\mathrm{e})^x}{\ln(2\mathrm{e})}+C=\frac{2^x\mathrm{e}^x}{1+\ln 2}+C.$$

例 11　求 $\int \frac{1+x+x^2}{x(1+x^2)}\mathrm{d}x$.

解　基本积分表中没有这种类型的积分，可以先把被积函数变形，化为表中所列类型的积分之后，再逐项求积分：

$$\int \frac{1+x+x^2}{x(1+x^2)}\mathrm{d}x=\int \frac{x+(1+x^2)}{x(1+x^2)}\mathrm{d}x=\int \left(\frac{1}{1+x^2}+\frac{1}{x}\right)\mathrm{d}x$$

$$=\int \frac{1}{1+x^2}\mathrm{d}x+\int \frac{1}{x}\mathrm{d}x=\arctan x+\ln|x|+C.$$

例 12 求 $\int \frac{x^4}{1+x^2}\mathrm{d}x$.

解 基本积分表中没有这种类型的积分，同例 12 一样，经过变形，化为表中所列类型之后，就可以逐项求积分：

$$\int \frac{x^4}{1+x^2}\mathrm{d}x = \int \frac{x^4-1+1}{1+x^2}\mathrm{d}x = \int \frac{(x^2+1)(x^2-1)+1}{x^2+1}\mathrm{d}x$$

$$= \int \left(x^2-1+\frac{1}{1+x^2}\right)\mathrm{d}x = \int x^2\mathrm{d}x - \int \mathrm{d}x + \int \frac{1}{1+x^2}\mathrm{d}x$$

$$= \frac{x^3}{3} - x + \arctan x + C.$$

4. 不定积分的换元法

除了直接根据定义和用基本积分表中的公式外（当然有的不定积分需要对被积函数进行恒等变形才能利用基本积分公式），有些不定积分很难直接利用定义和基本积分公式来求. 例如，不定积分 $\int \sin^3 x\mathrm{d}x$ 就无法直接利用定义和基本积分公式计算. 因此还需要研究求不定积分的其他方法，下面介绍的就是求不定积分的换元法.

如果我们把求复合函数的导数的方法反过来用于求不定积分，就得到了求不定积分的另一种方法，该方法主要是通过适当的变量代换来求函数的不定积分，故称此法为换元积分法，简称换元法.

设 $f(u)$ 具有原函数 $F(u)$，即

$$F'(u) = f(u),\ \int f(u)\ \mathrm{d}u = F(u) + C.$$

若 u 是另一个新变量 x 的函数 $u=\varphi(x)$，且设 $\varphi(x)$ 可导，则

$$F(u)=F[\varphi(x)].$$

根据复合函数的求导法则，有

$$\frac{\mathrm{d}}{\mathrm{d}x}F[\varphi(x)]=F'_u(u)\cdot\varphi'_x(x)=f[\varphi(x)]\varphi'(x).$$

即 $F[\varphi(x)]$ 是 $f[\varphi(x)]\ \varphi'(x)$ 的原函数，从而根据不定积分的定义得

$$\int f[\varphi(x)]\varphi'(x)\ \mathrm{d}x = F[\varphi(x)] + C = [F(u)+C]_{u=\varphi(x)} = \left[\int f(u)\mathrm{d}u\right]_{u=\varphi(x)}.$$

于是有下面的定理：

定理1　设 $f(u)$ 具有原函数 $F(u)$，$u=\varphi(x)$ 可导，则 $F[\varphi(x)]$ 是 $f[\varphi(x)]\varphi'(x)$ 的原函数，即有如下的换元公式：

$$\int f[\varphi(x)]\varphi'(x)\,\mathrm{d}x = F[\varphi(x)]+C = \left[\int f(u)\mathrm{d}u\right]_{u=\varphi(x)}. \tag{1}$$

此定理说明，虽然由不定积分的定义，式（1）右端的 $\mathrm{d}u$ 是不定积分表达式的一部分，并没有说它是普通微分，但在有了式（1）以后，我们看到，在运用换元积分法时，将 $\mathrm{d}u$ 解释为普通的微分是不会产生错误的，这样一来在基本积分表的公式中，将积分变量换成 x 的连续可微函数 u，公式仍然成立.

如何用公式（1）来求不定积分呢？如果要计算积分 $\int g(x)\,\mathrm{d}x$，将函数 $g(x)$ 化为 $g(x)=f[\varphi(x)]\varphi'(x)$ 的形式，令 $u=\varphi(x)$，那么利用

$$\int g(x)\,\mathrm{d}x = \int f[\varphi(x)]\,\varphi'(x)\mathrm{d}x = \left[\int f(u)\mathrm{d}u\right]_{u=\varphi(x)}$$

求得 $f(u)$ 的原函数，回代 $u=\varphi(x)$ 就得到 $g(x)$ 的不定积分.

例13　求 $\int 2\cos 2x\mathrm{d}x$.

解　被积函数中 $\cos 2x$ 是一个复合函数：$\cos 2x=\cos u$，$u=2x$，常数因子恰好是中间变量 u 的导数. 因此，作变换 $u=2x$，便有

$$\begin{aligned}\int 2\cos 2x\mathrm{d}x &= \int \cos 2x(2\mathrm{d}x) = \int \cos 2x(2x)'\mathrm{d}x \\ &= \int \cos u\mathrm{d}u = \sin u + C = \sin 2x + C.\end{aligned}$$

例14　求 $\int \frac{1}{2+3x}\mathrm{d}x$.

解　设 $u=2+3x$，则 $\mathrm{d}u=3\mathrm{d}x$，于是

$$\int \frac{1}{2+3x}\mathrm{d}x = \frac{1}{3}\int \frac{1}{u}\mathrm{d}u = \frac{1}{3}\ln|u|+C = \frac{1}{3}\ln|2+3x|+C.$$

例15　求 $\int x\sqrt{x^2-3}\,\mathrm{d}x$.

解　设 $u=x^2-3$，则 $\mathrm{d}u=2x\mathrm{d}x$，于是

$$\int x\sqrt{x^2-3}\,\mathrm{d}x = \frac{1}{2}\int u^{\frac{1}{2}}\mathrm{d}u = \frac{1}{3}u^{\frac{3}{2}}+C = \frac{1}{3}(x^2-3)^{\frac{3}{2}}+C.$$

例 16 求 $\int \tan x \mathrm{d}x$.

解 设 $u=\cos x$，$\mathrm{d}u=-\sin x\mathrm{d}x$，于是

$$\int \tan x\mathrm{d}x=\int \frac{\sin x}{\cos x}\mathrm{d}x=-\int \frac{1}{\cos x}\mathrm{d}(\cos x)=-\int \frac{1}{u}\mathrm{d}u$$
$$=[-\ln|u|]_{u=\cos x}+C=-\ln|\cos x|+C.$$

在解题比较熟练后，可以不设新变量 u，直接“凑成”微分形式，即将 $g(x)\mathrm{d}x$变成$f[\varphi(x)]\mathrm{d}\varphi(x)$ 的形式. 一般是从 $g(x)$ 中分离出一部分因式与 $\mathrm{d}x$ 相结合，凑成微分 $\mathrm{d}\varphi(x)$，必要时可把分离的因式添加适当的常数后，再与 $\mathrm{d}x$ 凑成微分 $\mathrm{d}\varphi(x)$，利用基本积分公式求出结果，所以此种积分法又称凑微分法.

例 17 求 $\int \frac{1}{a^2+x^2}\mathrm{d}x$.

解 $$\int \frac{1}{a^2+x^2}\mathrm{d}x=\frac{1}{a^2}\int \frac{1}{1+\left(\frac{x}{a}\right)^2}\mathrm{d}x=\frac{1}{a}\int \frac{1}{1+\left(\frac{x}{a}\right)^2}\mathrm{d}\left(\frac{x}{a}\right)$$
$$=\frac{1}{a}\arctan\frac{x}{a}+C.$$

下面举一些积分的实例，它们的被积函数中都含有三角函数，在计算这种积分的过程中，往往要用到一些三角恒等式.

例 18 求 $\int \sin^3 x\mathrm{d}x$.

解 $$\int \sin^3 x\mathrm{d}x=\int \sin^2 x\sin x\mathrm{d}x=-\int (1-\cos^2 x)\mathrm{d}(\cos x)$$
$$=-\int \mathrm{d}(\cos x)+\int \cos^2 x\,\mathrm{d}(\cos x)=-\cos x+\frac{1}{3}\cos^3 x+C.$$

例 19 求 $\int \sin^2 x\cos^5 x\mathrm{d}x$.

解 $$\int \sin^2 x\cos^5 x\mathrm{d}x=\int \sin^2 x\cos^4 x\cos x\mathrm{d}x=\int \sin^2 x(1-\sin^2 x)^2\mathrm{d}\sin x$$
$$=\int (\sin^2 x-2\sin^4 x+\sin^6 x)\mathrm{d}\sin x$$
$$=\frac{1}{3}\sin^3 x-\frac{2}{5}\sin^5 x+\frac{1}{7}\sin^7 x+C.$$

例 20 求 $\int \cos^2 x\mathrm{d}x$.

解 $$\int \cos^2 x\mathrm{d}x=\int \frac{1+\cos 2x}{2}\mathrm{d}x=\frac{1}{2}\left(\int \mathrm{d}x+\int \cos 2x\mathrm{d}x\right)$$

$$=\frac{1}{2}\int dx+\frac{1}{4}\int\cos 2x\,d(2x)=\frac{x}{2}+\frac{\sin 2x}{4}+C.$$

类似地可得，$\int\sin^2 x\,dx=\frac{x}{2}-\frac{\sin 2x}{4}+C.$

运用换元积分法求不定积分，在适当选择变量代换时，有时由于选择不同的变换，对同一个积分算出来的结果在形式上可能不一样. 只要将结果求导能得到被积函数，运算就是正确的，这也是求不定积分的一种检验方法.

例 21 求不定积分 $\int\sqrt{a^2-x^2}\,dx.$

解 令 $x=a\sin t$，则 $\sqrt{a^2-x^2}=a\cos t$，$dx=a\cos t\,dt$，则

$$\text{原式}=\int a\cos t\cdot a\cos t\,dt=a^2\int\frac{1+\cos 2t}{2}dt=\frac{a^2}{2}\left(t+\frac{1}{2}\sin 2t\right)+C$$

$$=\frac{a^2}{2}\arcsin\frac{x}{a}+\frac{1}{2}x\sqrt{a^2-x^2}+C.$$

本例采用变量代换 $x=a\sin t$，是为了去掉被积函数中的根式. 类似地，对于形如 $\int\sqrt{x^2-a^2}\,dx$ 及 $\int\sqrt{a^2+x^2}\,dx$ 的积分，可以分别采用代换 $x=a\sec t$ 和 $x=a\tan t$ 去掉根式.

5. 分部积分法

前面我们将复合函数的求导法则反过来用于求不定积分，得到了换元积分法，该法的应用很广泛，但是对于许多类型的积分，如 $\int xe^x dx$、$\int x\ln x\,dx$、$\int x\sin x\,dx$ 等，虽然被积函数很简单，但用直接积分法或换元积分法都无法计算. 这类积分的被积函数有共同的特点，都是两种不同类型函数的乘积，这就启发我们把两个函数乘积的导数或微分法则反过来用于求这种类型的不定积分，这种方法称为分部积分法，下面简要介绍这种方法.

设函数 $u=u(x)$、$v=v(x)$ 具有连续导数，则有

$$d(uv)=u\,dv+v\,du.$$

移项得

$$u\,dv=d(uv)-v\,du.$$

两边积分得

$$\int u\,dv=\int d(uv)-\int v\,du.$$

因此

$$\int u\mathrm{d}v = uv - \int v\mathrm{d}u. \tag{3}$$

公式（3）称为分部积分公式.

此公式表明，如果 $\int u\mathrm{d}v$ 不易求出，那么可通过公式把它转化为右边的形式，如果 $\int v\mathrm{d}u$ 易于求出，则公式起到了化难为易的作用.

例 22 求 $\int x\cos x\mathrm{d}x$.

解 该积分用换元积分法不易求出结果，先试用分部积分法求解，首先应把被积函数 $x\cos x$ 看成 $u\mathrm{d}v$，但哪一个取作 u，哪一个取作 $\mathrm{d}v$ 呢?

对本题来说，被积函数是幂函数与三角函数的乘积，而幂函数 x^m（m 为正整数）的特点是：求导时幂指数降低（$(x^m)'=mx^{m-1}$）；积分时幂指数升高 $\left(\int x^m\mathrm{d}x=\frac{x^{m+1}}{m+1}\right)$；而 $\sin x$、$\cos x$、e^x 的特点是：在对其求导或积分时，其形式可以说是不变的. 通过这样的分析，利用分部积分法时，最好把 x 取作 u，$\cos x\mathrm{d}x$ 取作 $\mathrm{d}v$，下面我们来具体操作一下.

取 $u=x$，$\mathrm{d}v=\cos x\mathrm{d}x$，则 $\mathrm{d}u=\mathrm{d}x$，$v=\sin x$，代入公式得

$$\int x\cos x\mathrm{d}x = \int x\mathrm{d}(\sin x) = x\sin x - \int \sin x\mathrm{d}x = x\sin x + \cos x + C.$$

如果取 $u=\cos x$，$\mathrm{d}v=x\mathrm{d}x$，则 $\mathrm{d}u=-\sin x\mathrm{d}x$，$v=\frac{1}{2}x^2$，于是

$$\int x\cos x\mathrm{d}x = \int \cos x\mathrm{d}\left(\frac{x^2}{2}\right) = \frac{x^2}{2}\cos x + \int \frac{x^2}{2}\sin x\mathrm{d}x.$$

显然，上式右端的积分比原积分更不易求出.

由此可见，如果 u 和 $\mathrm{d}v$ 选取得不当，就求不出结果，所以应用分部积分法时，恰当选取 u 和 $\mathrm{d}v$ 是一个关键，选取 u 和 $\mathrm{d}v$ 一般要考虑下面的两点：

（1）v 要比较容易求得；

（2）$\int v\mathrm{d}u$ 要比 $\int u\mathrm{d}v$ 容易积出.

例 23 求 $\int x\mathrm{e}^x\mathrm{d}x$.

解 设 $u=x$，$\mathrm{d}v=\mathrm{e}^x\mathrm{d}x$，那么 $\mathrm{d}u=\mathrm{d}x$，$v=\mathrm{e}^x$，于是

$$\int x\mathrm{e}^{x}\,\mathrm{d}x = x\mathrm{e}^{x} - \mathrm{e}^{x} + C = \mathrm{e}^{x}(x-1) + C.$$

总结上面两个实例可知，**如果被积函数是幂函数和正（余）弦函数或幂函数和指数函数的乘积，就可以考虑用分部积分法，并设幂函数为 u，这样用一次分部积分法就可以使幂函数的幂次降低一次，这里假定幂指数为正整数.**

例 24　求 $\int x^2\ln x\mathrm{d}x$.

解　如果设 $u=x^2$，$\mathrm{d}v=\ln x\mathrm{d}x$，从中求不出函数 v，不符合选择 u 和 $\mathrm{d}v$ 的原则. 所以只能选择 $u=\ln x$，$\mathrm{d}v=x^2\mathrm{d}x$. 于是有

$$\begin{aligned}\int x^2\ln x\mathrm{d}x &= \int \ln x\mathrm{d}\left(\frac{x^3}{3}\right) = \frac{x^3}{3}\ln x - \int\frac{x^3}{3}\mathrm{d}(\ln x) = \frac{x^3}{3}\ln x - \int\frac{x^3}{3}\cdot\frac{1}{x}\mathrm{d}x \\ &= \frac{x^3}{3}\ln x - \frac{1}{3}\int x^2\mathrm{d}x = \frac{x^3}{3}\ln x - \frac{x^3}{9} + C.\end{aligned}$$

例 25　求 $\int x\arctan x\mathrm{d}x$.

解　设 $u=\arctan x$，$\mathrm{d}v=x\mathrm{d}x$，那么 $\mathrm{d}u=\frac{1}{1+x^2}\mathrm{d}x$，$v=\frac{x^2}{2}$，于是有

$$\begin{aligned}\int x\arctan x\mathrm{d}x &= \frac{x^2}{2}\arctan x - \frac{1}{2}\int\frac{x^2}{1+x^2}\mathrm{d}x \\ &= \frac{x^2}{2}\arctan x - \frac{1}{2}\int\frac{1+x^2-1}{1+x^2}\mathrm{d}x \\ &= \frac{x^2}{2}\arctan x - \frac{1}{2}\int\left(1-\frac{1}{1+x^2}\right)\mathrm{d}x \\ &= \frac{x^2}{2}\arctan x - \frac{1}{2}(x-\arctan x) + C \\ &= \frac{1}{2}(x^2+1)\arctan x - \frac{1}{2}x + C.\end{aligned}$$

总结上面两个实例可知，**如果被积函数是幂函数和对数函数或幂函数和反三角函数的乘积，就可以考虑用分部积分法，并设对数函数或反三角函数为 u，幂函数和 $\mathbf{d}x$ 凑成 $\mathbf{d}v$.**

读者可仿照上面两例的方法求 $\int \arccos x\mathrm{d}x$.

以上介绍的不定积分的方法——直接积分法、换元积分法、分部积分法，都是最基本的积分法，这些方法对于解决一般类型的函数求不定积分问题是非常有

效的. 对于一些特殊类型的函数求不定积分问题还有其他积分法，这里就不作介绍了，有兴趣的读者可参考其他资料.

二、 定积分

1. 定积分概念产生的背景

定积分是由于解决某些实际问题的需要而产生的，较为典型的问题是求曲边梯形的面积、变力所作的功、变速直线运动的路程等.

（1）求曲边梯形的面积

所谓曲边梯形是这样的图形，它有三条边是直线，其中两条互相平行，第三条与前两条垂直，称为底边，另一条是连续曲线弧（特别地，曲线也可以是直线），称为曲边梯形，如图 1—8 所示.

直线图形（如三角形、矩形、梯形）及特殊曲线图形（如扇形）的面积，在初等数学中已经解决，如何确定曲边梯形的面积呢?

为了方便起见，我们选择如图 1—8 所示的坐标系，曲线 M_1N_1 的方程为 $y=f(x)\geqslant 0$，其中 $f(x)$ 是连续函数.

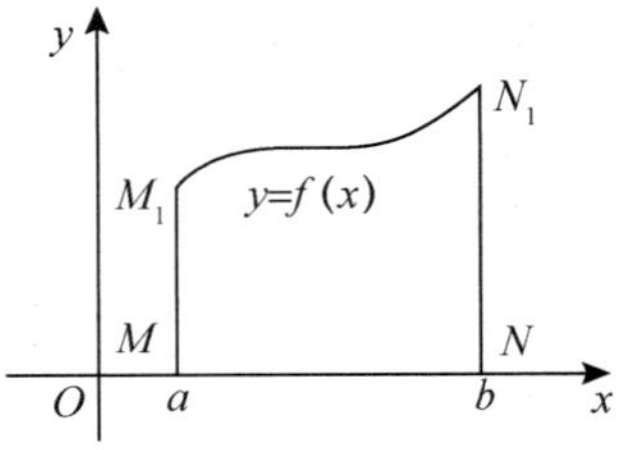

图 1—8

如果 $f(x)$ 是常数 h，即 $y=h$，那么这个曲边梯形实际上就是矩形，它的面积＝高×底＝$h(b-a)$.

但在一般情况下，我们假设 $y=f(x)$ 不是常量，而是随着 x 变化而变化的变量，此时曲边梯形的面积就不能用我们以前所熟悉的公式进行计算，这就是计算曲边梯形的困难所在.

但曲边梯形的高 $f(x)$ 在区间 $[a, b]$ 上是连续变化的，当区间很小时，高 $f(x)$ 的变化也很小，近似不变. 因此，如果把区间 $[a, b]$ 分成许多小区间，在每个小区间上用某一点处的高度近似代替该区间上的小曲边梯形的高，那么，每个小曲边梯形就可近似看成这样得到的小矩形，从而所有小矩形面积之和就可作为曲边梯形面积的近似值. 如果将区间 $[a, b]$ 无限细分下去. 即让每个小区间的长度都趋于零，这时所有小矩形面积之和的极限就可定义为曲边梯形的面积. 其具体做法如下：

① 首先在区间 $[a, b]$ 内插入 $n-1$ 个分点

$$a=x_0<x_1<x_2<x_3<\cdots<x_{n-1}<x_n=b,$$

把区间 $[a, b]$ 分成 n 个小区间 $[x_{i-1}, x_i]$ $(i=1, 2, \cdots, n)$，各小区间

$[x_{i-1}, x_i]$ 的长度依次记为 $\Delta x_i = x_i - x_{i-1}(i=1, 2, \cdots, n)$. 过各个分点作垂直于 x 轴的直线，将整个曲边梯形分成 n 个小曲边梯形（见图 1—9），小曲边梯形的面积记为 $\Delta A_i(i=1, 2, \cdots, n)$.

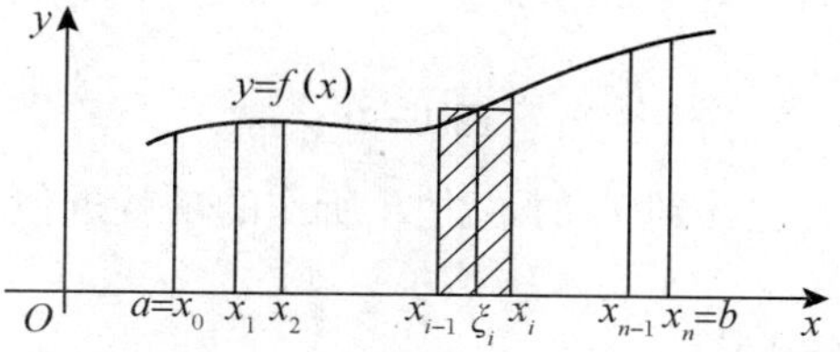

图 1—9

② 在每个小区间 $[x_{i-1}, x_i]$ 上任意取一点 $\xi_i(x_{i-1} \leqslant \xi_i \leqslant x_i)$，作以 $f(\xi_i)$ 为高，底边为 Δx_i 的小矩形，其面积为 $f(\xi_i)\Delta x_i$，它可作为同底的小曲边梯形面积的近似值，即

$$\Delta A_i \approx f(\xi_i)\Delta x_i \quad (i=1,2,\cdots,n).$$

把 n 个小矩形的面积加起来，就得到整个曲边梯形面积 A 的近似值：

$$A = \sum_{i=1}^{n} \Delta A_i \approx \sum_{i=1}^{n} f(\xi_i)\Delta x_i .$$

③ 记 $\lambda = \max\{\Delta x_1, \Delta x_2, \cdots, \Delta x_n\}$，则当 $\lambda \to 0$ 时，每个小区间 $[x_{i-1}, x_i]$ 的长度 Δx_i 也趋于零. 此时和式 $\sum\limits_{i=1}^{n} f(\xi_i)\Delta x_i$ 的极限便是所求曲边梯形面积 A 的精确值，即

$$A = \lim_{\lambda \to 0} \sum_{i=1}^{n} f(\xi_i)\Delta x_i .$$

(2) 求变力所作的功

设质点受力 F 的作用沿 x 轴由点 a 移动到点 b，并设 F 处处平行于 x 轴，如果 F 为常力，则它对质点所作的功为 $W=F(b-a)$. 现在的问题是，F 为变力，它连续依赖于质点所在位置的坐标 x，即 $F=F(x)$，$x \in [a, b]$，为一连续函数，此时 F 对质点所作的功 W 又该如何计算呢？

由假设 $F(x)$ 为一连续函数，故在很小的一段位移区间上 $F(x)$ 可以近似地看做一常量，类似于求曲边梯形面积那样，把 $[a, b]$ 细分为 n 个小区间 $[x_{i-1}, x_i]$，$\Delta x_i = x_i - x_{i-1}$，$i=1, 2, \cdots, n$；并在每个小区间上任取一点 ξ_i（如图 1—10 所示），就有

$$F(x) \approx F(\xi_i),\quad x \in [x_{i-1}, x_i],\quad i=1,2,\cdots,n.$$

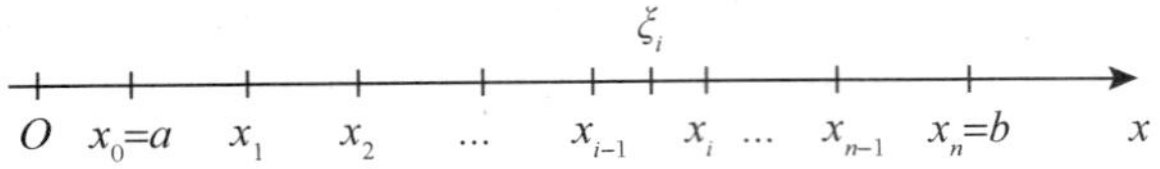

图 1—10

于是，质点从 x_{i-1} 位移到 x_i 时，力 F 所作的功就近似等于 $F(\xi_i)\Delta x_i$，从而

$$W \approx \sum_{i=1}^{n} F(\xi_i)\Delta x_i .$$

同样地，对 $[a, b]$ 作无限细分时，记 $\lambda = \max\{\Delta x_1, \Delta x_2, \cdots, \Delta x_n\}$，则当 $\lambda \to 0$ 时，每个小区间 $[x_{i-1}, x_i]$ 的长度 Δx_i 也趋于零. 此时和式 $\sum\limits_{i=1}^{n} F(\xi_i)\Delta x_i$ 的极限便是变力所作的功 W 的精确值，即

$$W = \lim_{\lambda \to 0} \sum_{i=1}^{n} F(\xi_i)\Delta x_i .$$

上面的两个实例，一个是计算曲边梯形面积的几何问题，另一个是求变力作功的力学问题，虽然具体意义不同，但解决问题的方法都是一样的，从数量关系上看，这两个问题最后都归结为求同一类型“和式”的极限，即归结为同一数学模型. 在实际问题的处理中，有很多问题都归结为求这种和式的极限. 因此，研究这种和式的极限具有普遍的意义，在科学技术中还有许多同样类型的数学问题，解决这类问题的思想方法概括说来就是“分割，近似求和，取极限”. 这就是定积分概念产生的背景.

2. 定积分的定义

我们看到，虽然曲边梯形面积和变力所作功的实际意义不同，但在数学上解决问题的方法却完全相同. 抛开它们各自所代表的实际意义，抽象出它们的共同数学特征，抓住共同本质与特点加以概括，就可得到下述定积分的定义.

定义 3 设函数 $y=f(x)$ 在区间 $[a, b]$ 上有界，在 $[a, b]$ 上插入若干个分点，$a=x_0<x_1<x_2<x_3<\cdots<x_{n-1}<x_n=b$，将区间 $[a, b]$ 分成 n 个小区间 $[x_0, x_1]$，$[x_1, x_2]$，$\cdots$，$[x_{n-1}, x_n]$，各小区间的长度依次记为 $\Delta x_i = x_i - x_{i-1}(i=1, 2, \cdots, n)$，在每个小区间上任取一点 $\xi_i\,(x_{i-1} \leqslant \xi_i \leqslant x_i)$，作乘积 $f(\xi_i)\Delta x_i(i=1, 2, \cdots, n)$，并作出和式 $\sum\limits_{i=1}^{n} f(\xi_i)\Delta x_i$.

记$\lambda=\max\limits_{1\leqslant i\leqslant n}\{\Delta x_i\}$，如果不论对区间［$a$，$b$］采取怎样的分法，也不论在小区间［$x_{i-1}$，$x_i$］上对点$\xi_i$采用何种取法，只要当$\lambda\to 0$时，和式$\sum\limits_{i=1}^{n}f(\xi_i)\Delta x_i$总趋于确定的值$I$，则称$f(x)$在［$a$，$b$］上**可积**，称此极限值$I$为函数$f(x)$在［$a$，$b$］上的**定积分**，记作$\int_a^b f(x)\mathrm{d}x$，即

$$\int_a^b f(x)\mathrm{d}x=\lim_{\lambda\to 0}\sum_{i=1}^{n}f(\xi_i)\Delta x_i\,.$$

其中$f(x)$称为**被积函数**，$f(x)\mathrm{d}x$称为**被积表达式**，x称为**积分变量**，a称为**积分下限**，b称为**积分上限**，［a，b］称为**积分区间**.

注　①定积分是一个依赖于被积函数$f(x)$及积分区间［a，b］的常量，与积分变量采用什么字母无关，即

$$\int_a^b f(x)\mathrm{d}x=\int_a^b f(t)\mathrm{d}t=\int_a^b f(u)\mathrm{d}u\,.$$

②定义中要求$a<b$，为方便起见，允许$b\leqslant a$，并规定

$$\int_a^b f(x)\mathrm{d}x=-\int_b^a f(x)\mathrm{d}x\text{ 及 }\int_a^a f(x)\mathrm{d}x=0\,.$$

3．定积分的几何意义

①若在［a，b］上$f(x)\geqslant 0$，则由曲边梯形的面积问题知，定积分$\int_a^b f(x)\mathrm{d}x$等于以$y=f(x)$为曲边的［a，b］上的曲边梯形的面积A，即

$$\int_a^b f(x)\mathrm{d}x=A\,.$$

由此可知图1—11(a)，(b)中阴影部分的面积可分别表示为

$$\int_a^b x\,\mathrm{d}x=\frac{1}{2}(b^2-a^2),\ \int_{-R}^{R}\sqrt{R^2-x^2}\,\mathrm{d}x=\frac{\pi}{2}R^2.$$

②若在［a，b］上$f(x)\leqslant 0$，因$f(\xi_i)\leqslant 0$，从而$\sum\limits_{i=1}^{n}f(\xi_i)\Delta x_i\leqslant 0$，$\int_a^b f(x)\mathrm{d}x\leqslant 0$．此时$\int_a^b f(x)\mathrm{d}x$的绝对值与由直线$x=a$，$x=b$，$y=0$及曲线$y=f(x)$所围成的曲边梯形的面积$A$相等（如图1—12所示），即

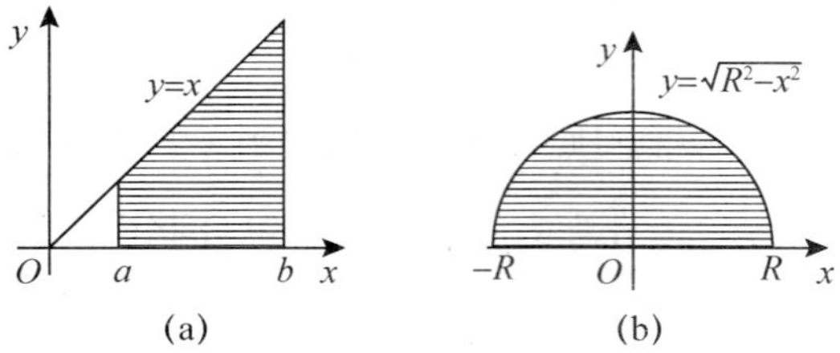

图 1—11

$$\int_a^b f(x)\mathrm{d}x=-A.$$

③若在 $[a,\ b]$ 上 $f(x)$ 有正有负，则 $\int_a^b f(x)\mathrm{d}x$ 等于 $[a,\ b]$ 上位于 x 轴上方的图形面积减去 x 轴下方的图形面积. 例如，对图 1—13 有

$$\int_a^b f(x)\mathrm{d}x=\int_a^{x_1} f(x)\mathrm{d}x+\int_{x_1}^{x_2} f(x)\mathrm{d}x+\int_{x_2}^{b} f(x)\mathrm{d}x=-A_1+A_2-A_3.$$

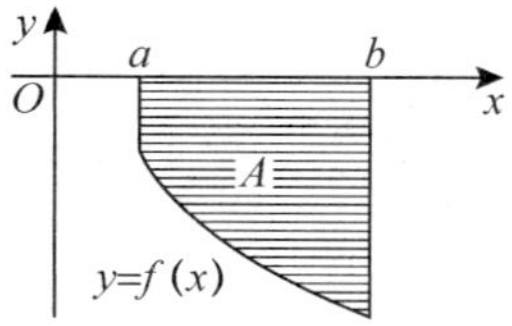

图 1—12

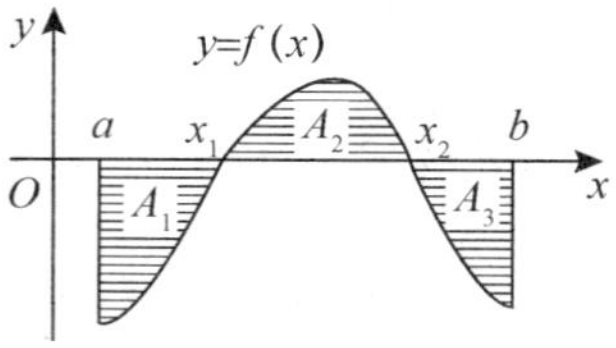

图 1—13

4. 定积分的性质

性质 1　被积函数中的常数因子可以提到积分号外面，即

$$\int_a^b kf(x)\mathrm{d}x=k\int_a^b f(x)\mathrm{d}x\ (k\text{ 为常数}).$$

性质 2　函数的和（差）的定积分等于它们定积分的和（差），即

$$\int_a^b [f(x)\pm g(x)]\mathrm{d}x=\int_a^b f(x)\mathrm{d}x\pm\int_a^b g(x)\mathrm{d}x.$$

此性质对有限多个函数的代数和也成立.

性质 3　对于任意三个数 a，b，c，恒有

$$\int_a^b f(x)\mathrm{d}x=\int_a^c f(x)\mathrm{d}x+\int_c^b f(x)\mathrm{d}x.$$

这个性质表明定积分对于积分区间具有可加性. 值得注意的是，不论 a、b、c 的相对位置如何. 上式总是成立的. 例如，当 $c<a<b$ 时，

$$\int_c^b f(x)\mathrm{d}x = \int_c^a f(x)\mathrm{d}x + \int_a^b f(x)\mathrm{d}x,$$

所以 $\int_a^b f(x)\mathrm{d}x = \int_c^b f(x)\mathrm{d}x - \int_c^a f(x)\mathrm{d}x = \int_a^c f(x)\mathrm{d}x + \int_c^b f(x)\mathrm{d}x$.

其他情形仿此可证.

性质 4　如果在 $[a, b]$ 上 $f(x) \geqslant 0$，则 $\int_a^b f(x)\mathrm{d}x \geqslant 0$.

性质 5　如果在 $[a, b]$ 上 $f(x) \leqslant g(x)$，则 $\int_a^b f(x)\mathrm{d}x \leqslant \int_a^b g(x)\mathrm{d}x$.

性质 6　如果在 $[a, b]$ 上 $f(x) \equiv 1$，则 $\int_a^b f(x)\mathrm{d}x = \int_a^b 1\mathrm{d}x = b-a$.

性质 7　设 M，m 是函数 $f(x)$ 在区间 $[a, b]$ 上的最大值与最小值，则

$$m(b-a) \leqslant \int_a^b f(x)\mathrm{d}x \leqslant M(b-a).$$

性质 8　**（积分中值定理）**　设函数 $f(x)$ 在 $[a, b]$ 上连续，则在 $[a, b]$ 上至少存在一点 ξ，使得

$$\int_a^b f(x)\mathrm{d}x = f(\xi)(b-a) \quad (a \leqslant \xi \leqslant b).$$

该公式称为积分中值公式.

积分中值公式有以下几何解释：在区间 $[a, b]$ 上至少存在一点 ξ，使得以区间 $[a, b]$ 为底，以曲线 $y=f(x)$ 为曲边的曲边梯形面积等于与之同一底边而高为 $f(\xi)$ 的一个矩形的面积（如图 1—14）.

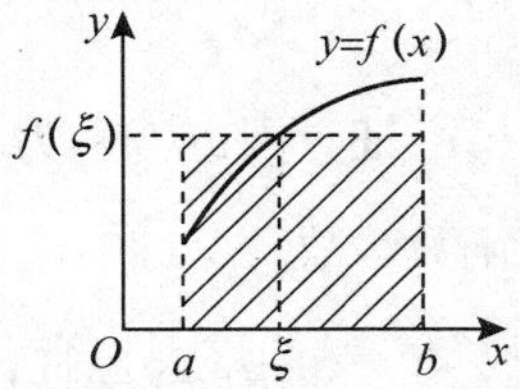

图 1—14

5. 定积分的计算

定义 4　设 $f(x)$ 在 $[a, b]$ 上可积，则称 $\int_a^x f(t)\mathrm{d}t\,(x \in [a,b])$ 为**变上限积分函数**，显然此积分是积分上限 x 的函数，记为 $\Phi(x)$，即 $\Phi(x) = \int_a^x f(t)\mathrm{d}t, x \in [a,b]$.

定理 2　若函数 $f(x)$ 在区间 $[a, b]$ 上连续，则函数 $\Phi(x) = \int_a^x f(t)\mathrm{d}t$ $(a \leqslant x \leqslant b)$ 在区间 $[a, b]$ 内可导，并且 $\Phi'(x) = \left(\int_a^x f(t)\mathrm{d}t\right)' = f(x)$，即 $\Phi(x)$ 为 $f(x)$ 的一个原函数.

推论 1 若 $f(x)$ 在区间 $[a,b]$ 上连续，则 $\left(\int_x^b f(t)\mathrm{d}t\right)'=-f(x)$.

推论 2 若 $f(x)$ 在区间 $[a,b]$ 上连续，则 $\left(\int_a^{\varphi(x)} f(t)\mathrm{d}t\right)'=f[\varphi(x)]\cdot\varphi'(x)$.

推论 3 若 $f(x)$ 在区间 $[a,b]$ 上连续，则 $\left(\int_{\psi(x)}^{b} f(t)\mathrm{d}t\right)'=-f[\psi(x)]\cdot\psi'(x)$.

定理 3 若 $f(x)$ 在区间 $[a,b]$ 上连续，则

$$\left(\int_{\psi(x)}^{\varphi(x)} f(t)\mathrm{d}t\right)'=f[\varphi(x)]\cdot\varphi'(x)-f[\psi(x)]\cdot\psi'(x).$$

例 26 求下列函数的导数 $\frac{\mathrm{d}y}{\mathrm{d}x}$.

(1) $y=\int_1^{x^3}\sqrt[3]{1+t^2}\,\mathrm{d}t$；　　(2) $y=\int_{\sin x}^{\cos x}\mathrm{e}^{t^2}\,\mathrm{d}t$.

解 (1) $\frac{\mathrm{d}y}{\mathrm{d}x}=\sqrt[3]{1+x^6}\cdot 3x^2=3x^2\sqrt[3]{1+x^6}$.

(2) $\frac{\mathrm{d}y}{\mathrm{d}x}=\mathrm{e}^{\cos^2 x}\cdot(-\sin x)-\mathrm{e}^{\sin^2 x}\cdot\cos x=-\sin x\,\mathrm{e}^{\cos^2 x}-\cos x\,\mathrm{e}^{\sin^2 x}$.

定理 4 （微积分基本定理）设 $f(x)$ 在区间 $[a,b]$ 上连续，$F(x)$ 为 $f(x)$ 在 $[a,b]$ 上的原函数，则

$$\int_a^b f(x)\mathrm{d}x=F(b)-F(a)\overset{\text{记为}}{=\!=\!=}F(x)\Big|_a^b.$$

证 因 $F(x)$ 为 $f(x)$ 的原函数，由定理 2 知 $\int_a^x f(t)\mathrm{d}t$ 也为 $f(x)$ 的一个原函数，故

$$F(x)-\int_a^x f(t)\mathrm{d}t=C.$$

令 $x=a$，得 $C=F(a)$，有

$$\int_a^x f(t)\mathrm{d}t=F(x)-F(a).$$

再令 $x=b$，即有

$$\int_a^b f(x)\mathrm{d}x=F(b)-F(a).$$

注 在用此公式求定积分时，$F(x)$ 一定要为 $f(x)$ 在 $[a,b]$ 上的原函数.

例如，$\int_{-2}^{-1}\frac{dx}{x}=\ln|x|\Big|_{-2}^{-1}=\ln(-x)\Big|_{-2}^{-1}=-\ln 2$，而$\int_{1}^{2}\frac{dx}{x}=\ln|x|\Big|_{1}^{2}=\ln|x|\Big|_{1}^{2}=\ln 2$.

例 27 求下列定积分：

① $\int_{1}^{2}\frac{e^{\frac{1}{x}}}{x^2}dx$；　② $\int_{0}^{2}f(x)dx$，其中 $f(x)=\begin{cases}x+1, & x\leqslant 1\\ \frac{1}{2}x^2, & x>1\end{cases}$；

③ $\int_{0}^{2\pi}|\sin x|dx$；　④ $\int_{0}^{\frac{\pi}{2}}\cos^5 x\sin x dx$；

⑤ $\int_{-2}^{1}\frac{dx}{(11+5x)^3}$；　⑥ $\int_{0}^{\frac{1}{2}}\arcsin x dx$.

解 ① $\int_{1}^{2}\frac{e^{\frac{1}{x}}}{x^2}dx=-\int_{1}^{2}e^{\frac{1}{x}}d\left(\frac{1}{x}\right)=-e^{\frac{1}{x}}\Big|_{1}^{2}=e-e^{\frac{1}{2}}$.

② 原式$=\int_{0}^{1}f(x)dx+\int_{1}^{2}f(x)dx=\int_{0}^{1}(x+1)dx+\int_{1}^{2}\frac{1}{2}x^2dx$

$$=\frac{1}{2}(x+1)^2\Big|_{0}^{1}+\frac{1}{6}x^3\Big|_{1}^{2}=\frac{8}{3}.$$

③ $\int_{0}^{2\pi}|\sin x|dx=\int_{0}^{\pi}\sin x dx+\int_{\pi}^{2\pi}(-\sin x)dx=-\cos x\Big|_{0}^{\pi}+\cos x\Big|_{\pi}^{2\pi}$

$$=2+2=4.$$

④ $\int_{0}^{\frac{\pi}{2}}\cos^5 x\sin x dx=-\int_{0}^{\frac{\pi}{2}}\cos^5 x d\cos x=-\frac{1}{6}\cos^6 x\Big|_{0}^{\frac{\pi}{2}}=\frac{1}{6}$.

⑤ $\int_{-2}^{1}\frac{dx}{(11+5x)^3}=\int_{-2}^{1}\frac{d(11+5x)}{5(11+5x)^3}=\left[-\frac{1}{10(11+5x)^2}\right]_{-2}^{1}=\frac{51}{512}$.

⑥ $\int_{0}^{\frac{1}{2}}\arcsin x dx=[x\arcsin x]_{0}^{\frac{1}{2}}-\int_{0}^{\frac{1}{2}}\frac{x}{\sqrt{1-x^2}}dx$

$$=\frac{1}{2}\frac{\pi}{6}+\frac{1}{2}\int_{0}^{\frac{1}{2}}\frac{1}{\sqrt{1-x^2}}d(1-x^2)$$

$$=\frac{\pi}{12}+\left[\sqrt{1-x^2}\right]_{0}^{\frac{1}{2}}=\frac{\pi}{12}+\frac{\sqrt{3}}{2}-1.$$

定理 5 设 $f(x)$ 在区间 $[a, b]$ 上连续，$x=\varphi(t)$ 满足：

①$\varphi(\alpha)=a$，$\varphi(\beta)=b$，且当 $\alpha\leqslant t\leqslant\beta$ 时，$a\leqslant\varphi(t)\leqslant b$；

②$\varphi(t)$的导数在$[\alpha, \beta]$上连续，则$\int_{a}^{b}f(x)dx=\int_{\alpha}^{\beta}f[\varphi(t)]\varphi'(t)dt$.

注 换元必换限.

例 28 求定积分 $\int_0^a \sqrt{a^2-x^2}\,dx$.

解 令$x=a\sin t$，则$\sqrt{a^2-x^2}=a\cos t$，$dx=a\cos t dt$，

$x=0$，$t=0$；$x=a$，$t=\frac{\pi}{2}$.

原式$=\int_0^{\frac{\pi}{2}} a\cos t \cdot a\cos t dt = a^2\int_0^{\frac{\pi}{2}} \frac{1+\cos 2t}{2}dt = \frac{a^2}{2}\left(t+\frac{1}{2}\sin 2t\right)\Big|_0^{\frac{\pi}{2}} = \frac{\pi}{4}a^2$.

例 29 求定积分 $\int_1^4 \frac{dx}{1+\sqrt{x}}$.

解 令$\sqrt{x}=t$，则$x=t^2$，$dx=2tdt$，$x=1$，$t=1$；$x=4$，$t=2$.

原式$=\int_1^2 \frac{2tdt}{1+t} = 2\int_1^2\left(1-\frac{1}{1+t}\right)dt=2(t-\ln(1+t))\Big|_1^2=2\left(1-\ln\frac{3}{2}\right)$.

例 30 设 $f(x)$ 在 $[-a, a]$ 上连续，证明：

①若 $f(x)$ 为偶函数，则 $\int_{-a}^a f(x)dx = 2\int_0^a f(x)dx$.

②若 $f(x)$ 为奇函数，则 $\int_{-a}^a f(x)dx = 0$.

证 $\int_{-a}^a f(x)dx = \int_{-a}^0 f(x)dx + \int_0^a f(x)dx$.

对 $\int_{-a}^0 f(x)dx$，令 $x=-t$，则

$$\int_{-a}^0 f(x)dx = \int_a^0 f(-t)d(-t) = \int_0^a f(-t)dt \xlongequal{\text{记为}} \int_0^a f(-x)dx.$$

于是

$$\int_{-a}^a f(x)dx = \int_0^a [f(x)+f(-x)]dx.$$

①若 $f(x)$ 为偶函数，则 $f(-t)=f(t)$，故 $\int_{-a}^a f(x)dx = 2\int_0^a f(x)dx$.

②若 $f(x)$ 为奇函数，则 $f(-t)=-f(t)$，故 $\int_{-a}^a f(x)dx = 0$.

例 31 求定积分 $\int_{-\frac{\pi}{2}}^{\frac{\pi}{2}} \sqrt{\cos x-\cos^3 x}\,dx$.

解 $\int_{-\frac{\pi}{2}}^{\frac{\pi}{2}} \sqrt{\cos x-\cos^3 x}\,dx = 2\int_0^{\frac{\pi}{2}} \sqrt{\cos x\sin^2 x}\,dx$

$$= -2\int_0^{\frac{\pi}{2}} \cos^{\frac{1}{2}} x d\cos x = -\frac{4}{3}\cos^{\frac{3}{2}} x\Big|_0^{\frac{\pi}{2}} = \frac{4}{3}.$$

例 32 求定积分 $\int_{-3}^{3}(x^3+4\tan x)\sqrt{9-x^2}\mathrm{d}x$.

解 $\int_{-3}^{3}(x^3+4\tan x)\sqrt{9-x^2}\mathrm{d}x=0$.

例 33 求定积分 $\int_{-1}^{1}\left[\frac{\sin x}{x^8+1}+\ln(1+x^2)\right]\mathrm{d}x$.

解

$$\begin{aligned}\int_{-1}^{1}\left[\frac{\sin x}{x^8+1}+\ln(1+x^2)\right]\mathrm{d}x&=\int_{-1}^{1}\frac{\sin x}{x^8+1}\mathrm{d}x+\int_{-1}^{1}\ln(1+x^2)\mathrm{d}x\\&=0+2\int_{0}^{1}\ln(1+x^2)\mathrm{d}x\\&=2x\ln(1+x^2)\Big|_0^1-2\int_0^1\frac{2x^2}{1+x^2}\mathrm{d}x\\&=\pi-4+2\ln 2.\end{aligned}$$

6. 定积分的简单应用

(1) 平面图形的面积

先设 $y=f(x)\geqslant 0$，$x\in[a, b]$（见图 1—9）. 如果说积分

$$A=\int_a^b f(x)\mathrm{d}x$$

是以 $[a, b]$ 为底的曲边梯形的面积，则积分上限函数

$$A(x)=\int_a^x f(t)\mathrm{d}t$$

就是以 $[a, x]$ 为底的曲边梯形的面积，而微分 $\mathrm{d}A(x)=f(x)\mathrm{d}x$ 表示点 x 处以 $\mathrm{d}x$ 为宽的小曲边梯形面积的近似值：$\Delta A\approx f(x)\mathrm{d}x$，$f(x)\mathrm{d}x$ 称为曲边梯形的面积元素. 以 $[a, b]$ 为底的曲边梯形的面积 A 就是以面积元素 $f(x)\mathrm{d}x$ 为被积表达式，以 $[a, b]$ 为积分区间的定积分

$$A=\int_a^b f(x)\mathrm{d}x.$$

这种方法一般称为微元法(或元素法).

一般情况下的微元法可以描述为：为求分布在某一区间 $[a, b]$ 上的某一量 U，先将此量分布在 $[a, x]$ 上的量用函数 $U(x)$ 表示，再求这一量的元素 $\mathrm{d}U(x)$，设 $\mathrm{d}U(x)=u(x)\mathrm{d}x$，然后以 $u(x)\mathrm{d}x$ 为被积表达式，以 $[a, b]$ 为积分区间求定积分，即得

$$U=\int_a^b u(x)\mathrm{d}x.$$

下面介绍利用定积分的微元法求平面图形的面积.

设平面图形由上下两条曲线 $y=f_{上}(x)$ 与 $y=f_{下}(x)$ 及左右两条直线 $x=a$ 与 $x=b$ 所围成(见图 1—15 (a))，则面积元素为 $[f_{上}(x)-f_{下}(x)]\mathrm{d}x$，于是平面图形的面积为 $S=\int_a^b[f_{上}(x)-f_{下}(x)]\mathrm{d}x$.

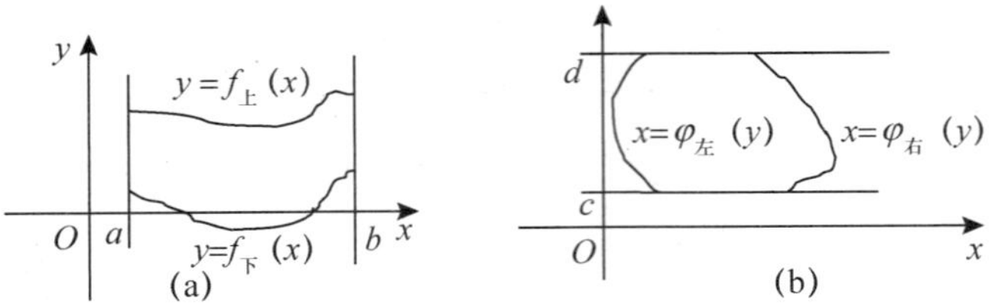

图 1—15

类似地，平面图形由左右两条曲线 $x=\varphi_{左}(y)$ 与 $x=\varphi_{右}(y)$ 及上下两条直线 $y=d$ 与 $y=c$ 所围成(见图 1—15 (b))，则平面图形的面积为 $S=\int_c^d[\varphi_{右}(y)-\varphi_{左}(y)]\mathrm{d}y$.

例 34 计算抛物线 $y^2=x$、$y=x^2$ 所围成的图形的面积.

解 (1) 画图（如图 1—16 所示）.

(2) 确定在 x 轴上的投影区间：$[0, 1]$.

(3) 确定上下曲线.

$$f_{上}(x)=\sqrt{x},\quad f_{下}(x)=x^2.$$

(4) 计算积分：

$$S=\int_0^1(\sqrt{x}-x^2)\mathrm{d}x=\left[\frac{2}{3}x^{\frac{3}{2}}-\frac{1}{3}x^3\right]_0^1=\frac{1}{3}.$$

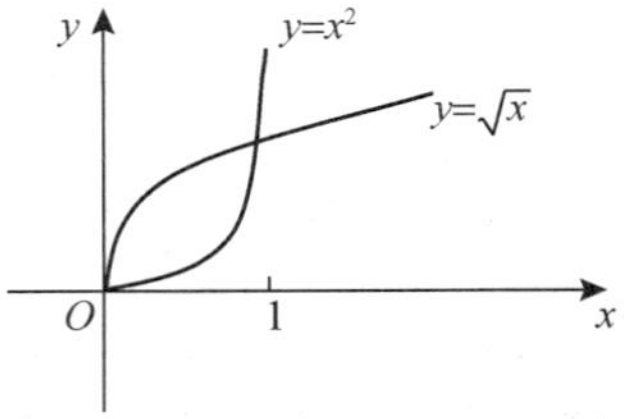

图 1—16

例 35 计算抛物线 $y^2=2x$ 与直线 $y=x-4$ 所围成的图形的面积.

解 (1) 画图（如图 1—17 所示）.

(2) 确定在 y 轴上的投影区间：$[-2, 4]$.

(3) 确定左右曲线.

$$\varphi_{左}(y)=\frac{1}{2}y^2,\quad \varphi_{右}(y)=y+4.$$

(4) 计算积分：

$$S=\int_{-2}^4\left(y+4-\frac{1}{2}y^2\right)\mathrm{d}y$$

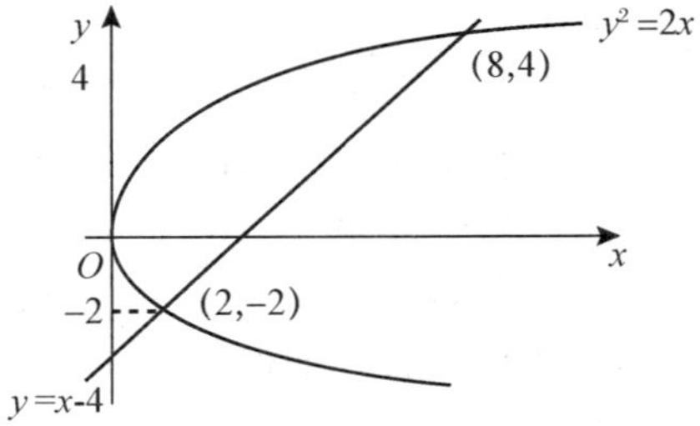

图 1—17

$$=\left[\frac{1}{2}y^2+4y-\frac{1}{6}y^3\right]_{-2}^{4}=18.$$

(2) 旋转体的体积

旋转体就是由一个平面图形绕这平面内一条直线旋转一周而成的立体．这条直线称为旋转轴．

常见的旋转体有圆柱、圆锥、圆台、球体．

旋转体都可以看做是由连续曲线 $y=f(x)$、直线 $x=a$、$x=b$ 及 x 轴所围成的曲边梯形绕 x 轴旋转一周而成的立体（如图 1—18 所示）．

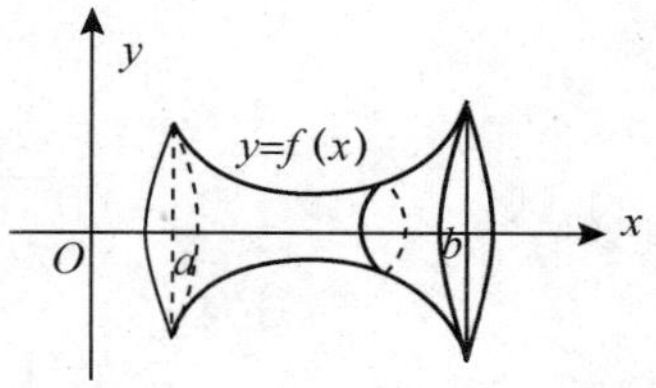

图 1—18

设过区间 $[a, b]$ 内点 x 且垂直于 x 轴的平面左侧的旋转体的体积为 $V(x)$ 当平面左右平移 dx 后，体积的增量近似为 $V=\pi[f(x)]^2dx$．于是体积元素为 $dV=\pi[f(x)]^2dx$，旋转体的体积为

$$V=\int_a^b \pi[f(x)]^2dx.$$

例 36 计算由椭圆$\frac{x^2}{a^2}+\frac{y^2}{b^2}=1$ 所成的图形绕 x 轴旋转而成的旋转体(旋转椭球体）的体积．

解 这个旋转椭球体也可以看做是由半个椭圆

$$y=\frac{b}{a}\sqrt{a^2-x^2}$$

及 x 轴围成的图形绕 x 轴旋转而成的立体体积（如图 1—19 所示），体积元素为 $dV=\pi y^2dx$，于是所求旋转椭球体的体积为

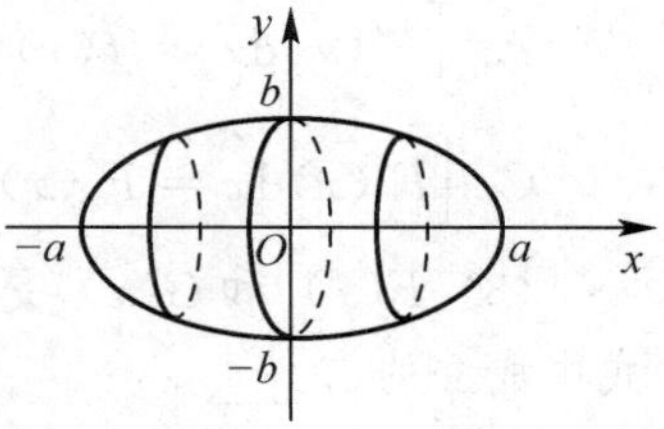

图 1—19

$$V=\int_{-a}^{a}\pi\frac{b^2}{a^2}(a^2-x^2)dx=\pi\frac{b^2}{a^2}\left[a^2x-\frac{1}{3}x^3\right]_{-a}^{a}=\frac{4}{3}\pi ab^2.$$

例 37 设平面图形由曲线 $xy=3$ 和 $x+y=4$ 围成，求此图形绕 x 轴旋转而成的立体的体积．

解 如图 1—20 所示．由$\begin{cases}xy=3\\x+y=4\end{cases}$得到交点（1，3)，(3，1)，故体积 $V=\pi\int_1^3\left[(4-x)^2-\left(\frac{3}{x}\right)^2\right]dx=\frac{8\pi}{3}$．

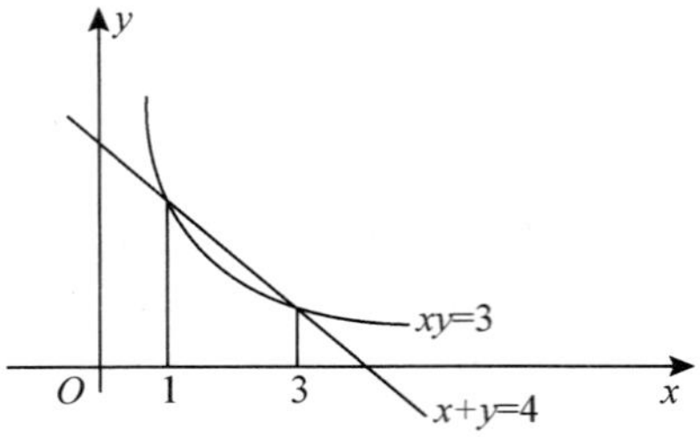

图 1—20

习题 1.4

1. 选择题：

(1) 下列等式中成立的是______.

A. $d\int f(x)\,dx = f(x)$；　　B. $\frac{d}{dx}\int f(x)\,dx = f(x)dx$；

C. $\frac{d}{dx}\int f(x)\,dx = f(x) + C$；　　D. $d\int f(x)\,dx = f(x)dx$.

(2) C 为任意常数，且 $F'(x)=f(x)$，下列等式中成立的是______.

A. $\int F'(x)dx = f(x) + C$；　　B. $\int f(x)dx = F(x) + C$；

C. $\int F'(x)dx = F'(x) + C$；　　D. $\int f'(x)dx = F(x) + C$.

(3) $F(x)$ 和 $G(x)$ 是函数 $f(x)$ 的任意两个原函数，$f(x) \neq 0$，则下列等式中成立的有____.

A. $F(x)=CG(x)$；　　B. $F(x)=G(x)+C$；

C. $F(x)+G(x)=C$；　　D. $F(x)\cdot G(x)=C$.

(4) 若 $\int f(x)\,e^{-\frac{1}{x}}dx = -e^{-\frac{1}{x}} + C$，则 $f(x) =$______.

A. $-\frac{1}{x}$；　　B. $-\frac{1}{x^2}$；　　C. $\frac{1}{x}$；　　D. $\frac{1}{x^2}$.

(5) 若 $\int f(x)\,dx = 2^x + x + 1 + C$，则 $f(x)=($　　$)$.

A. $\frac{2^x}{\ln x} + \frac{1}{2}x^2 + x$；　　B. $2^x + 1$；　　C. $2^x\ln 2 + 1$；　　D. $2^{x+1} + 1$.

2. 计算下列不定积分：

(1) $\int\left(x^2 + 2^x - \frac{2}{x}\right)dx$；　　(2) $\int \frac{3 - \sqrt{x^3} + x\sin x}{x}dx$；

(3) $\int\left(2e^x-\frac{1}{x}\right)dx$；　(4) $\int(x-2)^2dx$；

(5) $\int\sin^2\frac{x}{2}dx$；　(6) $\int\frac{1}{x^2(1+x^2)}dx$.

3. 计算下列不定积分：

(1) $\int\sin(2-3x)dx$；　(2) $\int\frac{x+2}{x^2+4x+13}dx$；

(3) $\int x(2-x^2)^{100}dx$；　(4) $\int\frac{x}{\sqrt{1-x^2}}dx$；

(5) $\int\frac{e^x}{\sqrt{e^x+1}}dx$；　(6) $\int\frac{x^3}{4+x^2}dx$；

(7) $\int\frac{\arccos x}{\sqrt{1-x^2}}dx$；　(8) $\int\frac{1}{x\ln x}dx$；

(9) $\int\frac{e^{\sqrt{x}}}{\sqrt{x}}dx$；　(10) $\int\frac{\sin\frac{1}{x}}{x^2}dx$.

4. 计算下列不定积分：

(1) $\int\ln(x+1)dx$；　(2) $\int x\cos 3x dx$；

(3) $\int\arcsin x dx$；　(4) $\int e^{\sqrt{x}}dx$；

(5) $\int x\ln x dx$；　(6) $\int\tan^2 x\sec x dx$.

5. 计算下列不定积分：

(1) $\int\frac{dx}{1+\sqrt{2x}}$；　(2) $\int\frac{x}{\sqrt{x+3}}dx$；

(3) $\int\frac{dx}{1+\sqrt[3]{x}}$；　(4) $\int\frac{\sqrt{1+x}}{1+\sqrt{1+x}}dx$；

(5) $\int\frac{1}{1+\sqrt{1-x^2}}dx$；　(6) $\int\frac{\sqrt{x^2-9}}{x}dx$.

6. 计算下列定积分：

(1) $\int_{\frac{\pi}{3}}^{\pi}\sin\left(x+\frac{\pi}{3}\right)dx$；　(2) $\int_0^{\pi}(1-\sin^3 x)dx$；

(3) $\int_{\frac{\pi}{6}}^{\frac{\pi}{2}}\cos^2 u du$；　(4) $\int_{-\frac{1}{2}}^{\frac{1}{2}}\frac{(\arcsin x)^2}{\sqrt{1-x^2}}dx$.

7. 计算下列定积分：

(1) $\int_0^1 t e^{-\frac{t^2}{2}} \mathrm{d}t$；　　(2) $\int_0^1 x e^{-x} \mathrm{d}x$；

(3) $\int_{-\pi}^{\pi} x^4 \sin x \mathrm{d}x$；　　(4) $\int_0^1 x \arctan x \mathrm{d}x$.

8. 计算下列定积分：

(1) $\int_{-1}^{1} \frac{x}{\sqrt{5-4x}} \mathrm{d}x$；　　(2) $\int_1^{e^2} \frac{1}{x\sqrt{1+\ln x}} \mathrm{d}x$；

(3) $\int_0^8 \frac{1}{1+\sqrt[3]{x}} \mathrm{d}x$；　　(4) $\int_0^1 \frac{1}{(x^2+1)^{\frac{3}{2}}} \mathrm{d}x$.

9. 设 $f'(x^3)=x^3+C$，求 $f(x)$.

10. 求由下列各曲线所围成的图形的面积：

(1) $y=e^x$ 与 $y=e^{-x}$ 及直线 $x=1$.

(2) $y=\ln x$，y 轴与直线 $y=\ln a$，$y=\ln b(b>a>0)$.

(3) $y=\frac{1}{x}$ 与直线 $y=x$ 及 $x=2$.

(4) 抛物线 $y^2=2x$ 及其在点 $\left(\frac{1}{2}, 1\right)$ 处的法线所围成的图形.

11. 求下列已知曲线所围成的图形，按指定的轴旋转所产生的旋转体的体积.

(1) $y=x^2$，$x=y^2$，绕 y 轴.

(2) $y=e^x$ 上过(0，0) 点的切线与 y 轴所围成的图形，绕 x 轴.

(3) 抛物线 $y^2=4ax$ 及直线 $x=x_0$ 所围成的图形，绕 x 轴.

第二章

线性代数

线性代数就是“一次代数”，它的研究对象是有限维向量空间及其线性变换. 在很长的一段历史时期内，求解线性方程组是线性代数的主要任务之一. 行列式与矩阵是研究线性方程组的重要工具，它们共同构成线性代数的主要基础. 本章介绍了行列式、矩阵及线性方程组的概念、性质以及它们的基本计算方法，同时还给出了这些代数概念在实践中的简单应用.

第一节 代数学发展简史

“代数”一词最初来源于公元 9 世纪阿拉伯数学家、天文学家阿尔·花拉子米(al-Khwārizmi，约 780—850)的一本著作，书名的阿拉伯文是“ilm al-jabr wa'l muqabalah”，直译为《还原与对消的科学》，后译为《代数学》. al-jabr 意为“还原”，这里指把负项移到方程另一端“还原”为正项，也就是移项；muqabalah 意为“化简”，主要是指合并同类项. “al-jabr”的拉丁文译名“aljebra”后来被许多国家采用，英文译作“algebra”.

花拉子米进行科学研究的范围十分广泛，包括数学、天文学、历史学和地理学等领域. 他撰写了许多重要的科学著作. 在数学方面，花拉子米编著了两部传世之作——上面提到的《代数学》和《印度的计算术》.

1859 年，我国数学家李善兰首次把“algebra”译成“代数”. 后来清代学者华蘅芳和英国人傅兰雅合译英国瓦里斯的《代数学》，卷首有“代数之法，无论何数，皆可以任何记号代之”，亦即：代数，就是运用文字符号来代替数字的一种数学方法.

古希腊数学家丢番图(Diophantus，约 246—330 年)用文字缩写来表示未知量，在公元 250 年前后，丢番图写了一本数学巨著《算术》(Arithmetica)，其中他引入了未知数的概念，创设了未知数的符号，并有建立方程组的思想，故有“代数学之父”的称号.

代数是巴比伦人、希腊人、阿拉伯人、中国人、印度人和西欧人接力完成的伟大数学成就.

一、 初等代数

作为中学数学课程主要内容的初等代数，其中心内容是方程理论. 代数方程理论在初等代数中是由一元一次方程向两个方面扩展的：一是增加未知数的个数，考察由含有几个未知数的若干个方程所构成的二元或三元方程组(主要是一次方程组)；二是增高未知量的次数，考察一元二次方程或准二次方程.

古巴比伦(公元前 19 世纪—前 17 世纪)人解决了一次和某些二次方程问题，欧几里得的《几何原本》(公元前 4 世纪)中有用几何形式解二次方程的方法. 我国的《九章算术》(公元 1 世纪)中有三次方程和一次联立方程组的解法，并运用了负数. 公元 3 世纪的丢番图用有理数求出了一次和二次不定方程的解. 13 世纪我国出现的天元术(李冶《测圆海镜》)是有关一元高次方程的数值解法. 16 世纪意大利数学家发现了三次方程和四次方程的解法. 初等代数的这些主要内容在 16 世纪便已基本上发展完备了.

二、 高等代数

早年的方程理论朝着两大方向发展，形成了高等代数——一次方程组(即线性方程组)发展成为线性代数理论，研究向量空间、线性变换、型论、不变量论和张量代数等内容；而二次以上的方程发展成为多项式理论，研究只含有一个未知量的任意次方程. 高次方程组(即非线性方程组)则发展成为一门比较现代的数学理论——代数几何.

线性代数是高等代数的一大分支. 线性代数中最重要的内容就是行列式和矩阵. 行列式和矩阵在 19 世纪受到很大的关注，而且发表了成千篇关于这两个课题的文章. 它们的许多生动的概念能对新的思想领域提供钥匙，并且这两个概念在数学和物理上也是非常有用的工具.

17 世纪，日本数学家关孝和(Seki Kowa，约 1642—1708)提出了行列式的概念，他在 1683 年写了一部叫做《解伏题之法》的著作，意即"解行列式问题的方法"，书里对行列式的概念和它的展开已经有了清楚的叙述．而在欧洲，第一个提出行列式概念的是德国的数学家、微积分学奠基人之一莱布尼茨．

1750 年瑞士数学家克莱姆(G. Cramer，1704—1752)在他的《线性代数分析导言》中发表了求解线性系统方程的重要基本公式(即人们熟悉的克莱姆法则)．1764 年，法国数学家贝祖(E. Bezout，1730—1783)把确定行列式每一项的符号的规则系统化了．对给定了含 n 个未知量的 n 个齐次线性方程，贝祖证明了系数行列式等于零是该方程组有非零解的条件．法国数学家范德蒙(A. T. Vandermonde，1735—1796)第一个对行列式理论进行了系统的阐述(即把行列式理论与线性方程组求解相分离)，并且给出了一条法则，用二阶子式和它们的余子式来展开行列式．就对行列式本身进行研究这一点而言，可以认为他是这个理论的奠基人．

1772 年，拉普拉斯(P. Laplace，1749—1827)在《对积分和世界体系的探讨》中，证明了范德蒙的一些规则，并推广了他的展开行列式的方法，用 r 行中所含的子式和它们的余子式的集合来展开行列式，这个方法现在仍然以他的名字命名．1841 年，德国数学家雅可比(C. Jacobi，1804—1851)总结并提出了行列式的最系统的理论．另一个研究行列式的是法国伟大的数学家柯西，他大大发展了行列式的理论，在行列式的记号中他把元素排成方阵并首次采用了双重足标的新记法，与此同时发现两行列式相乘的公式及改进并证明了拉普拉斯的展开定理．

矩阵概念最早是法国数学家拉格朗日(J. Lagrange，1736—1813)在对双线性型的研究中体现的．矩阵(matrix)这个词是 1848 年由英格兰数学家西尔维斯特(J. Sylvester，1814—1897)首先提出的，它来源于拉丁语，代表一排数．在 1855 年，矩阵代数得到了英国数学家凯莱(A. Cayley，1821—1895)的进一步发展．凯莱研究了线性变换的组成并提出了矩阵乘法的定义，使得复合变换 ST 的矩阵可以化为矩阵 $\boldsymbol{S}$ 和矩阵 $\boldsymbol{T}$ 的乘积．他还进一步研究了那些包括矩阵的逆在内的代数问题．1858 年，凯莱在他的矩阵理论文集中提出著名的凯莱-哈密尔顿理论，即断言一个矩阵是它的特征多项式的根．柯西首先给出了特征方程的术语，并证明了阶数超过 3 的矩阵有特征值及任意阶实对称行列式都有实特征值；给出了相似矩阵的概念，并证明了相似矩阵有相同的特征值．他还研究了矩阵的代换理论．

第二次世界大战后，随着现代数字计算机的发展，矩阵又有了新的含义，特别是在矩阵的数值分析等方面．由于计算机的飞速发展和广泛应用，许多实际问题可以通过离散化的数值计算得到定量的解决．于是作为处理离散问题的线性代数，成为从事科学研究和工程设计的科技人员必备的数学基础．

在线性方程组方面，高斯大约在 1800 年提出了高斯消元法并用它解决了天体计算和后来的地球表面测量(这种涉及测量、求取地球形状或当地精确位置的应用数学分支称为测地学)计算中的最小二乘法问题.

三、 抽象代数

抽象代数(abstract algebra)又称近世代数(modern algebra)，它产生于 19 世纪，是研究各种抽象的公理化代数系统的数学学科.

由于代数可处理实数与复数以外的对象，例如向量、矩阵、变换等，这些对象的区别是依它们各有的演算定律而定，而数学家将个别的演算经由抽象手法把共有的内容升华出来，并因此而达到更高层次，这就诞生了抽象代数. 抽象代数包含群论、环论、伽罗瓦理论、格论、线性代数等许多分支，并与数学其他分支相结合产生了代数几何、代数数论、代数拓扑、拓扑群等新的数学学科. 抽象代数已经成为当代大部分数学的通用语言.

被誉为天才数学家的伽罗瓦(E. Galois，1811—1832)是近世代数的创始人之一. 他深入研究了一个方程能用根式求解所必须满足的本质条件，他提出的“伽罗瓦域”、“伽罗瓦群”和“伽罗瓦理论”都是近世代数所研究的最重要的课题. 伽罗瓦群论被公认为是 19 世纪最杰出的数学成就之一. 他给方程可解性问题提供了全面而透彻的解答，解决了困扰数学家们长达数百年之久的问题. 伽罗瓦理论还给出了几何图形能否用直尺和圆规作图的一般判别法，圆满地证明了三等分任意角、圆化方、倍立方问题都是尺规作图不可解的. 最重要的是，他开辟了全新的研究领域，以结构研究代替计算，把从偏重计算研究的思维方式转变为用结构观念研究的思维方式，并把数学运算归类，使群论迅速发展成为一门崭新的数学分支，对近世代数的形成和发展产生了巨大影响. 同时这种理论对于物理学、化学的发展，甚至对于 20 世纪结构主义哲学的产生和发展都产生了巨大的影响.

1843 年，英国数学家哈密尔顿(W. Hamilton，1805—1865)发明了一种乘法交换律不成立的代数——四元数代数. 第二年，格拉斯曼推演出更有一般性的几类代数. 1857 年，凯莱设计出另一种不可交换的代数——矩阵代数. 他们的研究打开了抽象代数(也称为近世代数)的大门. 实际上，减弱或删去普通代数的某些假定，或将某些假定代之以别的假定(与其余假定是兼容的)，就能研究出许多种代数体系.

1870 年，克朗涅克(Kronecker，1823—1891) 给出了有限阿贝尔群的抽象定义；狄德金(R. Dedekind，1831—1916)和韦伯(H. Weber，1842—1913)先后研究了抽象的代数体；1910 年，狄德金和克朗涅克创立了环论；施坦尼茨展开了对体的一般抽象理论的研究并总结了包括群、代数、域等在内的代数体系，形成了抽象代数学体系.

四、 古代中国的代数学成就

值得一提的是，在数值代数领域里中国一直保持了光辉的成就.

2 000 多年前，我国最早的数学著作《周髀算经》和《九章算术》就已经开始不定方程的研究，这比我们现在所熟知的希腊丢番图方程要早 300 多年，其中还谈到算术级数和几何级数.

11 世纪的贾宪已发明了和英国人霍纳（W. Horner，1786—1837）方法相同的数字方程解法，13 世纪的中国数学家秦九韶在这方面的伟大贡献更是令今天的数学爱好者家喻户晓. 11 世纪，中国已有完备的二项式系数表，并且还得到了表的编制方法.

14 世纪初，中国元代朱世杰关于级数计算的有些工作已经达到了欧洲在 18、19 世纪的水平. 关于内插法的计算，中国可上溯到 6 世纪的刘焯和 7 世纪末的僧一行等人，也远远领先于当时世界上的其他国家.

可以说，在 14 世纪以前，关于代数方面许多问题的研究，中国都是领先的. 即便是 18、19 世纪的李锐（1773—1817）、汪莱（1768—1813）、李善兰（1811—1882）等人，也有很多很好的研究成果. 只是由于多方面的原因，我国的代数学在现代才逐渐落后.

习题 2.1

1. 代数主要包括哪几个部分?
2. 花拉子米编著了哪两部数学传世之作?
3. 中国代数的发展成就有哪些?

第二节　行列式

一、 n 阶行列式的定义

行列式的概念首先是在求解方程个数与未知量个数相同的线性方程组时提出来的. 例如，对于一个二元一次方程组

$$\begin{cases} a_{11}x_1+a_{12}x_2=b_1 \\ a_{21}x_1+a_{22}x_2=b_2 \end{cases}, \tag{1}$$

用消元法求解，当 $a_{11}a_{22}-a_{12}a_{21}\neq 0$ 时，求得解为

$$x_1=\frac{b_1a_{22}-a_{12}b_2}{a_{11}a_{22}-a_{12}a_{21}}, \quad x_2=\frac{a_{11}b_2-b_1a_{21}}{a_{11}a_{22}-a_{12}a_{21}}. \tag{2}$$

如果记

$$\begin{vmatrix} a_{11} & a_{12} \\ a_{21} & a_{22} \end{vmatrix}=a_{11}a_{22}-a_{12}a_{21}, \tag{3}$$

则式(2)可以表示为

$$x_1=\frac{\begin{vmatrix} b_1 & a_{12} \\ b_2 & a_{22} \end{vmatrix}}{\begin{vmatrix} a_{11} & a_{12} \\ a_{21} & a_{22} \end{vmatrix}}, \quad x_2=\frac{\begin{vmatrix} a_{11} & b_1 \\ a_{21} & b_2 \end{vmatrix}}{\begin{vmatrix} a_{11} & a_{12} \\ a_{21} & a_{22} \end{vmatrix}}.$$

我们把式(3)中由四个数 a_{11}，a_{12}，a_{21}，a_{22} 排成的两行、两列并定义为 $a_{11}a_{22}-a_{12}a_{21}$ 的式子

$$\begin{vmatrix} a_{11} & a_{12} \\ a_{21} & a_{22} \end{vmatrix}$$

称为二阶行列式.

例如，$\begin{vmatrix} 5 & -1 \\ 3 & 2 \end{vmatrix}=5\times 2-(-1)\times 3=13$，$\begin{vmatrix} \lambda^2 & \lambda \\ 3 & 1 \end{vmatrix}=\lambda^2\times 1-3\times\lambda=\lambda^2-3\lambda$.

例 1 求解二元线性方程组

$$\begin{cases} 2x_1+3x_2=7 \\ 5x_1-2x_2=8 \end{cases}.$$

解 由于

$$D=\begin{vmatrix} 2 & 3 \\ 5 & -2 \end{vmatrix}=2\times(-2)-5\times 3=-19,$$

$$D_1=\begin{vmatrix} 7 & 3 \\ 8 & -2 \end{vmatrix}=7\times(-2)-8\times 3=-38,$$

$$D_2=\begin{vmatrix}2&7\\5&8\end{vmatrix}=2\times8-5\times7=-19,$$

因此　　$x_1=\dfrac{D_1}{D}=\dfrac{-38}{-19}=2$，　$x_2=\dfrac{D_2}{D}=\dfrac{-19}{-19}=1$.

对于由 9 个元素 $a_{ij}(i,\ j=1,\ 2,\ 3)$ 排成的三行三列的式子定义为：

$$\begin{vmatrix}a_{11}&a_{12}&a_{13}\\a_{21}&a_{22}&a_{23}\\a_{31}&a_{32}&a_{33}\end{vmatrix}=a_{11}a_{22}a_{33}+a_{12}a_{23}a_{31}+a_{13}a_{21}a_{32}$$
$$-a_{11}a_{23}a_{32}-a_{12}a_{21}a_{33}-a_{13}a_{22}a_{31},\tag{4}$$

并称它为三阶行列式.

例 2　计算三阶行列式

$$D=\begin{vmatrix}1&2&-4\\-2&2&1\\-3&4&-2\end{vmatrix}.$$

解　按定义，有

$$\begin{aligned}D&=1\times2\times(-2)+2\times1\times(-3)+(-4)\times(-2)\times4-1\times1\times4\\&\quad-2\times(-2)\times(-2)-(-4)\times2\times(-3)\\&=-4-6+32-4-8-24=-14.\end{aligned}$$

例 3　求解方程

$$\begin{vmatrix}-2-x&1&1\\0&2-x&0\\-4&1&3-x\end{vmatrix}=0.$$

解　方程左端的三阶行列式

$$D=(-2-x)(2-x)(3-x)+4(2-x)=-(x-2)^2(x+1).$$

由 $-(x-2)^2(x+1)=0$，解得 $x=2$ 或 $x=-1$.

如果三元线性方程组

$$\begin{cases}a_{11}x_1+a_{12}x_2+a_{13}x_3=b_1\\a_{21}x_1+a_{22}x_2+a_{23}x_3=b_2\\a_{31}x_1+a_{32}x_2+a_{33}x_3=b_3\end{cases}$$

的系数行列式

$$D=\begin{vmatrix} a_{11} & a_{12} & a_{13} \\ a_{21} & a_{22} & a_{23} \\ a_{31} & a_{32} & a_{33} \end{vmatrix}\neq 0,$$

则用消元法求解这个方程组可得

$$x_1=\frac{D_1}{D},\ x_2=\frac{D_2}{D},\ x_3=\frac{D_3}{D}, \tag{5}$$

其中 $D_j(j=1,2,3)$是用常数项 b_1，b_2，b_3 替换 D 中的第 j 列所得到的三阶行列式，即

$$D_1=\begin{vmatrix} b_1 & a_{12} & a_{13} \\ b_2 & a_{22} & a_{23} \\ b_3 & a_{32} & a_{33} \end{vmatrix},\ D_2=\begin{vmatrix} a_{11} & b_1 & a_{13} \\ a_{21} & b_2 & a_{23} \\ a_{31} & b_3 & a_{33} \end{vmatrix},\ D_3=\begin{vmatrix} a_{11} & a_{12} & b_1 \\ a_{21} & a_{22} & b_2 \\ a_{31} & a_{32} & b_3 \end{vmatrix}.$$

对于三阶行列式$\begin{vmatrix} a_{11} & a_{12} & a_{13} \\ a_{21} & a_{22} & a_{23} \\ a_{31} & a_{32} & a_{33} \end{vmatrix}$，如果选定元素 a_{11}，划去元素 a_{11}所在的行与列，剩下的元素按原来的顺序组成一个二阶行列式$\begin{vmatrix} a_{22} & a_{23} \\ a_{32} & a_{33} \end{vmatrix}$，称为元素 a_{11}的余子式，记为 M_{11}，即 $M_{11}=\begin{vmatrix} a_{22} & a_{23} \\ a_{32} & a_{33} \end{vmatrix}$，记$(-1)^{1+1}M_{11}=A_{11}$，称 A_{11}为元素 a_{11}的代数余子式．同理可定义元素 a_{12}，a_{13}的余子式与代数余子式，分别记为 M_{12}，A_{12}，M_{13}，A_{13}．

例如，三阶行列式 $D=\begin{vmatrix} 1 & 2 & -4 \\ -2 & 2 & 1 \\ -3 & 4 & -2 \end{vmatrix}$中，元素 $a_{11}=1$ 的余子式为 $M_{11}=\begin{vmatrix} 2 & 1 \\ 4 & -2 \end{vmatrix}=-8$，代数余子式 $A_{11}=(-1)^{1+1}M_{11}=-8$；元素 $a_{12}=2$ 的余子式为 $M_{12}=\begin{vmatrix} -2 & 1 \\ -3 & -2 \end{vmatrix}=7$，代数余子式 $A_{12}=(-1)^{1+2}M_{12}=-7$；元素 $a_{13}=-4$ 的余子式为 $M_{13}=\begin{vmatrix} -2 & 2 \\ -3 & 4 \end{vmatrix}=-2$，代数余子式 $A_{13}=(-1)^{1+3}M_{13}=-2$，则

$$a_{11}A_{11}+a_{12}A_{12}+a_{13}A_{13}=1\times(-8)+2\times(-7)+(-4)\times(-2)=-14.$$

由例 2，得 $D=a_{11}A_{11}+a_{12}A_{12}+a_{13}A_{13}$．

从二阶、三阶行列式的定义，不难验证，

$$D=\begin{vmatrix} a_{11} & a_{12} & a_{13} \\ a_{21} & a_{22} & a_{23} \\ a_{31} & a_{32} & a_{33} \end{vmatrix}=a_{11}A_{11}+a_{12}A_{12}+a_{13}A_{13}. \tag{6}$$

这个式子说明了三阶行列式可通过二阶行列式来定义.

同样，二阶行列式

$$D=\begin{vmatrix} a_{11} & a_{12} \\ a_{21} & a_{22} \end{vmatrix}=a_{11}A_{11}+a_{12}A_{12}, \tag{7}$$

其中

$$A_{11}=(-1)^{1+1}|a_{22}|=a_{22},\ A_{12}=(-1)^{1+2}|a_{21}|=-a_{21}.$$

这里$|a_{22}|$，$|a_{21}|$是一阶行列式(不是数的绝对值). 我们把 a 的一阶行列式$|a|$定义为a.

如果把(6)、(7)两式作为三阶、二阶行列式的定义，那么这种定义的方法是统一的，它们都是用低阶行列式定义高一阶的行列式. 因此人们很自然地会想到，用这种递归的方法来定义一般的 n 阶行列式. 对于这样定义的各阶行列式，显然将会有统一的运算性质. 下面我们给出 n 阶行列式的递归法定义.

定义 由 n^2 个数 a_{ij}(i，$j=1$，2，…，n)组成的 n 阶行列式

$$D=\begin{vmatrix} a_{11} & a_{12} & \cdots & a_{1n} \\ a_{21} & a_{22} & \cdots & a_{2n} \\ \vdots & \vdots & & \vdots \\ a_{n1} & a_{n2} & \cdots & a_{nn} \end{vmatrix} \tag{8}$$

是一个算式，当 $n=1$ 时，$D=|a_{11}|=a_{11}$.

当 $n\geqslant 2$ 时，

$$D=a_{11}A_{11}+a_{12}A_{12}+\cdots+a_{1n}A_{1n}=\sum_{j=1}^{n}a_{1j}A_{1j},$$

其中

$$A_{1j}=(-1)^{1+j}M_{1j},\ M_{1j}=\begin{vmatrix} a_{21} & \cdots & a_{2\,j-1} & a_{2\,j+1} & \cdots & a_{2n} \\ a_{31} & \cdots & a_{3\,j-1} & a_{3\,j+1} & \cdots & a_{3n} \\ \vdots & & \vdots & \vdots & & \vdots \\ a_{n1} & \cdots & a_{nj-1} & a_{nj+1} & \cdots & a_{nn} \end{vmatrix}\quad (j=1,2,\cdots,n),$$

并称 M_{1j} 为元素 a_{1j} 的余子式，A_{1j} 为元素 a_{1j} 的代数余子式.

二、 n 阶行列式的性质

根据行列式的定义可以推导出行列式的下列性质.

性质 1　行列式的行与列(按原来顺序)互换，其值不变，即

$$\begin{vmatrix} a_{11} & a_{12} & \cdots & a_{1n} \\ a_{21} & a_{22} & \cdots & a_{2n} \\ \vdots & \vdots & & \vdots \\ a_{n1} & a_{n2} & \cdots & a_{nn} \end{vmatrix} = \begin{vmatrix} a_{11} & a_{21} & \cdots & a_{n1} \\ a_{12} & a_{22} & \cdots & a_{n2} \\ \vdots & \vdots & & \vdots \\ a_{1n} & a_{2n} & \cdots & a_{nn} \end{vmatrix}.$$

这个性质说明行列式的行与列地位均等，凡是行成立的性质，列也同样成立.

性质 2　行列式对任一行(列)按下式展开，其值相等，即

$$D=a_{i1}A_{i1}+a_{i2}A_{i2}+\cdots+a_{in}A_{in}=\sum_{j=1}^{n}a_{ij}A_{ij}\quad (i=1,2,\cdots,n),$$

或

$$D=a_{1j}A_{1j}+a_{2j}A_{2j}+\cdots+a_{nj}A_{nj}=\sum_{i=1}^{n}a_{ij}A_{ij}\quad (j=1,2,\cdots,n),$$

其中 $A_{ij}=(-1)^{i+j}M_{ij}$，M_{ij} 是 D 中划去第 i 行第 j 列元素所成的 $n-1$ 阶行列式，它称为 a_{ij} 的余子式，A_{ij} 称为 a_{ij} 的代数余子式. 此性质也称为行列式按行(列)展开定理.

性质 3　行列式的某一行(列)中所有的元素都乘以同一数 k，等于用数 k 乘此行列式. 即

$$\begin{vmatrix} a_{11} & a_{12} & \cdots & a_{1n} \\ \vdots & \vdots & & \vdots \\ ka_{i1} & ka_{i2} & \cdots & ka_{in} \\ \vdots & \vdots & & \vdots \\ a_{n1} & a_{n2} & \cdots & a_{nn} \end{vmatrix} = k\begin{vmatrix} a_{11} & a_{12} & \cdots & a_{1n} \\ \vdots & \vdots & & \vdots \\ a_{i1} & a_{i2} & \cdots & a_{in} \\ \vdots & \vdots & & \vdots \\ a_{n1} & a_{n2} & \cdots & a_{nn} \end{vmatrix}.$$

推论 1　行列式中某一行(列)的所有元素的公因子可以提到行列式记号的外面.

性质 4　若行列式的某一行(列)的元素都是两数之和，例如第 i 行的元素都是两数之和：

$$D=\begin{vmatrix} a_{11} & a_{12} & \cdots & a_{1n} \\ \vdots & \vdots & & \vdots \\ a_{i1}+b_{i1} & a_{i2}+b_{i2} & \cdots & a_{in}+b_{in} \\ \vdots & \vdots & & \vdots \\ a_{n1} & a_{n2} & \cdots & a_{nn} \end{vmatrix},$$

则 D 等于下列两个行列式之和：

$$D=\begin{vmatrix} a_{11} & a_{12} & \cdots & a_{1n} \\ \vdots & \vdots & & \vdots \\ a_{i1} & a_{i2} & \cdots & a_{in} \\ \vdots & \vdots & & \vdots \\ a_{n1} & a_{n2} & \cdots & a_{nn} \end{vmatrix}+\begin{vmatrix} a_{11} & a_{12} & \cdots & a_{1n} \\ \vdots & \vdots & & \vdots \\ b_{i1} & b_{i2} & \cdots & b_{in} \\ \vdots & \vdots & & \vdots \\ a_{n1} & a_{n2} & \cdots & a_{nn} \end{vmatrix}.$$

性质 5　行列式中两行(列)对应元素全相等，其值为零.

推论 2　行列式中两行(列)对应元素成比例，其值为零.

性质 6　在行列式中，把某行(列)各元素分别乘以常数 k，再加到另一行(列)的对应元素上，行列式的值不变，即

$$\begin{vmatrix} a_{11} & a_{12} & \cdots & a_{1n} \\ \vdots & \vdots & & \vdots \\ a_{i1} & a_{i2} & \cdots & a_{in} \\ \vdots & \vdots & & \vdots \\ a_{j1} & a_{j2} & \cdots & a_{jn} \\ \vdots & \vdots & & \vdots \\ a_{n1} & a_{n2} & \cdots & a_{nn} \end{vmatrix}=\begin{vmatrix} a_{11} & a_{12} & \cdots & a_{1n} \\ \vdots & \vdots & & \vdots \\ a_{i1} & a_{i2} & \cdots & a_{in} \\ \vdots & \vdots & & \vdots \\ ka_{i1}+a_{j1} & ka_{i2}+a_{j2} & \cdots & ka_{in}+a_{jn} \\ \vdots & \vdots & & \vdots \\ a_{n1} & a_{n2} & \cdots & a_{nn} \end{vmatrix}.$$

性质 7　行列式的两行(列)互换，行列式的值反号.

性质 8　行列式某一行(列)的元素乘以另一行(列)对应元素的代数余子式之和等于零，即

$$\sum_{k=1}^{n} a_{ik}A_{jk}=a_{i1}A_{j1}+a_{i2}A_{j2}+\cdots+a_{in}A_{jn}=0,\ i\neq j.$$

为了书写方便，我们引入下列记号：

(1) $r_i \leftrightarrow r_j$ 表示第 i 行与第 j 行互换，$c_i \leftrightarrow c_j$ 表示第 i 列与第 j 列互换；

(2) kr_i 表示第 i 行的各元素乘以常数 k，kc_i 表示第 i 列的各元素乘以常数 k；

(3) r_j+kr_i 表示第 i 行的各元素乘以常数 k 加到第 j 行对应的元素上，c_j+kc_i 表示第 i 列的各元素乘以常数 k 加到第 j 列对应的元素上.

三、 n 阶行列式的计算

利用性质 6，把行列式某行(列)元素化为只剩一个非零元，再利用性质 2，把行列式按该行(列)展开，从而降阶计算.

例 4 计算行列式

$$D=\begin{vmatrix} 1 & 4 & -1 & 4 \\ 2 & 1 & 4 & 3 \\ 4 & 2 & 3 & 11 \\ 3 & 0 & 9 & 2 \end{vmatrix}.$$

解 注意到 D 中第二列有一个 0，而 $a_{22}=1$，因此把第二列中其余元素化为 0 比较方便，得

$$D\xlongequal[r_3-2r_2]{r_1-4r_2}\begin{vmatrix} -7 & 0 & -17 & -8 \\ 2 & 1 & 4 & 3 \\ 0 & 0 & -5 & 5 \\ 3 & 0 & 9 & 2 \end{vmatrix}=(-1)^{2+2}\times 1\times\begin{vmatrix} -7 & -17 & -8 \\ 0 & -5 & 5 \\ 3 & 9 & 2 \end{vmatrix}.$$

再把第三列加到第二列，按第二行展开，得

$$D\xlongequal{c_2+c_3}\begin{vmatrix} -7 & -25 & -8 \\ 0 & 0 & 5 \\ 3 & 11 & 2 \end{vmatrix}=(-1)^{2+3}\times 5\times\begin{vmatrix} -7 & -25 \\ 3 & 11 \end{vmatrix}$$
$$=-5\times(-77+75)=10.$$

例 5 计算行列式

$$D=\begin{vmatrix} 1 & 2 & 3 & 4 \\ 2 & 3 & 4 & 1 \\ 3 & 4 & 1 & 2 \\ 4 & 1 & 2 & 3 \end{vmatrix}.$$

解 这个行列式的特点是每行(列)的所有元素相加都等于 10. 把第 2，3，4 行都加到第 1 行，并提出公因子 10，得

$$D=10\begin{vmatrix}1&1&1&1\\2&3&4&1\\3&4&1&2\\4&1&2&3\end{vmatrix}\xlongequal[c_4-c_1]{\substack{c_2-c_1\\c_3-c_1}}10\begin{vmatrix}1&0&0&0\\2&1&2&-1\\3&1&-2&-1\\4&-3&-2&-1\end{vmatrix}$$

$$=10\times1\times(-1)^{1+1}\begin{vmatrix}1&2&-1\\1&-2&-1\\-3&-2&-1\end{vmatrix}\xlongequal[r_3-r_1]{r_2-r_1}10\begin{vmatrix}1&2&-1\\0&-4&0\\-4&-4&0\end{vmatrix}$$

$$=10\times(-1)\times(-1)^{1+3}\begin{vmatrix}0&-4\\-4&-4\end{vmatrix}=160.$$

例 6 证明：

$$\begin{vmatrix}a_1+b_1&b_1+c_1&c_1+a_1\\a_2+b_2&b_2+c_2&c_2+a_2\\a_3+b_3&b_3+c_3&c_3+a_3\end{vmatrix}=2\begin{vmatrix}a_1&b_1&c_1\\a_2&b_2&c_2\\a_3&b_3&c_3\end{vmatrix}.$$

证 把左端行列式的第 2，3 列加到第 1 列，提取公因子 2，再把第 1 列乘(−1)加到第 2，3 列，得

$$左式=2\begin{vmatrix}a_1+b_1+c_1&-a_1&-b_1\\a_2+b_2+c_2&-a_2&-b_2\\a_3+b_3+c_3&-a_3&-b_3\end{vmatrix}.$$

再把第 2，3 列加到第 1 列，然后分别提出第 2，3 列的公因子(−1)，再作两次列对换，右式得证.

习题 2.2

1. 利用二阶、三阶行列式的定义，计算下列行列式：

(1) $\begin{vmatrix}3&1\\4&0\end{vmatrix}$；　　(2) $\begin{vmatrix}\lambda-1&\lambda+1\\-3&5\end{vmatrix}$；

(3) $\begin{vmatrix}2&0&1\\1&-4&-1\\-1&8&3\end{vmatrix}$；　　(4) $\begin{vmatrix}1&0&1\\2&1&0\\-3&2&-5\end{vmatrix}$；

(5) $\begin{vmatrix}a&b&a+b\\b&a+b&a\\a+b&a&b\end{vmatrix}$.

2. 计算下列各行列式：

(1) $\begin{vmatrix} 2 & 1 & -5 & 1 \\ 1 & -3 & 0 & -6 \\ 0 & 2 & -1 & 2 \\ 1 & 4 & -7 & 6 \end{vmatrix}$；　　(2) $\begin{vmatrix} 1 & 1 & 2 & 3 \\ 1 & 2 & 3 & -1 \\ 3 & -1 & -1 & -2 \\ 2 & 3 & -1 & -1 \end{vmatrix}$；

(3) $\begin{vmatrix} 1 & 1 & 1 & 1 \\ a & b & c & d \\ a^2 & b^2 & c^2 & d^2 \\ a^3 & b^3 & c^3 & d^3 \end{vmatrix}$；　　(4) $\begin{vmatrix} a & 1 & 0 & 0 \\ 1 & b & 0 & 0 \\ 0 & 0 & 1 & -a \\ 0 & 0 & 1 & -b \end{vmatrix}$；

(5) $\begin{vmatrix} 1 & 0 & 0 & 0 \\ 1 & 2 & 0 & 0 \\ 1 & 2 & 3 & 0 \\ 1 & 2 & 3 & 4 \end{vmatrix}$；　　(6) $\begin{vmatrix} a & b & c & d \\ 0 & b & c & d \\ 0 & 0 & c & d \\ 0 & 0 & 0 & d \end{vmatrix}$；

(7) $\begin{vmatrix} a & b & b & b \\ b & a & b & b \\ b & b & a & b \\ b & b & b & a \end{vmatrix}$.

3. 证明：

(1) $\begin{vmatrix} a_1+b_1x & a_1x+b_1 & c_1 \\ a_2+b_2x & a_2x+b_2 & c_2 \\ a_3+b_3x & a_3x+b_3 & c_3 \end{vmatrix}=(1-x^2)\begin{vmatrix} a_1 & b_1 & c_1 \\ a_2 & b_2 & c_2 \\ a_3 & b_3 & c_3 \end{vmatrix}$；

(2) $\begin{vmatrix} a^2 & (a+1)^2 & (a+2)^2 & (a+3)^2 \\ b^2 & (b+1)^2 & (b+2)^2 & (b+3)^2 \\ c^2 & (c+1)^2 & (c+2)^2 & (c+3)^2 \\ d^2 & (d+1)^2 & (d+2)^2 & (d+3)^2 \end{vmatrix}=0.$

第三节　矩阵

一、矩阵及其运算

1. 矩阵

定义 1　由 $m\times n$ 个数 $a_{ij}(i=1, 2, \cdots, m; j=1, 2, \cdots, n)$ 排成的 m 行 n

列，并括以方括弧(或圆括弧)的数表

$$\begin{bmatrix} a_{11} & a_{12} & \cdots & a_{1n} \\ a_{21} & a_{22} & \cdots & a_{2n} \\ \vdots & \vdots & & \vdots \\ a_{m1} & a_{m2} & \cdots & a_{mn} \end{bmatrix}$$

称为 $\boldsymbol{m}$ **行** $\boldsymbol{n}$ **列矩阵**，简称为 $\boldsymbol{m\times n}$ **矩阵**. 通常用大写字母表示，记作 $\boldsymbol{A}$ 或 $\boldsymbol{A}_{m\times n}$，有时也记作 $\boldsymbol{A}=[a_{ij}]_{m\times n}(i=1, 2, \cdots, m; j=1, 2, \cdots, n)$，其中 a_{ij} 称为矩阵 $\boldsymbol{A}$ 的 $\boldsymbol{m}$ **行** $\boldsymbol{n}$ **列元素**. 当 $m=n$ 时，元素 a_{11}，a_{22}，$\cdots$，a_{nn} 所在的直线称为矩阵的**主对角线**.

如果矩阵 $\boldsymbol{A}=[a_{ij}]_{m\times n}$，$\boldsymbol{B}=[b_{ij}]_{m\times n}$，满足 $a_{ij}=b_{ij}(i=1, 2, \cdots, m; j=1, 2, \cdots, n)$，则称矩阵 $\boldsymbol{A}$ 与 $\boldsymbol{B}$ **相等**，记为 $\boldsymbol{A}=\boldsymbol{B}$.

2. 特殊的矩阵

零矩阵：$m\times n$ 个元素全为零的矩阵称为**零矩阵**，记作 $\boldsymbol{O}$.

n 阶矩阵(或 n 阶方阵)：$m\times n$ 矩阵 $\boldsymbol{A}$ 的行数与列数相等，即 $m=n$ 时，称 $\boldsymbol{A}$ 为 $\boldsymbol{n}$ **阶方阵**(或 $\boldsymbol{n}$ **阶矩阵**).

单位矩阵：一个 n 阶方阵，它的主对角线上的元素全是 1，其余元素都是 0，则称这个矩阵为 $\boldsymbol{n}$ **阶单位矩阵**，简称**单位矩阵**，记为 $\boldsymbol{E}$，即

$$\boldsymbol{E}=\begin{bmatrix} 1 & 0 & \cdots & 0 \\ 0 & 1 & \cdots & 0 \\ \vdots & \vdots & & \vdots \\ 0 & 0 & \cdots & 1 \end{bmatrix}.$$

如果矩阵中的某一行的所有元素都是零，该行称为矩阵的零行；如果矩阵某一行中至少有一个元素不为零，该行称为矩阵的非零行.

3. 矩阵的运算

(1)矩阵的加法

定义 2　设有两个 $m\times n$ 矩阵 $\boldsymbol{A}=(a_{ij})$ 和 $\boldsymbol{B}=(b_{ij})$，那么矩阵 $\boldsymbol{A}$ 与 $\boldsymbol{B}$ 的和(记作 $\boldsymbol{A}+\boldsymbol{B}$)，规定为

$$\boldsymbol{A}+\boldsymbol{B}=\begin{bmatrix} a_{11}+b_{11} & a_{12}+b_{12} & \cdots & a_{1n}+b_{1n} \\ a_{21}+b_{21} & a_{22}+b_{22} & \cdots & a_{2n}+b_{2n} \\ \vdots & \vdots & & \vdots \\ a_{m1}+b_{m1} & a_{m2}+b_{m2} & \cdots & a_{mn}+b_{mn} \end{bmatrix}.$$

例 1 设矩阵

$$\boldsymbol{A}=\begin{bmatrix}1 & 0 & -1\\ 2 & 3 & -2\end{bmatrix},\ \boldsymbol{B}=\begin{bmatrix}2 & -1 & 1\\ 3 & 4 & 1\end{bmatrix},$$

求 $\boldsymbol{A}+\boldsymbol{B}$.

解 $\boldsymbol{A}+\boldsymbol{B}=\begin{bmatrix}1+2 & 0-1 & -1+1\\ 2+3 & 3+4 & -2+1\end{bmatrix}=\begin{bmatrix}3 & -1 & 0\\ 5 & 7 & -1\end{bmatrix}$.

矩阵加法满足下列运算规律(设 $\boldsymbol{A}$、$\boldsymbol{B}$、$\boldsymbol{C}$ 都是 $m\times n$ 矩阵)：

①交换律：$\boldsymbol{A}+\boldsymbol{B}=\boldsymbol{B}+\boldsymbol{A}$；

②结合律：$(\boldsymbol{A}+\boldsymbol{B})+\boldsymbol{C}=\boldsymbol{A}+(\boldsymbol{B}+\boldsymbol{C})$.

设矩阵 $\boldsymbol{A}=(a_{ij})$，记

$$-\boldsymbol{A}=(-a_{ij}),$$

$-\boldsymbol{A}$ 称为矩阵 $\boldsymbol{A}$ 的**负矩阵**，显然有

$$\boldsymbol{A}+(-\boldsymbol{A})=\boldsymbol{O}.$$

由此规定矩阵的减法为

$$\boldsymbol{A}-\boldsymbol{B}=\boldsymbol{A}+(-\boldsymbol{B}),$$

即

$$\boldsymbol{A}-\boldsymbol{B}=\begin{bmatrix}a_{11}-b_{11} & a_{12}-b_{12} & \cdots & a_{1n}-b_{1n}\\ a_{21}-b_{21} & a_{22}-b_{22} & \cdots & a_{2n}-b_{2n}\\ \vdots & \vdots & & \vdots\\ a_{m1}-b_{m1} & a_{m2}-b_{m2} & \cdots & a_{mn}-b_{mn}\end{bmatrix}.$$

(2)数与矩阵相乘

定义 3 数 λ 与矩阵 $\boldsymbol{A}$ 的**乘积**记作 $\lambda\boldsymbol{A}$ 或 $\boldsymbol{A}\lambda$，规定为

$$\lambda\boldsymbol{A}=\boldsymbol{A}\lambda=\begin{bmatrix}\lambda a_{11} & \lambda a_{12} & \cdots & \lambda a_{1n}\\ \lambda a_{21} & \lambda a_{22} & \cdots & \lambda a_{2n}\\ \vdots & \vdots & & \vdots\\ \lambda a_{m1} & \lambda a_{m2} & \cdots & \lambda a_{mn}\end{bmatrix}.$$

数乘矩阵满足下列运算规律(设 $\boldsymbol{A}$、$\boldsymbol{B}$ 为 $m\times n$ 矩阵，λ，μ 为数)：

①$(\lambda\mu)\boldsymbol{A}=\lambda(\mu\boldsymbol{A})$；

②$(\lambda+\mu)\boldsymbol{A}=\lambda\boldsymbol{A}+\mu\boldsymbol{A}$；

③$\lambda(\boldsymbol{A}+\boldsymbol{B})=\lambda\boldsymbol{A}+\lambda\boldsymbol{B}$.

矩阵相加与数乘矩阵合起来，统称为矩阵的线性运算.

(3)矩阵与矩阵相乘

定义 4　设 $\boldsymbol{A}=(a_{ij})$是一个 $m\times s$ 矩阵，$\boldsymbol{B}=(b_{ij})$是一个 $s\times n$ 矩阵，那么规定矩阵 $\boldsymbol{A}$ 与 $\boldsymbol{B}$ 的**乘积**是一个 $m\times n$ 矩阵 $\boldsymbol{C}=(c_{ij})$，其中

$$\begin{aligned} c_{ij} &= a_{i1}b_{1j}+a_{i2}b_{2j}+\cdots+a_{is}b_{sj} \\ &= \sum_{k=1}^{s}a_{ik}b_{kj}\,(i=1,2,\cdots,m;\ j=1,2,\cdots,n), \end{aligned}$$

并把此乘积记作

$$\boldsymbol{C}=\boldsymbol{AB}.$$

按此定义，一个 $1\times s$ 矩阵与一个 $s\times 1$ 矩阵的乘积是一个 1 阶方阵，也就是一个数.

由

$$(a_{i1},a_{i2},\cdots,a_{is})\begin{bmatrix} b_{1j} \\ b_{2j} \\ \vdots \\ b_{sj} \end{bmatrix}=a_{i1}b_{1j}+a_{i2}b_{2j}+\cdots+a_{is}b_{sj}=\sum_{k=1}^{s}a_{ik}b_{kj}=c_{ij}$$

表明乘积矩阵 $\boldsymbol{AB}=\boldsymbol{C}$ 的(i,j)元 c_{ij} 就是 $\boldsymbol{A}$ 的第 i 行与 $\boldsymbol{B}$ 的第 j 列的乘积.

特别注意：只有当第一个矩阵的列数等于第二个矩阵的行数时，两个矩阵才能相乘，乘积所得矩阵的行数就是第一个矩阵的行数，列数就是第二个矩阵的列数.

例 2　若 $\boldsymbol{A}=\begin{bmatrix} 2 & 3 \\ 1 & -2 \\ 3 & 1 \end{bmatrix}$，$\boldsymbol{B}=\begin{bmatrix} 1 & -2 & -3 \\ 2 & -1 & 0 \end{bmatrix}$，求 $\boldsymbol{AB}$ 与 $\boldsymbol{BA}$.

解　$$\begin{aligned} \boldsymbol{AB} &= \begin{bmatrix} 2 & 3 \\ 1 & -2 \\ 3 & 1 \end{bmatrix}\begin{bmatrix} 1 & -2 & -3 \\ 2 & -1 & 0 \end{bmatrix} \\ &= \begin{bmatrix} 2\times1+3\times2 & 2\times(-2)+3\times(-1) & 2\times(-3)+3\times0 \\ 1\times1+(-2)\times2 & 1\times(-2)+(-2)\times(-1) & 1\times(-3)+(-2)\times0 \\ 3\times1+1\times2 & 3\times(-2)+1\times(-1) & 3\times(-3)+1\times0 \end{bmatrix} \end{aligned}$$

$$=\begin{bmatrix} 8 & -7 & -6 \\ -3 & 0 & -3 \\ 5 & -7 & -9 \end{bmatrix}.$$

$$\boldsymbol{BA}=\begin{bmatrix} 1 & -2 & -3 \\ 2 & -1 & 0 \end{bmatrix}\begin{bmatrix} 2 & 3 \\ 1 & -2 \\ 3 & 1 \end{bmatrix}$$

$$=\begin{bmatrix} 1\times2+(-2)\times1+(-3)\times3 & 1\times3+(-2)\times(-2)+(-3)\times1 \\ 2\times2+(-1)\times1+0\times3 & 2\times3+(-1)\times(-2)+0\times1 \end{bmatrix}$$

$$=\begin{bmatrix} -9 & 4 \\ 3 & 8 \end{bmatrix}.$$

显然，$\boldsymbol{AB}\neq\boldsymbol{BA}$.

例 3 若 $\boldsymbol{A}=(1,\ 2,\ 0)$，$\boldsymbol{B}=\begin{bmatrix} -1 \\ 2 \\ 3 \end{bmatrix}$，求 $\boldsymbol{AB}$ 与 $\boldsymbol{BA}$.

解 $\boldsymbol{AB}=(1,\ 2,\ 0)\begin{bmatrix} -1 \\ 2 \\ 3 \end{bmatrix}=[1\times(-1)+2\times2+0\times3]=[3]$，

$$\boldsymbol{BA}=\begin{bmatrix} -1 \\ 2 \\ 3 \end{bmatrix}(1,\ 2,\ 0)=\begin{bmatrix} -1 & -2 & 0 \\ 2 & 4 & 0 \\ 3 & 6 & 0 \end{bmatrix}.$$

从结果中可以看出，$\boldsymbol{AB}\neq\boldsymbol{BA}$.

例 4 若 $\boldsymbol{A}=\begin{bmatrix} 1 & 3 \\ 2 & 1 \end{bmatrix}$，$\boldsymbol{B}=\begin{bmatrix} 1 & 2 & 1 \\ -1 & 0 & 1 \end{bmatrix}$，求 $\boldsymbol{AB}$.

解 $\boldsymbol{AB}=\begin{bmatrix} 1 & 3 \\ 2 & 1 \end{bmatrix}\begin{bmatrix} 1 & 2 & 1 \\ -1 & 0 & 1 \end{bmatrix}=\begin{bmatrix} -2 & 2 & 4 \\ 1 & 4 & 3 \end{bmatrix}$.

注 $\boldsymbol{BA}$ 没有意义，因为矩阵 $\boldsymbol{B}$ 的列数不等于矩阵 $\boldsymbol{A}$ 的行数，$\boldsymbol{BA}$ 不可进行.

例 5 若 $\boldsymbol{A}=\begin{bmatrix} -2 & 4 \\ 1 & -2 \end{bmatrix}$，$\boldsymbol{B}=\begin{bmatrix} 2 & 4 \\ -3 & -6 \end{bmatrix}$，求 $\boldsymbol{AB}$ 与 $\boldsymbol{BA}$.

解 $\boldsymbol{AB}=\begin{bmatrix} -2 & 4 \\ 1 & -2 \end{bmatrix}\begin{bmatrix} 2 & 4 \\ -3 & -6 \end{bmatrix}=\begin{bmatrix} -16 & -32 \\ 8 & 16 \end{bmatrix}$，

$$\boldsymbol{BA}=\begin{bmatrix} 2 & 4 \\ -3 & -6 \end{bmatrix}\begin{bmatrix} -2 & 4 \\ 1 & -2 \end{bmatrix}=\begin{bmatrix} 0 & 0 \\ 0 & 0 \end{bmatrix}.$$

由例 3、例 4、例 5 可以看到，矩阵的乘法一般不满足交换律，即 $\boldsymbol{AB}\neq\boldsymbol{BA}$.

例如，例 4 中 $\boldsymbol{AB}$ 有意义，$\boldsymbol{BA}$ 没有意义. 在例 3、例 5 中可以看到，即使 $\boldsymbol{AB}$，$\boldsymbol{BA}$ 都有意义，$\boldsymbol{AB}$ 与 $\boldsymbol{BA}$ 也不一定相等. 但并不是任何两矩阵相乘都不可以交换，例如下面的例 6，两矩阵相乘就可以交换. 但作为统一的运算法则，矩阵乘法交换律是不成立的.

由例 5 还可以看出：两个非零矩阵相乘，结果可能是零矩阵，从而不能由 $\boldsymbol{AB}=\boldsymbol{O}$ 必然推出 $\boldsymbol{A}=\boldsymbol{O}$ 或 $\boldsymbol{B}=\boldsymbol{O}$.

例 6　若 $\boldsymbol{A}=\begin{bmatrix}1 & 0\\1 & 1\end{bmatrix}$，$\boldsymbol{B}=\begin{bmatrix}1 & 0\\2 & 1\end{bmatrix}$，求 $\boldsymbol{AB}$ 与 $\boldsymbol{BA}$.

解　$\boldsymbol{AB}=\begin{bmatrix}1 & 0\\1 & 1\end{bmatrix}\begin{bmatrix}1 & 0\\2 & 1\end{bmatrix}=\begin{bmatrix}1 & 0\\3 & 1\end{bmatrix}$，　$\boldsymbol{BA}=\begin{bmatrix}1 & 0\\2 & 1\end{bmatrix}\begin{bmatrix}1 & 0\\1 & 1\end{bmatrix}\begin{bmatrix}1 & 0\\3 & 1\end{bmatrix}$.

显然，$\boldsymbol{AB}=\boldsymbol{BA}$.

如果两矩阵 $\boldsymbol{A}$ 与 $\boldsymbol{B}$ 相乘，有 $\boldsymbol{AB}=\boldsymbol{BA}$，则称矩阵 $\boldsymbol{A}$ 与矩阵 $\boldsymbol{B}$ 可交换.

设 $\boldsymbol{E}$ 为 n 阶单位矩阵，$\boldsymbol{A}$ 为 n 阶方阵，则有 $\boldsymbol{AE}=\boldsymbol{EA}=\boldsymbol{A}$. 这说明单位矩阵与任意矩阵可交换.

例 7　若 $\boldsymbol{A}=\begin{bmatrix}1 & 2\\0 & 3\end{bmatrix}$，$\boldsymbol{B}=\begin{bmatrix}1 & 0\\0 & 3\end{bmatrix}$，$\boldsymbol{C}=\begin{bmatrix}1 & -1\\0 & 0\end{bmatrix}$，那么有：

$$\boldsymbol{AC}=\begin{bmatrix}1 & 2\\0 & 3\end{bmatrix}\begin{bmatrix}1 & -1\\0 & 0\end{bmatrix}=\begin{bmatrix}1 & -1\\0 & 0\end{bmatrix},$$

$$\boldsymbol{BC}=\begin{bmatrix}1 & 0\\0 & 3\end{bmatrix}\begin{bmatrix}1 & -1\\0 & 0\end{bmatrix}=\begin{bmatrix}1 & -1\\0 & 0\end{bmatrix}.$$

即 $\boldsymbol{AC}=\boldsymbol{BC}$，但 $\boldsymbol{A}\neq\boldsymbol{B}$. 这说明矩阵乘法也不满足消去律.

矩阵的乘法有下列性质(设下列矩阵都可以进行运算)：

①$(\boldsymbol{AB})\boldsymbol{C}=\boldsymbol{A}(\boldsymbol{BC})$；

②$(\boldsymbol{A}+\boldsymbol{B})\boldsymbol{C}=\boldsymbol{AC}+\boldsymbol{BC}$；

③$\boldsymbol{C}(\boldsymbol{A}+\boldsymbol{B})=\boldsymbol{CA}+\boldsymbol{CB}$；

④$k(\boldsymbol{AB})=(k\boldsymbol{A})\boldsymbol{B}=\boldsymbol{A}(k\boldsymbol{B})$.

4. 矩阵的转置

定义 5　把矩阵 $\boldsymbol{A}$ 的行换成同序数的列得到一个新矩阵，称为 $\boldsymbol{A}$ 的**转置矩阵**，记作 $\boldsymbol{A}^{\mathrm{T}}$. 例如，矩阵

$$\boldsymbol{A}=\begin{bmatrix}1 & -1\\2 & -3\\3 & 0\end{bmatrix}$$

的转置矩阵为

$$A^{\mathrm{T}}=\begin{bmatrix}1 & 2 & 3\\ -1 & -3 & 0\end{bmatrix}.$$

由定义 5 可知，如果 $\boldsymbol{A}$ 是 $m\times n$ 矩阵，则 $\boldsymbol{A}$ 的转置矩阵 $\boldsymbol{A}^{\mathrm{T}}$ 就是 $n\times m$ 矩阵，且矩阵 $\boldsymbol{A}^{\mathrm{T}}$ 的第 i 行第 j 列的元素就是矩阵 $\boldsymbol{A}$ 的第 j 行第 i 列的元素.

矩阵的转置也是一种运算，满足下述运算规律(假设运算都是可以进行的)：

①$(\boldsymbol{A}^{\mathrm{T}})^{\mathrm{T}}=\boldsymbol{A}$；

②$(\boldsymbol{A}+\boldsymbol{B})^{\mathrm{T}}=\boldsymbol{A}^{\mathrm{T}}+\boldsymbol{B}^{\mathrm{T}}$；

③$(\lambda\boldsymbol{A})^{\mathrm{T}}=\lambda\boldsymbol{A}^{\mathrm{T}}$；

④$(\boldsymbol{A}\boldsymbol{B})^{\mathrm{T}}=\boldsymbol{B}^{\mathrm{T}}\boldsymbol{A}^{\mathrm{T}}$.

设 $\boldsymbol{A}$ 为 n 阶方阵，如果满足 $\boldsymbol{A}^{\mathrm{T}}=\boldsymbol{A}$，即

$$a_{ij}=a_{ji}\quad(i=1,2,\cdots,n;\ j=1,2,\cdots,n),$$

那么 $\boldsymbol{A}$ 称为对称矩阵，简称对称阵.

例如，矩阵

$$\begin{bmatrix}1 & 2 & 3\\ 2 & 0 & 4\\ 3 & 4 & 3\end{bmatrix},\quad \begin{bmatrix}1 & 0 & 2 & 1\\ 0 & 3 & 6 & 4\\ 2 & 6 & 2 & 3\\ 1 & 4 & 3 & 7\end{bmatrix}$$

都是对称阵.

对称阵的特点是：它的元素以对角线为对称轴对应相等.

5. 方阵的行列式

定义 6 由 n 阶方阵 $\boldsymbol{A}$ 的元素按原来的顺序所构成的行列式，称为方阵 $\boldsymbol{A}$ 的**行列式**，记作 $|\boldsymbol{A}|$ 或 $\det(\boldsymbol{A})$.

例如，$\boldsymbol{A}=\begin{bmatrix}1 & 3 & 1\\ 2 & 1 & 0\\ 0 & 2 & 4\end{bmatrix}$，则 $|\boldsymbol{A}|=\begin{vmatrix}1 & 3 & 1\\ 2 & 1 & 0\\ 0 & 2 & 4\end{vmatrix}$.

应该注意，方阵与行列式是两个不同的概念，方阵是一张数表，而行列式是一个数.

方阵 $\boldsymbol{A}$ 的行列式 $|\boldsymbol{A}|$ 满足下列运算规律(设 $\boldsymbol{A}$、$\boldsymbol{B}$ 为 n 阶方阵，λ 为实数)：

①$|\boldsymbol{A}^{\mathrm{T}}|=|\boldsymbol{A}|$；

②$|\lambda\boldsymbol{A}|=\lambda^{n}|\boldsymbol{A}|$；

③$|\boldsymbol{AB}|=|\boldsymbol{A}|\cdot|\boldsymbol{B}|$.

二、逆矩阵

定义 7　对于 n 阶方阵 $\boldsymbol{A}$，如果存在一个 n 阶方阵 $\boldsymbol{B}$，使

$$\boldsymbol{AB}=\boldsymbol{BA}=\boldsymbol{E},$$

则称矩阵 $\boldsymbol{A}$ 是**可逆的**，并把矩阵 $\boldsymbol{B}$ 称为 $\boldsymbol{A}$ 的**逆矩阵**，简称**逆阵**.

如果矩阵 $\boldsymbol{A}$ 是可逆的，那么 $\boldsymbol{A}$ 的逆阵是唯一的. 这是因为：设 $\boldsymbol{B}$、$\boldsymbol{C}$ 都是 $\boldsymbol{A}$ 的逆阵，则有

$$\boldsymbol{AB}=\boldsymbol{BA}=\boldsymbol{E},\quad \boldsymbol{AC}=\boldsymbol{CA}=\boldsymbol{E}.$$

于是

$$\boldsymbol{B}=\boldsymbol{BE}=\boldsymbol{B}(\boldsymbol{AC})=(\boldsymbol{BA})\boldsymbol{C}=\boldsymbol{EC}=\boldsymbol{C}.$$

所以 $\boldsymbol{A}$ 的逆阵是唯一的.

$\boldsymbol{A}$ 的逆阵记作 $\boldsymbol{A}^{-1}$. 即若 $\boldsymbol{AB}=\boldsymbol{BA}=\boldsymbol{E}$，则 $\boldsymbol{B}=\boldsymbol{A}^{-1}$.

定理 1　若矩阵 $\boldsymbol{A}$ 可逆，则 $|\boldsymbol{A}|\neq 0$.

证　$\boldsymbol{A}$ 可逆，即有 $\boldsymbol{A}^{-1}$，使 $\boldsymbol{AA}^{-1}=\boldsymbol{E}$. 故 $|\boldsymbol{A}|\cdot|\boldsymbol{A}^{-1}|=|\boldsymbol{E}|=1$，所以 $|\boldsymbol{A}|\neq 0$.

设 $\boldsymbol{A}$ 为 n 阶方阵，行列式 $|\boldsymbol{A}|$ 的各个元素的代数余子式 A_{ij} 所构成的如下的矩阵

$$\boldsymbol{A}^*=\begin{bmatrix} A_{11} & A_{21} & \cdots & A_{n1} \\ A_{12} & A_{22} & \cdots & A_{n2} \\ \vdots & \vdots & \vdots & \vdots \\ A_{1n} & A_{2n} & \cdots & A_{nn} \end{bmatrix}$$

称为矩阵 $\boldsymbol{A}$ 的**伴随矩阵**，简称**伴随阵**，满足下面的重要性质：

$$\boldsymbol{AA}^*=\boldsymbol{A}^*\boldsymbol{A}=|\boldsymbol{A}|\boldsymbol{E}.$$

例如，矩阵 $\boldsymbol{A}=\begin{bmatrix} 1 & 2 & 3 \\ 2 & 2 & 1 \\ 3 & 4 & 3 \end{bmatrix}$，则 $\boldsymbol{A}^*=\begin{bmatrix} 2 & 6 & -4 \\ -3 & -6 & 5 \\ 2 & 2 & -2 \end{bmatrix}$，得

$$\boldsymbol{AA}^*=\boldsymbol{A}^*\boldsymbol{A}=\begin{bmatrix} 2 & 0 & 0 \\ 0 & 2 & 0 \\ 0 & 0 & 2 \end{bmatrix}=2\boldsymbol{E}=|\boldsymbol{A}|\boldsymbol{E}.$$

定理 2 若$|\boldsymbol{A}|\neq 0$，则矩阵 $\boldsymbol{A}$ 可逆，且

$$\boldsymbol{A}^{-1}=\frac{1}{|\boldsymbol{A}|}\boldsymbol{A}^*.$$

证 由于

$$\boldsymbol{A}\boldsymbol{A}^*=\boldsymbol{A}^*\boldsymbol{A}=|\boldsymbol{A}|\boldsymbol{E},$$

因$|\boldsymbol{A}|\neq 0$，故有

$$\boldsymbol{A}\frac{1}{|\boldsymbol{A}|}\boldsymbol{A}^*=\frac{1}{|\boldsymbol{A}|}\boldsymbol{A}^*\boldsymbol{A}=\boldsymbol{E}.$$

所以，按逆矩阵的定义，即知 $\boldsymbol{A}$ 可逆，且

$$\boldsymbol{A}^{-1}=\frac{1}{|\boldsymbol{A}|}\boldsymbol{A}^*.$$

由定理 2，可得下述推论.

推论 若 $\boldsymbol{AB}=\boldsymbol{E}$(或 $\boldsymbol{BA}=\boldsymbol{E}$)，则 $\boldsymbol{B}=\boldsymbol{A}^{-1}$.

方阵的逆阵满足下述运算规律：

①若 $\boldsymbol{A}$ 可逆，则 $\boldsymbol{A}^{-1}$亦可逆，且$(\boldsymbol{A}^{-1})^{-1}=\boldsymbol{A}$；

②若 $\boldsymbol{A}$ 可逆，数 $\lambda\neq 0$，则 $\lambda\boldsymbol{A}$ 可逆，且$(\lambda\boldsymbol{A})^{-1}=\frac{1}{\lambda}\boldsymbol{A}^{-1}$；

③若 $\boldsymbol{A}$、$\boldsymbol{B}$ 为同阶矩阵且均可逆，则 $\boldsymbol{AB}$ 亦可逆，且$(\boldsymbol{AB})^{-1}=\boldsymbol{B}^{-1}\boldsymbol{A}^{-1}$.

例 8 求矩阵 $\boldsymbol{A}=\begin{bmatrix}1 & 3\\ 2 & -1\end{bmatrix}$的逆矩阵.

解 因为 $|\boldsymbol{A}|=\begin{vmatrix}1 & 3\\ 2 & -1\end{vmatrix}=-7\neq 0$，所以 $\boldsymbol{A}$ 可逆.

$$A_{11}=-1,A_{12}=-2,A_{21}=-3,A_{22}=1.$$

于是得

$$\boldsymbol{A}^{-1}=\frac{1}{|\boldsymbol{A}|}\boldsymbol{A}^*=\frac{1}{-7}\begin{bmatrix}-1 & -3\\ -2 & 1\end{bmatrix}=\begin{bmatrix}\frac{1}{7} & \frac{3}{7}\\ \frac{2}{7} & -\frac{1}{7}\end{bmatrix}.$$

例 9 求矩阵 $\boldsymbol{A}=\begin{bmatrix}1 & 0 & 1\\ 2 & 1 & 0\\ -3 & 2 & -5\end{bmatrix}$的逆矩阵.

解　因为$|\mathbf{A}|=\begin{vmatrix}1&0&1\\2&1&0\\-3&2&-5\end{vmatrix}=2\neq0$，所以$\mathbf{A}$可逆.

$A_{11}=\begin{vmatrix}1&0\\2&-5\end{vmatrix}=-5$；$A_{12}=-\begin{vmatrix}2&0\\-3&-5\end{vmatrix}=10$；$A_{13}=\begin{vmatrix}2&1\\-3&2\end{vmatrix}=7$；

$A_{21}=-\begin{vmatrix}0&1\\2&-5\end{vmatrix}=2$；$A_{22}=\begin{vmatrix}1&1\\-3&-5\end{vmatrix}=-2$；$A_{23}=-\begin{vmatrix}1&0\\-3&2\end{vmatrix}=-2$；

$A_{31}=\begin{vmatrix}0&1\\1&0\end{vmatrix}=-1$；$A_{32}=-\begin{vmatrix}1&1\\2&0\end{vmatrix}=2$；$A_{33}=\begin{vmatrix}1&0\\2&1\end{vmatrix}=1$.

于是得

$$\mathbf{A}^{-1}=\frac{1}{|\mathbf{A}|}\mathbf{A}^{*}=\frac{1}{2}\begin{bmatrix}-5&2&-1\\10&-2&2\\7&-2&1\end{bmatrix}=\begin{bmatrix}-\frac{5}{2}&1&-\frac{1}{2}\\5&-1&1\\\frac{7}{2}&-1&\frac{1}{2}\end{bmatrix}.$$

三、矩阵的初等变换

定义 8　对矩阵施以下列三种变换，称为矩阵的**初等行(列)变换**.

(1)交换矩阵的两行(列)；

(2)以一个非零的数k乘以矩阵的某一行(列)；

(3)把矩阵的某一行(列)的l倍加到另一行(列)上.

用$r_i\leftrightarrow r_j$表示矩阵$\mathbf{A}$的第i行与第j行交换，$c_i\leftrightarrow c_j$表示矩阵$\mathbf{A}$的第i列与第j列交换；

用kr_i表示矩阵$\mathbf{A}$的第i行乘以数k，kc_i表示矩阵$\mathbf{A}$的第i列乘以数k；

用r_i+lr_j表示矩阵$\mathbf{A}$的第j行乘以数l加到第i行上去，c_i+lc_j表示矩阵$\mathbf{A}$的第j列乘以数l加到第i列上去.

初等行变换和初等列变换统称为矩阵的初等变换.

下面举例说明如何用一系列的初等行变换将矩阵化为较简单的形式.

例 10　设

$$\mathbf{A}=\begin{bmatrix}3&2&0&5&0\\3&-2&3&6&-1\\2&0&1&5&-3\\1&6&-4&-1&4\end{bmatrix}.$$

对其作如下的初等变换：

首先互换第一行和第四行：

$$A\xrightarrow{r_1\leftrightarrow r_4}\begin{bmatrix}1&6&-4&-1&4\\3&-2&3&6&-1\\2&0&1&5&-3\\3&2&0&5&0\end{bmatrix}.$$

第二行减第四行，使第二行第一个元素化为零：

$$A\xrightarrow{r_2-r_4}\begin{bmatrix}1&6&-4&-1&4\\0&-4&3&1&-1\\2&0&1&5&-3\\3&2&0&5&0\end{bmatrix}.$$

第三行减第一行的 2 倍，使第三行第一个元素化为零：

$$A\xrightarrow{r_3-2r_1}\begin{bmatrix}1&6&-4&-1&4\\0&-4&3&1&-1\\0&-12&9&7&-11\\3&2&0&5&0\end{bmatrix}.$$

第四行减第一行的 3 倍，使第四行第一个元素化为零：

$$A\xrightarrow{r_4-3r_1}\begin{bmatrix}1&6&-4&-1&4\\0&-4&3&1&-1\\0&-12&9&7&-11\\0&-16&12&8&-12\end{bmatrix}.$$

注意到第四行的元素中有公因数，可以将第四行乘以$\frac{1}{4}$以化简：

$$A\xrightarrow{r_4\times\frac{1}{4}}\begin{bmatrix}1&6&-4&-1&4\\0&-4&3&1&-1\\0&-12&9&7&-11\\0&-4&3&2&-3\end{bmatrix}.$$

下面以第二行为基础，把第三行第二列和第四行第二列的元素化为零. 第三行减第二行的 3 倍，第四行减第二行，得：

$$A \xrightarrow[r_4-r_2]{r_3-3r_2} \begin{bmatrix} 1 & 6 & -4 & -1 & 4 \\ 0 & -4 & 3 & 1 & -1 \\ 0 & 0 & 0 & 4 & -8 \\ 0 & 0 & 0 & 1 & -2 \end{bmatrix}.$$

最后以第三行为基础，把第四行第三列的元素化为零．第四行减第三行的 $\frac{1}{4}$，得：

$$A \xrightarrow{r_4-\frac{1}{4}r_3} \begin{bmatrix} 1 & 6 & -4 & -1 & 4 \\ 0 & -4 & 3 & 1 & -1 \\ 0 & 0 & 0 & 4 & -8 \\ 0 & 0 & 0 & 0 & 0 \end{bmatrix} = \boldsymbol{B}.$$

这里的矩阵 $\boldsymbol{B}$ 依其形状的特征称为行阶梯形矩阵．一般地，有如下定义．

定义 9　称满足下列条件的矩阵为**(行)阶梯形矩阵**：

(1)零行在非零行的下方；

(2)每个非零行的第一个非零元(称为主元)前面 0 的个数是严格增加的．

例如，矩阵

$$A = \begin{bmatrix} 1 & 0 & 2 & -2 & 5 \\ 0 & -2 & 3 & 0 & 1 \\ 0 & 0 & 0 & 2 & -3 \\ 0 & 0 & 0 & 0 & 0 \end{bmatrix},\ B = \begin{bmatrix} 1 & 0 & -1 & 2 \\ 0 & 0 & 3 & 0 \\ 0 & 0 & 0 & 5 \end{bmatrix}$$

都是阶梯形矩阵，而矩阵

$$C = \begin{bmatrix} 1 & -1 & 0 & 2 \\ 0 & 0 & 3 & 1 \\ 0 & 0 & 2 & 5 \end{bmatrix},\ D = \begin{bmatrix} 2 & 3 & 0 \\ 0 & 0 & 0 \\ 0 & 1 & 0 \end{bmatrix}$$

都不是阶梯形矩阵．

对例 10 中的行阶梯形矩阵 $\boldsymbol{B}$ 继续作初等行变换：

$$B \xrightarrow{r_3\times\frac{1}{4}} \begin{bmatrix} 1 & 6 & -4 & -1 & 4 \\ 0 & -4 & 3 & 1 & -1 \\ 0 & 0 & 0 & 1 & -2 \\ 0 & 0 & 0 & 0 & 0 \end{bmatrix} \xrightarrow[r_2-r_3]{r_1+r_3} \begin{bmatrix} 1 & 6 & -4 & 0 & 2 \\ 0 & -4 & 3 & 0 & 1 \\ 0 & 0 & 0 & 1 & -2 \\ 0 & 0 & 0 & 0 & 0 \end{bmatrix}$$

$$\xrightarrow{r_2\times(-\frac{1}{4})}\begin{bmatrix}1&6&-4&0&2\\0&1&-\frac{3}{4}&0&-\frac{1}{4}\\0&0&0&1&-2\\0&0&0&0&0\end{bmatrix}\xrightarrow{r_1-6r_2}\begin{bmatrix}1&0&\frac{1}{2}&0&\frac{7}{2}\\0&1&-\frac{3}{4}&0&-\frac{1}{4}\\0&0&0&1&-2\\0&0&0&0&0\end{bmatrix}=\boldsymbol{C}.$$

称这种特殊形状的行阶梯形矩阵 $\boldsymbol{C}$ 为行最简形矩阵. 一般地，有如下定义.

定义 10 称满足下列条件的行阶梯形矩阵为**行最简形矩阵**：

(1)主元全为 1；

(2)主元所在的列的其他元素都为零.

可以证明，任一矩阵必可通过有限次初等行变换化成阶梯形矩阵和行最简形矩阵. 这两种形式的矩阵是非常有用的.

如果再对上述行最简形矩阵 $\boldsymbol{C}$ 作初等列变换，得

$$\boldsymbol{C}=\begin{bmatrix}1&0&\frac{1}{2}&0&\frac{7}{2}\\0&1&-\frac{3}{4}&0&-\frac{1}{4}\\0&0&0&1&-2\\0&0&0&0&0\end{bmatrix}\xrightarrow{c_3-\frac{1}{2}c_1+\frac{3}{4}c_2}\begin{bmatrix}1&0&0&0&\frac{7}{2}\\0&1&0&0&-\frac{1}{4}\\0&0&0&1&-2\\0&0&0&0&0\end{bmatrix}$$

$$\xrightarrow{c_5-\frac{7}{2}c_1+\frac{1}{4}c_2+2c_4}\begin{bmatrix}1&0&0&0&0\\0&1&0&0&0\\0&0&0&1&0\\0&0&0&0&0\end{bmatrix}\xrightarrow{c_3\leftrightarrow c_4}\begin{bmatrix}1&0&0&0&0\\0&1&0&0&0\\0&0&1&0&0\\0&0&0&0&0\end{bmatrix}=\boldsymbol{F}.$$

所得的矩阵 $\boldsymbol{F}$ 称为原矩阵 $\boldsymbol{A}$ 的标准形.

一般地，矩阵 $\boldsymbol{A}$ 的标准形 $\boldsymbol{F}$ 的左上角是一个 r 阶单位矩阵，其余元素全为零，其中 r 为矩阵 $\boldsymbol{A}$ 的行阶梯形矩阵的非零行的行数.

定理 3 任何一个 $m\times n$ 的矩阵 $\boldsymbol{A}$ 都可利用初等行变换变成行阶梯形、行最简形，再通过初等列变换化为标准形.

注 ①其中标准形 $\boldsymbol{F}=\begin{bmatrix}\boldsymbol{E}_r&\boldsymbol{O}\\\boldsymbol{O}&\boldsymbol{O}\end{bmatrix}$ 由 m，n，r 三个数完全确定，其中 r 就是行阶梯形矩阵中非零行的行数.

②矩阵 $\boldsymbol{A}$ 的行阶梯形是不唯一的，而行最简形矩阵和标准形矩阵是唯一的.

例 11　设

$$A=\begin{bmatrix}1&-2&2&-1&1\\2&-4&8&0&2\\-2&4&-2&3&3\\3&-6&0&-6&4\end{bmatrix},$$

用初等行变换把 $\boldsymbol{A}$ 化为行阶梯形、行最简形，进而用初等列变换化为标准形.

解　对 $\boldsymbol{A}$ 作初等行变换变为行阶梯形矩阵：

$$A=\begin{bmatrix}1&-2&2&-1&1\\2&-4&8&0&2\\-2&4&-2&3&3\\3&-6&0&-6&4\end{bmatrix}\xrightarrow[r_4-3r_1]{\substack{r_2-2r_1\\r_3+2r_1}}\begin{bmatrix}1&-2&2&-1&1\\0&0&4&2&0\\0&0&2&1&5\\0&0&-6&-3&1\end{bmatrix}$$

$$\xrightarrow[r_4+3r_2]{\substack{r_2\times\frac{1}{2}\\r_3-r_2}}\begin{bmatrix}1&-2&2&-1&1\\0&0&2&1&0\\0&0&0&0&5\\0&0&0&0&1\end{bmatrix}\xrightarrow[r_4-r_3]{r_3\times\frac{1}{5}}\begin{bmatrix}1&-2&2&-1&1\\0&0&2&1&0\\0&0&0&0&1\\0&0&0&0&0\end{bmatrix}=\boldsymbol{B}.$$

矩阵 $\boldsymbol{B}$ 为矩阵 $\boldsymbol{A}$ 的行阶梯形矩阵. 对 $\boldsymbol{B}$ 再作初等行变换变为行最简形矩阵：

$$B\xrightarrow[r_1-r_2]{r_1-r_3}\begin{bmatrix}1&-2&0&-2&0\\0&0&2&1&0\\0&0&0&0&1\\0&0&0&0&0\end{bmatrix}\xrightarrow{r_2\times\frac{1}{2}}\begin{bmatrix}1&-2&0&-2&0\\0&0&1&\frac{1}{2}&0\\0&0&0&0&1\\0&0&0&0&0\end{bmatrix}=\boldsymbol{C}.$$

矩阵 $\boldsymbol{C}$ 为矩阵 $\boldsymbol{A}$ 的行最简形矩阵. 对 $\boldsymbol{C}$ 再作初等列变换变为标准形矩阵：

$$C\xrightarrow[c_4+2c_1-\frac{1}{2}c_3]{c_2+2c_1}\begin{bmatrix}1&0&0&0&0\\0&0&1&0&0\\0&0&0&0&1\\0&0&0&0&0\end{bmatrix}\xrightarrow[c_3\leftrightarrow c_5]{c_2\leftrightarrow c_3}\begin{bmatrix}1&0&0&0&0\\0&1&0&0&0\\0&0&1&0&0\\0&0&0&0&0\end{bmatrix}=\boldsymbol{F}.$$

矩阵 $\boldsymbol{F}$ 即为矩阵 $\boldsymbol{A}$ 的标准形.

四、 初等矩阵

定义 11 对单位矩阵 E 施以一次初等变换得到的矩阵，称为**初等矩阵**.

初等矩阵有下列 3 种：

(1)对 $\boldsymbol{E}$ 施以第 1 种初等变换得到的矩阵：

$$\boldsymbol{E}(i\,j)=\begin{bmatrix} 1 &&&&&&&& \\ & \ddots &&&&&&& \\ && 0 & \cdots & \cdots & \cdots & 1 && \\ && \vdots & 1 &&& \vdots && \\ && \vdots && \ddots && \vdots && \\ && \vdots &&& 1 & \vdots && \\ && 1 & \cdots & \cdots & \cdots & 0 && \\ &&&&&&& \ddots & \\ &&&&&&&& 1 \end{bmatrix}\begin{matrix} \\ \\ i\ \text{行} \\ \\ \\ \\ j\ \text{行} \\ \\ \\ \end{matrix}.$$

(2) 对 E 施以第 2 种初等变换得到的矩阵：

$$\boldsymbol{E}(i(k))=\begin{bmatrix} 1 &&&& \\ & \ddots &&& \\ && k && \\ &&& \ddots & \\ &&&& 1 \end{bmatrix}\begin{matrix} \\ \\ i\ \text{行} \\ \\ \\ \end{matrix}.$$

i 列

(3) 对 $\boldsymbol{E}$ 施以第 3 种初等变换得到的矩阵：

$$\boldsymbol{E}(i\,j(l))=\begin{bmatrix} 1 &&&&&& \\ & \ddots &&&&& \\ && 1 & \cdots & l && \\ &&& \ddots & \vdots && \\ &&&& 1 && \\ &&&&& \ddots & \\ &&&&&& 1 \end{bmatrix}\begin{matrix} \\ \\ i\ \text{行} \\ \\ j\ \text{行} \\ \\ \\ \end{matrix}.$$

定理 4 设 $\boldsymbol{A}_{m\times n}=(a_{ij})_{m\times n}$，则

(1)对 $\boldsymbol{A}$ 施以某初等行变换得到的矩阵，等于用相应的 m 阶初等矩阵左乘 $\boldsymbol{A}$.

(2) 对 $\boldsymbol{A}$ 施以某初等列变换得到的矩阵，等于用相应的 n 阶初等矩阵右乘 $\boldsymbol{A}$.

定义 12　矩阵 $\boldsymbol{A}$ 经过有限次初等变换变为矩阵 $\boldsymbol{B}$，则称矩阵 $\boldsymbol{A}$ 与矩阵 $\boldsymbol{B}$ 等价.

定理 5　n 阶矩阵 $\boldsymbol{A}$ 可逆的充分必要条件是它可以表示成一些初等矩阵的乘积.

根据定理 5，可得求逆矩阵的另一方法，即初等变换法.

具体做法是：将 n 阶方阵 $\boldsymbol{A}$ 和 n 阶单位矩阵 $\boldsymbol{E}$ 放在一起，构成一个 $n\times 2n$ 阶矩阵 $(\boldsymbol{A}\mid\boldsymbol{E})$，用初等行变换将矩阵 $(\boldsymbol{A}\mid\boldsymbol{E})$ 中 $\boldsymbol{A}$ 所在的部分变换成单位矩阵 $\boldsymbol{E}$，则矩阵 $(\boldsymbol{A}\mid\boldsymbol{E})$ 中 $\boldsymbol{E}$ 所在的部分就是 $\boldsymbol{A}$ 的逆阵.

例 12　求矩阵 $\boldsymbol{A}=\begin{bmatrix}1 & 2 & -2\\ -1 & 3 & 2\\ 2 & 1 & -3\end{bmatrix}$ 的逆矩阵.

解

$$(\boldsymbol{A}\mid\boldsymbol{E})=\left[\begin{array}{ccc|ccc}1 & 2 & -2 & 1 & 0 & 0\\ -1 & 3 & 2 & 0 & 1 & 0\\ 2 & 1 & -3 & 0 & 0 & 1\end{array}\right]\xrightarrow[r_3-2r_1]{r_2+r_1}\left[\begin{array}{ccc|ccc}1 & 2 & -2 & 1 & 0 & 0\\ 0 & 5 & 0 & 1 & 1 & 0\\ 0 & -3 & 1 & -2 & 0 & 1\end{array}\right]$$

$$\xrightarrow{r_2+2r_3}\left[\begin{array}{ccc|ccc}1 & 2 & -2 & 1 & 0 & 0\\ 0 & -1 & 2 & -3 & 1 & 2\\ 0 & -3 & 1 & -2 & 0 & 1\end{array}\right]\xrightarrow{r_3-3r_2}\left[\begin{array}{ccc|ccc}1 & 2 & -2 & 1 & 0 & 0\\ 0 & -1 & 2 & -3 & 1 & 2\\ 0 & 0 & -5 & 7 & -3 & -5\end{array}\right]$$

$$\xrightarrow{-\frac{1}{5}r_3}\left[\begin{array}{ccc|ccc}1 & 2 & -2 & 1 & 0 & 0\\ 0 & -1 & 2 & -3 & 1 & 2\\ 0 & 0 & 1 & -\frac{7}{5} & \frac{3}{5} & 1\end{array}\right]\xrightarrow[r_2-2r_3]{r_1+2r_3}\left[\begin{array}{ccc|ccc}1 & 2 & 0 & -\frac{9}{5} & \frac{6}{5} & 2\\ 0 & -1 & 0 & -\frac{1}{5} & -\frac{1}{5} & 0\\ 0 & 0 & 1 & -\frac{7}{5} & \frac{3}{5} & 1\end{array}\right]$$

$$\xrightarrow{(-1)r_2}\left[\begin{array}{ccc|ccc}1 & 2 & 0 & -\frac{9}{5} & \frac{6}{5} & 2\\ 0 & 1 & 0 & \frac{1}{5} & \frac{1}{5} & 0\\ 0 & 0 & 1 & -\frac{7}{5} & \frac{3}{5} & 1\end{array}\right]\xrightarrow{r_1-2r_2}\left[\begin{array}{ccc|ccc}1 & 0 & 0 & -\frac{11}{5} & \frac{4}{5} & 2\\ 0 & 1 & 0 & \frac{1}{5} & \frac{1}{5} & 0\\ 0 & 0 & 1 & -\frac{7}{5} & \frac{3}{5} & 1\end{array}\right].$$

因此

$$A^{-1}=\begin{bmatrix}-\frac{11}{5} & \frac{4}{5} & 2\\ \frac{1}{5} & \frac{1}{5} & 0\\ -\frac{7}{5} & \frac{3}{5} & 1\end{bmatrix}.$$

五、 矩阵的秩

定义 13 将矩阵 $\boldsymbol{A}$ 进行初等行变换，变为行阶梯形矩阵，那么行阶梯形矩阵中非零行的行数，称为矩阵 $\boldsymbol{A}$ 的**秩**，记为 $\mathrm{R}(\boldsymbol{A})$.

规定零矩阵的秩为 0.

例 13 求矩阵 $\boldsymbol{A}=\begin{bmatrix}1 & 5 & -1 & -1 & -1\\ 1 & -2 & 1 & 3 & 3\\ 3 & 8 & -1 & 1 & 1\\ 1 & -9 & 3 & 7 & 7\end{bmatrix}$的秩.

解 $\boldsymbol{A}\xrightarrow[r_4-r_1]{\substack{r_2-r_1\\ r_3-3r_1}}\begin{bmatrix}1 & 5 & -1 & -1 & -1\\ 0 & -7 & 2 & 4 & 4\\ 0 & -7 & 2 & 4 & 4\\ 0 & -14 & 4 & 8 & 8\end{bmatrix}\xrightarrow[r_4-2r_2]{r_3-r_2}\begin{bmatrix}1 & 5 & -1 & -1 & -1\\ 0 & -7 & 2 & 4 & 4\\ 0 & 0 & 0 & 0 & 0\\ 0 & 0 & 0 & 0 & 0\end{bmatrix}.$

因此 $\mathrm{R}(\boldsymbol{A})=2$.

习题 2.3

1. 计算：

(1) $\begin{bmatrix}1 & 1 & -2\\ 4 & 0 & -4\end{bmatrix}+\begin{bmatrix}-2 & 0 & -1\\ 2 & 3 & 2\end{bmatrix}$；　　(2) $2\begin{bmatrix}1 & -1\\ 3 & -2\end{bmatrix}-3\begin{bmatrix}2 & 4\\ 3 & 1\end{bmatrix}$.

(3) $\begin{bmatrix}3 & -6\\ 0 & 3\end{bmatrix}+3\begin{bmatrix}-1 & 0\\ 2 & -1\end{bmatrix}$；　　(4) $\lambda\begin{bmatrix}2 & -4\\ 10 & 6\end{bmatrix}-\begin{bmatrix}1 & 5\\ -2 & 3\end{bmatrix}$.

2. 设矩阵 $\boldsymbol{A}$ 为三阶方阵，且 $|\boldsymbol{A}|=-4$，求 $|-2\boldsymbol{A}|$，$|\boldsymbol{A}^*|$，$|\boldsymbol{A}^{-1}|$，$|\boldsymbol{A}^{\mathrm{T}}|$.

3. 计算：

(1) $\begin{bmatrix}1 & 0 & 1\\ 4 & 2 & -1\\ 1 & 3 & -2\end{bmatrix}\begin{bmatrix}3\\ 1\\ 2\end{bmatrix}$；　　(2) $[1,\ 2,\ -1]\begin{bmatrix}2\\ -1\\ -3\end{bmatrix}$；

(3) $\begin{bmatrix} 1 \\ -3 \end{bmatrix}[2, \ -3, \ 7]$；　(4) $\begin{bmatrix} 1 & 1 \\ -1 & -1 \end{bmatrix}\begin{bmatrix} 1 & -1 \\ -1 & 1 \end{bmatrix}$；

(5) $\begin{bmatrix} 1 & 0 & -1 & 2 \\ -1 & 1 & 3 & 0 \\ 0 & 5 & -1 & 4 \end{bmatrix}\begin{bmatrix} 0 & 3 & 4 \\ 1 & 2 & 1 \\ 3 & 1 & -1 \\ -1 & 2 & 1 \end{bmatrix}$；

(6) $[3 \ \ 1 \ \ 2 \ \ -1]\begin{bmatrix} 1 & 0 & 5 \\ 0 & 2 & 0 \\ 1 & 0 & 1 \\ 0 & 3 & 0 \end{bmatrix}\begin{bmatrix} 0 \\ 5 \\ 2 \end{bmatrix}$.

4. 用初等行变换把下列矩阵变为行阶梯形，进而变为行最简形.

(1) $\boldsymbol{A}=\begin{bmatrix} 1 & 2 & 0 & 0 & 1 \\ 0 & 3 & 7 & 2 & 0 \\ 1 & 1 & 0 & 0 & 3 \\ 2 & 1 & 0 & 6 & 6 \end{bmatrix}$；　(2) $\boldsymbol{A}=\begin{bmatrix} 1 & 3 & -9 & 3 \\ 0 & 1 & -3 & 4 \\ -2 & -3 & 9 & 6 \end{bmatrix}$；

(3) $\boldsymbol{A}=\begin{bmatrix} 1 & 0 & -1 & 2 \\ 2 & 0 & 1 & -3 \\ 3 & 0 & 0 & 1 \end{bmatrix}$；　(4) $\boldsymbol{A}=\begin{bmatrix} 0 & 2 & -1 & 4 \\ 0 & 4 & 3 & 5 \\ 0 & -2 & 6 & -7 \\ 0 & 2 & -6 & 5 \end{bmatrix}$.

5. 判断下列矩阵是否可逆，如可逆，求其逆矩阵.

(1) $\begin{bmatrix} 1 & -1 \\ 2 & 1 \end{bmatrix}$；(2) $\begin{bmatrix} 1 & 2 & -1 \\ 3 & 4 & -2 \\ 5 & -4 & 1 \end{bmatrix}$；(3) $\begin{bmatrix} 2 & 2 & 3 \\ 1 & -1 & 0 \\ -1 & 2 & 1 \end{bmatrix}$.

6. 用初等行变换求下列矩阵的逆矩阵.

(1) $\begin{bmatrix} 2 & -1 \\ 1 & 0 \end{bmatrix}$；(2) $\begin{bmatrix} 0 & 1 & 2 \\ 1 & 1 & 4 \\ 2 & -1 & 0 \end{bmatrix}$；(3) $\begin{bmatrix} 1 & 1 & 1 \\ 1 & 2 & 1 \\ 1 & 1 & 3 \end{bmatrix}$；(4) $\begin{bmatrix} -2 & 1 & 1 \\ 0 & 2 & 0 \\ -4 & 1 & 3 \end{bmatrix}$.

7. 求下列矩阵的秩：

(1) $\begin{bmatrix} 1 & 2 & 3 & 0 \\ 0 & 1 & 2 & 1 \\ 2 & 4 & 6 & 0 \end{bmatrix}$；　(2) $\begin{bmatrix} 1 & 0 & 0 & 1 \\ 1 & 2 & 0 & -1 \\ 3 & -1 & 0 & 4 \\ 1 & 4 & 5 & 1 \end{bmatrix}$；

(3) $\begin{bmatrix} 1 & 2 & 3 & 4 \\ 0 & 0 & 0 & 4 \\ 0 & 0 & 3 & 2 \\ 0 & 1 & 2 & 3 \end{bmatrix}$；　　(4) $\begin{bmatrix} 1 & 1 & 1 & 3 \\ -2 & 1 & 1 & 7 \\ 0 & -1 & 1 & 9 \end{bmatrix}$.

第四节　线性方程组

一、克莱姆法则

在第二节中我们已经给出了二元一次、三元一次线性方程组的求解公式，那么对于一般的 n 元一次线性方程组，是否也有类似的公式呢？克莱姆法则就回答了这一问题.

定理 1（克莱姆法则）　如果线性方程组

$$\begin{cases} a_{11}x_1+a_{12}x_2+\cdots+a_{1n}x_n=b_1 \\ a_{21}x_1+a_{22}x_2+\cdots+a_{2n}x_n=b_2 \\ \cdots\cdots \\ a_{n1}x_1+a_{n2}x_2+\cdots+a_{nn}x_n=b_n \end{cases} \tag{9}$$

的系数行列式不等于零，即

$$D=\begin{vmatrix} a_{11} & a_{12} & \cdots & a_{1n} \\ a_{21} & a_{22} & \cdots & a_{2n} \\ \vdots & \vdots & & \vdots \\ a_{n1} & a_{n2} & \cdots & a_{nn} \end{vmatrix}\neq 0,$$

那么，方程组有唯一解

$$x_1=\frac{D_1}{D},\ x_2=\frac{D_2}{D},\ \cdots,\ x_n=\frac{D_n}{D}.$$

其中 $D_j(j=1,\ 2,\ \cdots,\ n)$是把系数行列式 D 中第 j 列的元素用方程组右端的常数项代替后所得到的 n 阶行列式，即

$$D_j=\begin{vmatrix} a_{11} & \cdots & a_{1j-1} & b_1 & a_{1j+1} & \cdots & a_{1n} \\ a_{21} & \cdots & a_{2j-1} & b_2 & a_{2j+1} & \cdots & a_{2n} \\ \vdots & \cdots & \vdots & \vdots & \vdots & \cdots & \vdots \\ a_{n1} & \cdots & a_{nj-1} & b_n & a_{nj+1} & \cdots & a_{nn} \end{vmatrix}.$$

例 1 解线性方程组

$$\begin{cases}2x_1+x_2-5x_3+x_4=8\\x_1-3x_2-6x_4=9\\2x_2-x_3+2x_4=-5\\x_1+4x_2-7x_3+6x_4=0\end{cases}.$$

解

$$D=\begin{vmatrix}2&1&-5&1\\1&-3&0&-6\\0&2&-1&2\\1&4&-7&6\end{vmatrix}\xlongequal[r_4-r_2]{r_1-2r_2}\begin{vmatrix}0&7&-5&13\\1&-3&0&-6\\0&2&-1&2\\0&7&-7&12\end{vmatrix}=-\begin{vmatrix}7&-5&13\\2&-1&2\\7&-7&12\end{vmatrix}$$

$$\xlongequal[r_3-7r_2]{r_1-5r_2}-\begin{vmatrix}-3&0&3\\2&-1&2\\-7&0&-2\end{vmatrix}=\begin{vmatrix}-3&3\\-7&-2\end{vmatrix}=27.$$

$$D_1=\begin{vmatrix}8&1&-5&1\\9&-3&0&-6\\-5&2&-1&2\\0&4&-7&6\end{vmatrix}=81,\quad D_2=\begin{vmatrix}2&8&-5&1\\1&9&0&-6\\0&-5&-1&2\\1&0&-7&6\end{vmatrix}=-108,$$

$$D_3=\begin{vmatrix}2&1&8&1\\1&-3&9&-6\\0&2&-5&2\\1&4&0&6\end{vmatrix}=-27,\quad D_4=\begin{vmatrix}2&1&-5&8\\1&-3&0&9\\0&2&-1&-5\\1&4&-7&0\end{vmatrix}=27.$$

于是得 $x_1=3$，$x_2=-4$，$x_3=-1$，$x_4=1$.

推论 1 如果线性方程组(9)无解或有两个不同的解，则它的系数行列式必为零.

线性方程组右端的常数项不全为零时，称为非齐次线性方程组，当右端的常数项全为零时，称为齐次线性方程组.

对于齐次线性方程组

$$\begin{cases}a_{11}x_1+a_{12}x_2+\cdots+a_{1n}x_n=0\\a_{21}x_1+a_{22}x_2+\cdots+a_{2n}x_n=0\\\cdots\cdots\\a_{n1}x_1+a_{n2}x_2+\cdots+a_{nn}x_n=0\end{cases},\tag{10}$$

$x_1=x_2=\cdots=x_n=0$ 一定是它的解，这个解称为齐次线性方程组(10)的零解．如果一组不全为零的数是方程组(10)的解，则它称为齐次线性方程组(10)的非零解．齐次线性方程组(10)一定有零解，但不一定有非零解．

定理 2 如果齐次线性方程组(10)的系数行列式 $D\neq 0$，则齐次线性方程组(10)没有非零解．

推论 2 如果齐次线性方程组(10)有非零解，则它的系数行列式必为零．

例 2 问 λ 取何值时，齐次线性方程组

$$\begin{cases}(5-\lambda)x+6y-3z=0\\ -x-\lambda y+z=0\\ x+2y+(1-\lambda)z=0\end{cases}$$

有非零解？

解 由推论 2 可知，若所给齐次线性方程组有非零解，则其系数行列式 $D=0$．而

$$D=\begin{vmatrix}5-\lambda & 6 & -3\\ -1 & -\lambda & 1\\ 1 & 2 & 1-\lambda\end{vmatrix}=(2-\lambda)^3.$$

由 $D=0$，得 $\lambda=2$．

可以验证，当 $\lambda=2$ 时，所给齐次线性方程组确有非零解．

二、 线性方程组的消元解法

克莱姆法则求解线性方程组有两个条件的限制，一是方程的个数与未知量的个数相等；二是方程组的系数行列式 $D\neq 0$．从求解过程发现，用克莱姆法则求解线性方程组计算量很大．因此对于一般的线性方程组，我们采用消元解法．下面通过具体的实例加以说明．

例 3 解线性方程组

$$\begin{cases}2x_1-2x_2+6x_4=-2\\ 2x_1-x_2+2x_3+4x_4=-2\\ 3x_1-x_2+4x_3+4x_4=-3\\ x_1+x_2+x_3+8x_4=2\end{cases}. \tag{11}$$

解　将方程组(11)中的第一个方程乘以$\frac{1}{2}$，得

$$\begin{cases} x_1-x_2 \quad\quad\quad +3x_4=-1 \\ 2x_1-x_2+2x_3+4x_4=-2 \\ 3x_1-x_2+4x_3+4x_4=-3 \\ x_1+x_2+\ x_3+8x_4=2 \end{cases}. \tag{12}$$

将方程组(12)中的第1个方程乘以(-2)、(-3)、(-1)，并分别加到第2、3、4个方程上，在第2、3、4个方程中消去未知量x_1，得

$$\begin{cases} x_1-x_2 \quad\quad\quad +\ 3x_4=-1 \\ \quad\ x_2+2x_3-\ 2x_4=0 \\ \quad 2x_2+4x_3-\ 5x_4=0 \\ \quad 2x_2+\ x_3+\ 5x_4=3 \end{cases}. \tag{13}$$

将方程组(13)中的第2个方程乘以(-2)，并分别加到第3、4个方程上，在第3、4个方程中消去x_2，得

$$\begin{cases} x_1-x_2 \quad\quad\quad +3x_4=-1 \\ \quad\ x_2+2x_3-2x_4=0 \\ \quad\quad\quad\quad -\ x_4=0 \\ \quad\quad -3x_3+9x_4=3 \end{cases}. \tag{14}$$

再将方程组(14)中的第3个方程乘以(-1)，第4个方程乘以$\left(-\frac{1}{3}\right)$,并把第3、4个方程交换位置，得

$$\begin{cases} x_1-x_2 \quad\quad\quad +3x_4=-1 \\ \quad\ x_2+2x_3-2x_4=0 \\ \quad\quad\quad x_3-3x_4=-1 \\ \quad\quad\quad\quad\quad x_4=0 \end{cases}. \tag{15}$$

显然，方程组(11)～(15)都是同解方程组. 由方程组(15)易得$x_4=0$，$x_3=-1$，$x_2=2$，$x_1=1$. 所以(1，2，-1，0)是原方程组的解.

三、 线性方程组的初等变换解法

从例3的解题过程中看到，用消元法解线性方程组，只是对未知元的系数和

常数项进行运算.

根据矩阵乘法与矩阵相等的定义，方程组(11)可简写为

$$\boldsymbol{AX}=\boldsymbol{b},$$

其中

$$\boldsymbol{A}=\begin{bmatrix}2 & -2 & 0 & 6\\ 2 & -1 & 2 & 4\\ 3 & -1 & 4 & 4\\ 1 & 1 & 1 & 8\end{bmatrix},\quad \boldsymbol{X}=\begin{bmatrix}x_1\\ x_2\\ x_3\\ x_4\end{bmatrix},\quad \boldsymbol{b}=\begin{bmatrix}-2\\ -2\\ -3\\ 2\end{bmatrix}.$$

同理，对于一般的线性方程组

$$\begin{cases}a_{11}x_1+a_{12}x_2+\cdots+a_{1n}x_n=b_1\\ a_{21}x_1+a_{22}x_2+\cdots+a_{2n}x_n=b_2\\ \cdots\cdots\\ a_{m1}x_1+a_{m2}x_2+\cdots+a_{mn}x_n=b_m\end{cases},\tag{16}$$

可写成

$$\boldsymbol{AX}=\boldsymbol{b},\tag{17}$$

其中

$$\boldsymbol{A}=\begin{bmatrix}a_{11} & a_{12} & \cdots & a_{1n}\\ a_{21} & a_{22} & \cdots & a_{2n}\\ \vdots & \vdots & & \vdots\\ a_{m1} & a_{m2} & \cdots & a_{mn}\end{bmatrix},\boldsymbol{X}=\begin{bmatrix}x_1\\ x_2\\ \vdots\\ x_n\end{bmatrix},\boldsymbol{b}=\begin{bmatrix}b_1\\ b_2\\ \vdots\\ b_m\end{bmatrix}.$$

式(17)称为矩阵方程，$\boldsymbol{A}$、$\boldsymbol{X}$、$\boldsymbol{b}$ 分别称为线性方程组(16)的系数矩阵、未知数矩阵和常数列矩阵，而称矩阵

$$\left[\begin{array}{cccc:c}a_{11} & a_{12} & \cdots & a_{1n} & b_1\\ a_{21} & a_{22} & \cdots & a_{2n} & b_2\\ \vdots & \vdots & & \vdots & \vdots\\ a_{m1} & a_{m2} & \cdots & a_{mn} & b_m\end{array}\right]\tag{18}$$

为线性方程组(16)的增广矩阵，记为$(\boldsymbol{A}\,\vdots\,\boldsymbol{b})$.

上面的求解过程可以用方程组(11)的增广矩阵的初等行变换表示：

$$(\boldsymbol{A} \mid \boldsymbol{b})=\left[\begin{array}{cccc:c}2 & -2 & 0 & 6 & -2\\ 2 & -1 & 2 & 4 & -2\\ 3 & -1 & 4 & 4 & -3\\ 1 & 1 & 1 & 8 & 2\end{array}\right]\xrightarrow{\frac{1}{2}r_1}\left[\begin{array}{cccc:c}1 & -1 & 0 & 3 & -1\\ 2 & -1 & 2 & 4 & -2\\ 3 & -1 & 4 & 4 & -3\\ 1 & 1 & 1 & 8 & 2\end{array}\right]$$

$$\xrightarrow[r_4-r_1]{\substack{r_2-2r_1\\ r_3-3r_1}}\left[\begin{array}{cccc:c}1 & -1 & 0 & 3 & -1\\ 0 & 1 & 2 & -2 & 0\\ 0 & 2 & 4 & -5 & 0\\ 0 & 2 & 1 & 5 & 3\end{array}\right]\xrightarrow[r_4-2r_2]{r_3-2r_2}\left[\begin{array}{cccc:c}1 & -1 & 0 & 3 & -1\\ 0 & 1 & 2 & -2 & 0\\ 0 & 0 & 0 & -1 & 0\\ 0 & 0 & -3 & 9 & 3\end{array}\right]$$

$$\xrightarrow[\left(-\frac{1}{3}\right)r_4]{(-1)r_3}\left[\begin{array}{cccc:c}1 & -1 & 0 & 3 & -1\\ 0 & 1 & 2 & -2 & 0\\ 0 & 0 & 0 & 1 & 0\\ 0 & 0 & 1 & -3 & -1\end{array}\right]\xrightarrow{r_3\leftrightarrow r_4}\left[\begin{array}{cccc:c}1 & -1 & 0 & 3 & -1\\ 0 & 1 & 2 & -2 & 0\\ 0 & 0 & 1 & -3 & -1\\ 0 & 0 & 0 & 1 & 0\end{array}\right].$$

最后一个矩阵对应的线性方程组就是方程组(15).

因此，用消元法解线性方程组的消元步骤可以在增广矩阵上实现. 下面举例说明.

例 4　求解线性方程组

$$\begin{cases}2x_1+2x_2-\ x_3=6\\ \ x_1-2x_2+4x_3=3\\ 5x_1+7x_2+\ x_3=28\end{cases}.$$

解　第一步：写出方程组的增广矩阵

$$(\boldsymbol{A} \mid \boldsymbol{b})=\begin{bmatrix}2 & 2 & -1 & 6\\ 1 & -2 & 4 & 3\\ 5 & 7 & 1 & 28\end{bmatrix}.$$

第二步：将增广矩阵经过若干次初等行变换变为行阶梯形矩阵.

$$(\boldsymbol{A} \mid \boldsymbol{b})\xrightarrow{r_2\leftrightarrow r_1}\begin{bmatrix}1 & -2 & 4 & 3\\ 2 & 2 & -1 & 6\\ 5 & 7 & 1 & 28\end{bmatrix}\xrightarrow{\substack{r_2-2r_1\\ r_3-5r_1}}\begin{bmatrix}1 & -2 & 4 & 3\\ 0 & 6 & -9 & 0\\ 0 & 17 & -19 & 13\end{bmatrix}$$

$$\xrightarrow{\frac{1}{3}r_2}\begin{bmatrix}1 & -2 & 4 & 3\\ 0 & 2 & -3 & 0\\ 0 & 17 & -19 & 13\end{bmatrix}\xrightarrow{r_3-\frac{17}{2}r_2}\begin{bmatrix}1 & -2 & 4 & 3\\ 0 & 2 & -3 & 0\\ 0 & 0 & \frac{13}{2} & 13\end{bmatrix}.$$

进一步化简，得

$$\begin{bmatrix}1&-2&4&3\\0&2&-3&0\\0&0&\frac{13}{2}&13\end{bmatrix}\xrightarrow{\frac{2}{13}r_3}\begin{bmatrix}1&-2&4&3\\0&2&-3&0\\0&0&1&2\end{bmatrix}\xrightarrow[r_2+3r_3]{r_1-4r_3}\begin{bmatrix}1&-2&0&-5\\0&2&0&6\\0&0&1&2\end{bmatrix}$$

$$\xrightarrow{\frac{1}{2}r_2}\begin{bmatrix}1&-2&0&-5\\0&1&0&3\\0&0&1&2\end{bmatrix}\xrightarrow{r_1+2r_2}\begin{bmatrix}1&0&0&1\\0&1&0&3\\0&0&1&2\end{bmatrix}.$$

由最后一个矩阵得到方程组的解

$$x_1=1,x_2=3,x_3=2.$$

例 5 求解线性方程组

$$\begin{cases}x_1+x_2-3x_3-x_4=1\\3x_1-x_2-3x_3+4x_4=4\\x_1+5x_2-9x_3-8x_4=0\end{cases}.$$

解 $(\boldsymbol{A}\,\vdots\,\boldsymbol{b})=\begin{bmatrix}1&1&-3&-1&1\\3&-1&-3&4&4\\1&5&-9&-8&0\end{bmatrix}\xrightarrow[r_3-r_1]{r_2-3r_1}\begin{bmatrix}1&1&-3&-1&1\\0&-4&6&7&1\\0&4&-6&-7&-1\end{bmatrix}$

$$\xrightarrow{r_3+r_2}\begin{bmatrix}1&1&-3&-1&1\\0&-4&6&7&1\\0&0&0&0&0\end{bmatrix}\xrightarrow{(-\frac{1}{4})r_2}\begin{bmatrix}1&1&-3&-1&1\\0&1&-\frac{3}{2}&-\frac{7}{4}&-\frac{1}{4}\\0&0&0&0&0\end{bmatrix}$$

$$\xrightarrow{r_1-r_2}\begin{bmatrix}1&0&-\frac{3}{2}&\frac{3}{4}&\frac{5}{4}\\0&1&-\frac{3}{2}&-\frac{7}{4}&-\frac{1}{4}\\0&0&0&0&0\end{bmatrix},$$

即得

$$\begin{cases}x_1=\frac{3}{2}x_3-\frac{3}{4}x_4+\frac{5}{4}\\x_2=\frac{3}{2}x_3+\frac{7}{4}x_4-\frac{1}{4}\\x_3=x_3\\x_4=x_4\end{cases},$$

亦即

$$\begin{bmatrix} x_1 \\ x_2 \\ x_3 \\ x_4 \end{bmatrix} = C_1 \begin{bmatrix} \frac{3}{2} \\ \frac{3}{2} \\ 1 \\ 0 \end{bmatrix} + C_2 \begin{bmatrix} -\frac{3}{4} \\ \frac{7}{4} \\ 0 \\ 1 \end{bmatrix} + \begin{bmatrix} \frac{5}{4} \\ -\frac{1}{4} \\ 0 \\ 0 \end{bmatrix}$$,其中 C_1, C_2 为任意常数.

例 6　解线性方程组

$$\begin{cases} x_1 + x_2 + 2x_3 + 3x_4 = 1 \\ x_2 + x_3 - 4x_4 = 1 \\ x_1 + 2x_2 + 3x_3 - x_4 = 4 \\ 2x_1 + 3x_2 - x_3 - x_4 = -6 \end{cases}.$$

解　$$(\boldsymbol{A} \mid \boldsymbol{b}) = \begin{bmatrix} 1 & 1 & 2 & 3 & 1 \\ 0 & 1 & 1 & -4 & 1 \\ 1 & 2 & 3 & -1 & 4 \\ 2 & 3 & -1 & -1 & -6 \end{bmatrix} \xrightarrow[r_4 - 2r_1]{r_3 - r_1} \begin{bmatrix} 1 & 1 & 2 & 3 & 1 \\ 0 & 1 & 1 & -4 & 1 \\ 0 & 1 & 1 & -4 & 3 \\ 0 & 1 & -5 & -7 & -8 \end{bmatrix}$$

$$\xrightarrow[r_4 - r_2]{r_3 - r_2} \begin{bmatrix} 1 & 1 & 2 & 3 & 1 \\ 0 & 1 & 1 & -4 & 1 \\ 0 & 0 & 0 & 0 & 2 \\ 0 & 0 & -6 & -3 & -9 \end{bmatrix} \xrightarrow{r_3 \leftrightarrow r_4} \begin{bmatrix} 1 & 1 & 2 & 3 & 1 \\ 0 & 1 & 1 & -4 & 1 \\ 0 & 0 & -6 & -3 & -9 \\ 0 & 0 & 0 & 0 & 2 \end{bmatrix}.$$

从最后一行看出，原方程组无解.

由例 4、例 5、例 6 可知，如果满足 $R(\boldsymbol{A}) = R(\boldsymbol{A} \mid \boldsymbol{b}) = r = n$ 时，线性方程组有唯一解；满足 $R(\boldsymbol{A}) = R(\boldsymbol{A} \mid \boldsymbol{b}) = r < n$ 时，线性方程组有无穷多个解；满足 $R(\boldsymbol{A}) \neq R(\boldsymbol{A} \mid \boldsymbol{b})$ 时，线性方程组无解. 因此，关于线性方程组解的情况有如下结论.

定理 3　线性方程组(16)有解的充分必要条件是：$R(\boldsymbol{A}) = R(\boldsymbol{A} \mid \boldsymbol{b})$，且当 $R(\boldsymbol{A} \mid \boldsymbol{b}) = n$ 时有唯一解；当 $R(\boldsymbol{A} \mid \boldsymbol{b}) < n$ 时方程组有无穷多解；方程组无解的充分必要条件是 $R(\boldsymbol{A}) \neq R(\boldsymbol{A} \mid \boldsymbol{b})$.

当线性方程组(16)中的常数项均为零时，这样的线性方程组称为齐次线性方程组，其一般形式为

$$\begin{cases} a_{11}x_1 + a_{12}x_2 + \cdots + a_{1n}x_n = 0 \\ a_{21}x_1 + a_{22}x_2 + \cdots + a_{2n}x_n = 0 \\ \cdots\cdots \\ a_{m1}x_1 + a_{m2}x_2 + \cdots + a_{mn}x_n = 0 \end{cases}, \tag{19}$$

其中系数矩阵 $\mathbf{A}=\begin{bmatrix} a_{11} & a_{12} & \cdots & a_{1n} \\ a_{21} & a_{22} & \cdots & a_{2n} \\ \vdots & \vdots & & \vdots \\ a_{m1} & a_{m2} & \cdots & a_{mn} \end{bmatrix}$.

方程组(19)恒有解，因为它至少有零解. 由定理 3 可知，当 $\mathrm{R}(\mathbf{A})=n$ 时，方程组（19)只有零解，当 $\mathrm{R}(\mathbf{A})<n$ 时，方程组（19)有无穷多个解，即除零解外还有非零解. 于是有以下定理.

定理 4 齐次线性方程组(19)有非零解的充分必要条件是：$\mathrm{R}(\mathbf{A})<n$.

推论 当 $m<n$ 时，齐次线性方程组(19)有非零解.

例 7 求解齐次线性方程组

$$\begin{cases} x_1-x_2+5x_3-x_4=0 \\ x_1+x_2-2x_3+3x_4=0 \\ 3x_1-x_2+8x_3+x_4=0 \\ x_1+3x_2-9x_3+7x_4=0 \end{cases}.$$

解 对齐次线性方程组的系数矩阵做初等变换，得

$$\mathbf{A}=\begin{bmatrix} 1 & -1 & 5 & -1 \\ 1 & 1 & -2 & 3 \\ 3 & -1 & 8 & 1 \\ 1 & 3 & -9 & 7 \end{bmatrix} \xrightarrow[r_4-r_1]{\substack{r_2-r_1 \\ r_3-3r_1}} \begin{bmatrix} 1 & -1 & 5 & -1 \\ 0 & 2 & -7 & 4 \\ 0 & 2 & -7 & 4 \\ 0 & 4 & -14 & 8 \end{bmatrix}$$

$$\xrightarrow{\substack{r_3-r_2 \\ r_4-2r_2}} \begin{bmatrix} 1 & -1 & 5 & -1 \\ 0 & 2 & -7 & 4 \\ 0 & 0 & 0 & 0 \\ 0 & 0 & 0 & 0 \end{bmatrix} \xrightarrow{\substack{r_1+\frac{1}{2}r_2 \\ \frac{1}{2}r_2}} \begin{bmatrix} 1 & 0 & \frac{3}{2} & 1 \\ 0 & 1 & -\frac{7}{2} & 2 \\ 0 & 0 & 0 & 0 \\ 0 & 0 & 0 & 0 \end{bmatrix},$$

即得

$$\begin{cases} x_1=-\dfrac{3}{2}x_3-x_4 \\ x_2=\dfrac{7}{2}x_3-2x_4 \\ x_3=x_3 \\ x_4=x_4 \end{cases},$$

亦即

$$\begin{bmatrix}x_1\\x_2\\x_3\\x_4\end{bmatrix}=C_1\begin{bmatrix}-\frac{3}{2}\\\frac{7}{2}\\1\\0\end{bmatrix}+C_2\begin{bmatrix}-1\\-2\\0\\1\end{bmatrix},\text{其中 } C_1,C_2 \text{ 为任意常数.}$$

习题 2.4

1. 用克莱姆法则求解下列线性方程组：

(1) $\begin{cases}x+y-2z=-3\\5x-2y+7z=22\\2x-5y+4z=4\end{cases}$；　　(2) $\begin{cases}x_1+2x_2+x_3=3\\-2x_1+x_2-x_3=-3\\x_1-4x_2+2x_3=-5\end{cases}$；

(3) $\begin{cases}x_1+2x_2+3x_3-2x_4=6\\2x_1-x_2-2x_3-3x_4=8\\3x_1+2x_2-x_3+2x_4=4\\2x_1-3x_2+2x_3+x_4=-8\end{cases}$；　　(4) $\begin{cases}x_1+x_2+x_3+x_4=5\\x_1+2x_2-x_3+4x_4=-2\\2x_1-3x_2-x_3-5x_4=-2\\3x_1+x_2+2x_3+11x_4=0\end{cases}$.

2. 设齐次线性方程组

$$\begin{cases}x_1+(k^2+1)x_2+2x_3=0\\x_1+(2k+1)x_2+2x_3=0\\kx_1+kx_2+(2k+1)x_3=0\end{cases}$$

有非零解，求 k 的值.

3. λ、μ 取何值时，齐次线性方程组

$$\begin{cases}\lambda x_1+x_2+x_3=0\\x_1+\mu x_2+x_3=0\\x_1+2\mu x_2+x_3=0\end{cases}$$

有非零解？

4. 求解下列非齐次线性方程组：

(1) $\begin{cases} 4x_1+2x_2-x_3=2 \\ 3x_1-x_2+2x_3=10 \\ 11x_1+3x_2=8 \end{cases}$； (2) $\begin{cases} x_1+x_2+x_3=7 \\ 3x_1+2x_2+x_3=-2 \\ x_2+2x_3=23 \\ 5x_1+4x_2+3x_3=12 \end{cases}$；

(3) $\begin{cases} x_1-x_2+3x_4=-1 \\ 2x_1-x_2+2x_3+4x_4=-2 \\ 3x_1-x_2+4x_3+5x_4=-3 \\ x_1+x_2+x_3+8x_4=2 \end{cases}$.

5. 求解下列齐次线性方程组：

(1) $\begin{cases} 2x_1-x_2+x_3=0 \\ -x_1+2x_2+x_3=0 \\ x_1+x_2+2x_3=0 \end{cases}$； (2) $\begin{cases} x_1+x_2+2x_3=0 \\ 2x_2+x_3=0 \\ x_1+x_2=0 \end{cases}$；

(3) $\begin{cases} 3x_1+x_2+x_3-x_4=0 \\ x_1+3x_2-x_3+x_4=0 \\ x_1-x_2+3x_3+x_4=0 \\ -x_1+x_2+x_3+3x_4=0 \end{cases}$； (4) $\begin{cases} x_1-8x_2+10x_3+2x_4=0 \\ 2x_1+4x_2+5x_3-x_4=0 \\ 3x_1+8x_2+6x_3-2x_4=0 \end{cases}$.

6. 当λ取什么值时，方程组$\begin{cases} x_1+x_2+\lambda x_3=2 \\ 3x_1+4x_2+2x_3=\lambda \\ 2x_1+3x_2-x_3=1 \end{cases}$有无穷多个解？并求其通解.

7. 讨论非齐次线性方程组$\begin{cases} x_1-x_2=b_1 \\ x_2-x_3=b_2 \\ x_3-x_4=b_3 \\ x_4-x_1=b_4 \end{cases}$解的情况，并求其通解.

第三章

线性规划简介

在经济建设、企业管理和生产实践中，常常需要考虑在有限资源条件下获取最大效益或者满足某些刚性需求的前提下尽量消耗最少的资源一类的问题，这就是所谓最优化问题．线性规划是解决这类问题的最简单、最成熟的数学分支之一，其主要特点是目标函数与约束条件都是线性（一次）的．本章从实际生产生活中的实例出发，简要介绍了线性规划的基本概念，在此基础上给出几个常见的线性规划模型，并对二元的线性规划问题给出了直观的图解法．

第一节　运筹学与线性规划发展简史

运筹学是用数学方法研究系统最优化问题的一门学科，着重研究如何发挥各类系统的效能，应用数学模型来求得合理运用人力、物力和财力的最优系统方案，以提供科学决策的有关信息．运筹学的研究对象是各类系统，包含工业、农业、商业、行政、国防等各部门的已有系统或新建系统．可以说，运筹学是一门在实践中得到广泛应用的学科．其基本研究方法是建立数学模型，运用各种数学方法来解决问题．本章要介绍的线性规划就是运筹学中最基本的内容之一．

一、　起源与发展

最早涉及线性规划的应该算是法国数学家傅里叶（J. B. Fourier，1768—1830），他在 19 世纪 20 年代就研究过有关一组线性不等式的数学问题，而这正是后来线性规划中的约束条件．但这个问题当时并未引起大家的重视．

20 世纪 30 年代，前苏联科学院院士、著名数理经济学者康托罗维奇在《生产组织与计划中的数学方法》一书中把线性规划方法应用于经济分析中，将资源最优利用这一传统的经济学问题，由定性研究和一般的定量分析推进到实际计量阶段，对于在企业范围内如何科学地组织生产和在国民经济范围内怎样最优地利用资源等问题做出了独创性的研究．

不过，线性规划真正成为一门学科并得到应用，是从第二次世界大战开始．当时，英国才刚开始使用雷达，军方面临着还不能有效地将雷达和高炮配合，以防备德国飞机入侵轰炸的问题．1940 年 8 月在诺贝尔物理学奖（1948）获得者布莱克特（P. M. Blackett，1897—1974）教授领导下建立了一个研究小组，帮助军方研究新的反空袭雷达控制系统．这个特殊的小组包括物理学家、数学家、心理学家、天文学家、军官、测量人员等，第一次使用“运筹学”（Operation Research）这个名词．随之，这个小组的研究工作逐渐从空军扩展到海军和陆军．不久，美国也建立了类似的小组，由麻省理工学院物理学家莫尔斯（P. M. Morse，1903—1985）领导，主要研究的是护航舰队保护商船队的编队问题，以及当船队遭受德国潜艇攻击时，如何使船队损失最少的问题，这些研究是卓有成效的．例如，通过研究反潜深水炸弹的合理爆炸深度后，使德国潜艇被摧毁数提高了 3 倍以上；通过提出船只躲避敌机攻击的最佳策略，使船只在受敌机攻击时，中弹数下降了一半以上．

第二次世界大战后，这些研究者纷纷转向运筹学的民用问题，由此促进了在民用部门应用运筹学有关方法的研究和实践．1947 年，美国数学家丹茨格（G. B. Dantzig，1914—2005）在研究美国空军资源配置问题时，受到里昂惕夫（W. Leontief，1906—1999）投入产出模型的影响以及冯·诺依曼（Von Neumann，1903—1957）的帮助，把他用来解决某一些管理问题的方法加以总结，提出了求解线性规划的有效方法——单纯形方法（Simplex Method），这为线性规划学科的发展真正奠定了基础．单纯形方法在线性规划领域沿用多年，至今还在发挥作用．丹茨格除了线性规划和单纯形法的杰出工作外，还推进了其他很多领域的发展，如分解论、灵敏度分析、互补主元法、大系统最优化、非线性规划和不确定规划，等等．正是以丹茨格为代表的一批从军队中转业到工商界的科学家，把他们在处理军事问题中研究出来的方法应用到工业和商业的管理中去，使得战后的管理科学蓬勃发展．加上高速电脑的帮助，大量的数学方法在管理中得到广泛应用．1951 年，美籍荷兰经济学家库普曼斯（T. C. Koopmans）把线性规划系统地应用到经济领域，为此他与康托罗维奇一起分享了

1975 年度诺贝尔经济学奖；而丹茨格由于发明了单纯形法，也被誉为“线性规划之父”.

20 世纪 50 年代后，线性规划的理论研究和算法（尤其是针对大规模线性规划问题）研究都取得了极大的进展，例如：

1954 年，莱姆基（C. Lemke）提出了对偶单纯形法，同年加斯（S. Gass）和萨迪（T. Saaty）等人解决了线性规划的灵敏度分析和参数规划问题.

1956 年，塔克（A. Tucker）和他的学生库恩（H. Kuhn）提出了互补松弛定理，完善了由冯·诺依曼在 1947 年提出的对偶理论.

1960 年丹茨格和沃尔夫（P. Wolfe）提出了大型线性规划的分解算法.

1979 年前苏联数学家哈奇扬（L. G. Khachian）提出了解线性规划问题的椭球算法，并证明它是多项式时间算法. 可以实际有效地求解线性规划问题的多项式时间算法是由美国贝尔实验室的印度裔数学家卡玛卡（N. Karmarkar）在 1984 年提出的. 用卡玛卡算法求解线性规划问题，在变量个数为 5 000 时只需单纯形法所用时间的五十分之一.

随着电子计算机的发展，出现了许多解规划问题的软件，如早期的 MPSX、OPHEIE、UMPIRE 以及现在通用的 LINDO、LINGO 等，利用它们可以很方便地求解几千个变量的线性规划问题.

运筹学在从军事应用拓展到工业、农业、经济和社会问题等各领域的过程中飞快发展，并且形成了许多分支. 例如，数学规划（除线性规划外，还包括非线性规划、整数规划、目标规划、随机规划等）、图论与网络、排队论（随机服务系统理论）、存贮论、对策论、决策论、维修更新理论、搜索论、可靠性和质量管理等. 其基本思想就是在满足一定约束条件下，使预定的目标达到最优. 现在运筹学已不仅仅是一种数学理论和方法，而且成为现代化管理的重要手段，是帮助管理者与经营者做出科学决策的一门有效的数学技术.

二、 运筹学在我国

在 20 世纪 50 年代中期，运筹学由西方传入我国. 在钱学森、华罗庚等人的推动下，中国科学院力学研究所于 1956 年成立了中国第一个运筹学小组. 1959 年，中国科学院数学研究所也成立了运筹学研究部门，并于随后与力学研究所的运筹学小组合并成为数学研究所的一个研究室. 当时的主要研究方向为排队论、非线性规划和图论，也有人专门研究运输理论、动态规划和经济分析（例如投入产出方法），都取得了很多好的研究成果. 例如，国际上知名的“中国邮路问题”模型就是在那个时期由管梅谷教授提出的.

1963 年是中国运筹学教育史上重要的一年，数学研究所的运筹学研究室为中国科技大学应用数学系的第一届毕业生开设了较为系统的运筹学专业课，这是第一次在中国的大学里开设运筹学专业并授课. 今天，运筹学的课程已成为所有大学的商学院、工学院乃至数学系和计算机系的基本课程了.

谈到我国运筹学早期的应用，不能不提到华罗庚先生. 在“文化大革命”的困难时期，身为中国数学会理事长和中科院院士的华罗庚亲自率领一个小组，到农村、工厂讲解基本的优化技术和统筹方法，使之用于日常的生产和生活中. 自 1965 年起的十年中，他走遍了全国二十多个省份的无数个城市，受到各界人士的欢迎. 华罗庚先生这一时期的推广工作播下了运筹学哲学思想的种子，大大推动了运筹学在中国的普及和发展. 直到今天，许多中国人还记得“优选法”这个词汇.

中国运筹学会于 1980 年成立，作为中国数学会的一个分会. 1992 年中国运筹学会从中国数学会独立出来成为国家一级学会，这是我国运筹学发展史上的一个重要事件.

近年来，中国运筹学工作者坚持运筹学研究与经济建设等重大问题相结合的做法，在诸如区域经济发展计划的制定、铁路公路的优化安排、中外合资经营项目的经济评价以及若干国家重大工程中的综合风险分析等方面，都发挥了积极作用. 在信息科学、生命科学等现代高科技领域以及现代金融与管理学方面，我国运筹学工作者也找到了一些运筹学新的工作方向. 例如，将全局最优化、图论、神经网络等运筹学理论及方法应用于分子生物信息学中的 DNA 与蛋白质序列比较、芯片测试、生物进化分析、蛋白质结构预测等问题的研究；在金融管理方面，将优化及决策分析方法，应用于金融风险控制与管理、资产评估与定价分析模型等；在网络管理上，利用随机过程方法，研究排队网络的数量指标分析；在供应链管理问题中，利用随机动态规划模型，研究多重决策最优策略的计算方法，等等. 在这些重要的新方向上，我国运筹学工作者都取得了可喜的进展及成绩，有一些已达到国际先进水平.

习题 3.1

1. 运筹学通常包含哪些分支学科?
2. 运筹学一般可以应用在哪些领域?
3. 中国的运筹学者们做了哪些主要的工作?

第二节　线性规划的数学模型

一、 优化问题

假期你想去旅游，假如你只去一个地方而且只有一条线路可走，反倒省心一些. 如果你可去许多地方，又有许多路线和交通工具可选，而你还想尽量节省费用，那么你就要考虑“最优决策”或“最优方案设计”的问题了，这就是所谓的最优化问题. 最优化（Optimization）是企业运作、科技研发和工程设计中常见的问题. 要表述一个最优化问题（即建立数学模型），应明确以下三个基本要素：

决策变量（Decision Variables）：它们是决策者所控制的变量，它们取什么数值需要决策者来决策，最优化问题的求解就是找出决策变量的最优取值.

约束条件（Constraints）：它们是决策变量在现实世界中所受到的限制，或者说决策变量在这些限制范围之内取值才有实际意义.

目标函数（Objective Function）：它代表决策者希望对其进行优化的那个指标. 目标函数是决策变量的函数.

在考察任何问题或系统时，有三个因素，即（问题或系统的）结构、参数和变量. 这三个要素均可以是随时间变化的（即时间的函数，其实也可能并非是时间而是其他变元的函数，在数学上本质相同，故可以统称为时间），若系统与时间有关，则称为动态系统；否则，称为静态系统.

二、 线性规划模型

先看两个实例.

例 1　某工厂家具车间造 A 型和 B 型两种桌子，每张桌子需木工和漆工两道工序完成. 已知木工做一张 A 型和 B 型桌子分别需要 1 小时和 2 小时，漆工油漆一张 A 型和 B 型桌子分别需要 3 小时和 1 小时；又知木工、漆工每天工作分别不得超过 8 小时和 9 小时，而工厂造一张 A 型和 B 型桌子分别获利润 2 千元和 3 千元，试问工厂每天应生产 A 型和 B 型桌子各多少张，才能获得最大利润?

设每天生产 A 型桌子 x 张，B 型桌子 y 张，z 表示销售利润，我们的目的是确定满足上述所有条件且使利润达到最大的产量 x 和 y. 这一问题可表示为如下数学模型：

$$\max z=2x+3y$$

$$\text{s. t.}\begin{cases}x+2y\leqslant 8\\3x+y\leqslant 9.\\x\geqslant 0, y\geqslant 0\end{cases}$$

其中 x、y 为决策变量.

我们把 $\max z=2x+3y$ 称为目标函数，而把$\begin{cases}x+2y\leqslant 8\\3x+y\leqslant 9\\x\geqslant 0,\ y\geqslant 0\end{cases}$称为约束条件.

例 2 美国一家公司以专门饲养并出售一种实验用动物而闻名. 该公司的研究表明，这种动物的生长对饲料中的三种营养成分特别敏感，即蛋白质、矿物质和维生素. 同时发现这种动物每天至少需要 70 克蛋白质、3 克矿物质和 10 毫克维生素. 该公司能得到五种饲料，每一种饲料每磅所含的营养成分如表 3—1 所示，每种饲料每磅的成本如表 3—2 所示. 公司希望找出满足动物营养需要而成本又最低的混合饲料配置.

表 3—1 **每一种饲料每磅所含的营养成分**

饲料	蛋白质（克）	矿物质（克）	维生素（毫克）
1	0.30	0.10	0.05
2	2.00	0.05	0.10
3	1.00	0.02	0.02
4	0.60	0.20	0.20
5	1.80	0.05	0.08

表 3—2 **每种饲料每磅的成本**

饲料	1	2	3	4	5
成本（美元）	0.02	0.07	0.04	0.03	0.05

首先确定决策变量：

令 $x_j(j=1, 2, 3, 4, 5)$ 为每天所需混合饲料中第 j 种饲料的磅数.

其次确定目标函数：

混合饲料的成本最低：$\min z=0.02x_1+0.07x_2+0.04x_3+0.03x_4+0.05x_5$.

再确定约束条件：

蛋白质每天至少 70 克：$0.30x_1+2.00x_2+1.00x_3+0.60x_4+1.80x_5\geqslant 70$.

矿物质每天至少 3 克：$0.10x_1+0.05x_2+0.02x_3+0.20x_4+0.05x_5\geqslant 3$.

维生素每天至少 10 毫克：$0.05x_1+0.10x_2+0.02x_3+0.20x_4+0.08x_5\geqslant 10$.

最后，每种饲料的磅数不能为负（非负约束）：$x_j\geqslant 0(j=1,2,3,4,5)$.

所以，上述数学模型可写成：

$$\min z=0.02x_1+0.07x_2+0.04x_3+0.03x_4+0.05x_5$$

$$\text{s.t.}\begin{cases}0.30x_1+2.00x_2+1.00x_3+0.60x_4+1.80x_5\geqslant 70\\0.10x_1+0.05x_2+0.02x_3+0.20x_4+0.05x_5\geqslant 3.\\0.05x_1+0.10x_2+0.02x_3+0.20x_4+0.08x_5\geqslant 10\\x_j\geqslant 0(j=1,2,3,4,5)\end{cases}$$

以上的数学模型都称为线性规划问题.

三、 线性规划问题一般概念

1. 线性规划模型的要素与一般形式

从上面的实例可以看出，实际生产、生活中的线性规划模型可以具有各种形式，但我们可以通过数学的抽象，归纳出它们的共同点. 从数学上说，线性规划问题都具有以下共同特征：

(1) 用未知自变量表示某种重要的可变因素，变量的一组数据代表一个解决方案（通常要求这些变量取非负值）.

(2) 存在一定的限制条件（例如材料、人力、设备、时间、费用等的限制），它们可以用自变量的线性方程或线性不等式表示. 这些条件称为约束条件.

(3) 都有一个要达到的目标，这个目标也是自变量的线性函数，称为目标函数. 根据需要，要求目标函数最大化或最小化. 由于目标函数和约束条件都是自变量的线性函数，故称这种规划问题为线性规划问题. 对线性规划问题来说，通常满足约束条件（包括非负条件）的自变量的值有很多个，而我们要求的是其中能使目标函数取得最大或最小时的那些值.

这样，得到如下定义.

定义 1 对于求取一组变量 $x_j(j=1,2,\cdots,n)$，使之既满足线性约束条件，又使其线性目标函数取得最值的一类问题称为**线性规划问题**.

可以看到，每个线性规划问题都有两个必不可少的要素：

(1) 约束条件：一个线性规划问题可以具备下列各种形式约束条件的组合：

(i) $\boldsymbol{AX}=\boldsymbol{b}$;

(ii) $\boldsymbol{AX}\leqslant\boldsymbol{b}$；

(iii) $\boldsymbol{AX}\geqslant\boldsymbol{b}$；

(iv) $\boldsymbol{X}\geqslant\boldsymbol{0}$，

其中 $\boldsymbol{A}$ 为矩阵，$\boldsymbol{X}$、$\boldsymbol{b}$ 均为列矩阵或列向量.

我们称形如（iv）的条件为非负约束，其他条件均称为主约束，任何一个线性规划问题必须具有主约束.

(2) 目标函数：$\boldsymbol{C}^{\mathrm{T}}\boldsymbol{X}$ 求最小或最大（min/max）.

这样，可以得到线性规划的一般模型为：

$$\max(\min)z=\boldsymbol{C}^{\mathrm{T}}\boldsymbol{X}$$

$$\text{s. t. }\begin{cases}\boldsymbol{AX}\leqslant(=、\geqslant)\boldsymbol{b}\\ \boldsymbol{X}\geqslant\boldsymbol{0}\end{cases}.$$

其中，$\boldsymbol{C}=\begin{bmatrix}c_1\\c_2\\\vdots\\c_n\end{bmatrix}$，$\boldsymbol{X}=\begin{bmatrix}x_1\\x_2\\\vdots\\x_n\end{bmatrix}$，$\boldsymbol{A}=\begin{bmatrix}a_{11}&a_{12}&\cdots&a_{1n}\\a_{21}&a_{22}&\cdots&a_{2n}\\\vdots&\vdots&&\vdots\\a_{m1}&a_{m2}&\cdots&a_{mn}\end{bmatrix}$，$\boldsymbol{b}=\begin{bmatrix}b_1\\b_2\\\vdots\\b_m\end{bmatrix}$.

例如，例 2 可以写成

$$\min z=\boldsymbol{C}^{\mathrm{T}}\boldsymbol{X}$$

$$\text{s. t. }\begin{cases}\boldsymbol{AX}\geqslant\boldsymbol{b}\\ \boldsymbol{X}\geqslant\boldsymbol{0}\end{cases}.$$

其中 $\boldsymbol{C}=\begin{bmatrix}0.02\\0.07\\0.04\\0.03\\0.05\end{bmatrix}$，$\boldsymbol{X}=\begin{bmatrix}x_1\\x_2\\x_3\\x_4\\x_5\end{bmatrix}$，$\boldsymbol{A}=\begin{bmatrix}0.30&2.00&1.00&0.60&1.80\\0.10&0.05&0.02&0.20&0.05\\0.05&0.10&0.02&0.20&0.08\end{bmatrix}$，$\boldsymbol{b}=\begin{bmatrix}70\\3\\10\end{bmatrix}$.

2. 线性规划解的若干概念

线性规划问题的满足主约束的向量 $\boldsymbol{x}$ 称为这个线性规划问题的解. 根据它所满足的其他要求，进一步地可以得到如下概念：

(1) 可行解：满足（全部）约束条件的决策向量 $\boldsymbol{x}$.

(2) 可行域（或可行集）：全部可行解构成的集合.

(3) 最优解：使目标函数达到最优值（最大值或最小值，并且有界）的可行解.

（4）无界解：若求最大化时目标函数在可行域中无上界，或者求最小化时目标函数在可行域中无下界，则称线性规划问题的解无界.

注　一个线性规划的解仅有三种可能的情况：有最优解、无解和有无界解. 在实际问题中，无界解通常意味着所建立的模型有问题或在将模型输入计算机的过程中出错.

定义 2　若点的集合 M 的任两点的连线线段的所有点均属于 M，则称集合 M 是**一凸集**. 例如，三角形域，圆域，矩形域，直线，直线段等都是凸集.

定理 1　线性规划问题的可行域是一个凸集.

定理 2　线性规划问题若有最优解，则最优解必可在可行域的某个顶点（对一般凸集而言也称为极点）上得到.

下面再给出两类典型的线性规划问题及其数学模型.

例 3　（运输问题）某商品有 m 个产地、n 个销地，各产地的产量分别为 a_1，…，a_m，各销地的需求量分别为 b_1，…，b_n. 其中，$\sum_{j=1}^{n} b_j = \sum_{i=1}^{m} a_i$（产销平衡）. 若该商品由产地 i 运到销地 j 的单位运价为 c_{ij}，问应该如何调运才能使总运费最低？

解　设由产地 i 运往销地 j 的商品的数量为 x_{ij}，则总的运价为 $\sum_{i=1}^{m}\sum_{j=1}^{n} c_{ij}x_{ij}$，而每个产地的产品都要运出，同时每个销地的需求都要得到满足，即

$$\sum_{j=1}^{n} x_{ij} = a_i, i=1,2,\cdots,m;$$
$$\sum_{i=1}^{m} x_{ij} = b_j, j=1,2,\cdots,n.$$

于是，平衡运输问题的数学模型为

$$\min \sum_{i=1}^{m}\sum_{j=1}^{n} c_{ij}x_{ij}$$
$$\text{s. t.}\begin{cases}\sum_{j=1}^{n} x_{ij} = a_i, i=1,2,\cdots,m \\ \sum_{i=1}^{m} x_{ij} = b_j, j=1,2,\cdots,n. \\ x_{ij} \geqslant 0\end{cases}$$

例 4 （指派问题，又称分配问题，assignment problem）拟分配 n 人去干 n 项工作，每人干且仅干一项工作，若分配第 i 人去干第 j 项工作，需花费 c_{ij} 单位时间，问应如何分配工作才能使工人花费的总时间最少？

解 引入变量 x_{ij}，若分配第 i 人干第 j 项工作，则取 $x_{ij}=1$，否则取 $x_{ij}=0$. 完成所有任务的总时间为 $\sum\limits_{i=1}^{n}\sum\limits_{j=1}^{n}c_{ij}x_{ij}$，每人干且仅干一项工作（同时，每项工作有且仅有一人干），即

$$\sum_{j=1}^{n} x_{ij}=1, i=1,2,\cdots,n;$$

$$\sum_{i=1}^{n} x_{ij}=1, j=1,2,\cdots,n.$$

所以，指派问题的数学模型为

$$\min \sum_{i=1}^{n}\sum_{j=1}^{n} c_{ij}x_{ij}$$

$$\text{s. t.}\begin{cases}\sum\limits_{j=1}^{n} x_{ij} = 1, i = 1,2,\cdots,n \\ \sum\limits_{i=1}^{n} x_{ij} = 1, j = 1,2,\cdots,n. \\ x_{ij} = 0 \text{ 或 } 1, i,j = 1,2,\cdots,n\end{cases}$$

本问题的变量只能取 0 或 1，所以也称为 0—1 规划问题.

针对不同的问题，线性规划模型还有很多不同的类型，但其基本结构是一样的. 总之，线性规划已经广泛地应用于社会、军事、经济、生活等各个领域，发挥着越来越大的作用.

习题 3.2

1. 线性规划模型的特点是什么？

2. 什么是线性规划的可行域、可行解、最优解？

3. 某工厂生产甲和乙两种产品. 已知制造 1 吨产品甲要用原材料 2.5 吨，电力 4 千瓦小时，劳动力（按工 · 日计算）3 个单位；制造 1 吨产品乙要用原材料 1.5 吨，电力 5 千瓦小时，劳动力 10 个单位. 又设生产 1 吨产品甲的经济价

值是 7 万元，生产 1 吨产品乙的经济价值是 12 万元. 现该厂因某种条件限制只有原料 90 吨，电力 200 千瓦小时，劳动力 300 个单位. 问在这种条件下应该生产产品甲、乙各多少吨，才能使创造的经济价值最多? 写出此问题的线性规划数学模型.

4. 某公司经销某产品. 它下设三个加工厂. 每日的产量分别是：工厂 A_1 产量为 7 吨（a_1），工厂 A_2 产量为 4 吨（a_2），工厂 A_3 产量为 9 吨（a_3）. 该公司把这些产品分别运往四个销售点. 各销售点每日销量为：B_1 为 5 吨（b_1），B_2 为 6 吨（b_2），B_3 为 5 吨（b_3），B_4 为 4 吨（b_4）. 已知从各工厂到各销售点的单位产品的运价如下表所示. 试为该公司编制一个调运方案，使在满足各销售点供需要求的前提下，总运费最少.

销售点 / 工厂	B_1	B_2	B_3	B_4
A_1	10	12	11	9
A_2	9	11	11	8
A_3	12	13	16	12

5. 有四个工人，要指派他们分别完成 4 项工作，每人做各项工作所消耗的时间如下表：

工作 / 工人	A	B	C	D
甲	16	18	21	22
乙	19	23	22	18
丙	26	20	16	18
丁	19	21	23	17

问指派哪个人完成哪项工作，可使总的消耗时间最小?

第三节　二元线性规划的解法

图解法是较为直观和简单的解二元线性规划的方法. 下面我们通过几个实例来介绍.

例 1　用图解法解下列线性规划：

（1）$\max z=x_1+2x_2$

$$\text{s. t.}\begin{cases}2x_1+x_2-12\leqslant 0\\3x_1-2x_2+10\geqslant 0\\x_1-4x_2+10\leqslant 0\end{cases};$$

（2）$\min z=x_1+2x_2$

$$\text{s. t.}\begin{cases}2x_1+x_2-12\leqslant 0\\3x_1-2x_2+10\geqslant 0.\\x_1-4x_2+10\leqslant 0\end{cases}$$

分析 两个问题有相同的可行域和目标函数表达式，区别仅仅在于求最大值与最小值. 我们可以利用同一个图形，通过朝不同方向平移目标函数直线来分别求出它们的最优解和最优值.

解 作出约束条件所表示的平面区域，即可行域，如图 3—1 所示.

作直线 l：$x_1+2x_2=z$，即 $x_2=-\frac{1}{2}x_1+\frac{1}{2}z$，它表示斜率为 $-\frac{1}{2}$，纵截距为 $\frac{z}{2}$ 的平行直线系，当它在可行域内滑动时，由图 3—1 可知，直线 l 过点 $A(2,8)$ 时，z 取得最大值，当 l 过点 $B(-2,2)$ 时，z 取得最小值.

∴ (1) $\max z=2+2\times 8=18$；

(2) $\min z=-2+2\times 2=2$.

由例 1 可见，用图解法解线性规划问题时，首先应画出可行域，再将代表目标函数的直线（等值线）作平移来取得最值.

下面用图解法来求上节引例 1 的解.

先作出可行域，如图 3—2 所示.

把直线 l：$2x+3y=z$，向右上方平移至 l' 的位置时，直线经过可行域上的点 M，且与原点距离最大，此时 $z=2x+3y$ 取最大值.

解方程 $\begin{cases}x+2y=8\\3x+y=9\end{cases}$，得 M 的坐标为 $(2, 3)$.

因此，每天应生产 A 型桌子 2 张，B 型桌子 3 张才能获得最大利润.

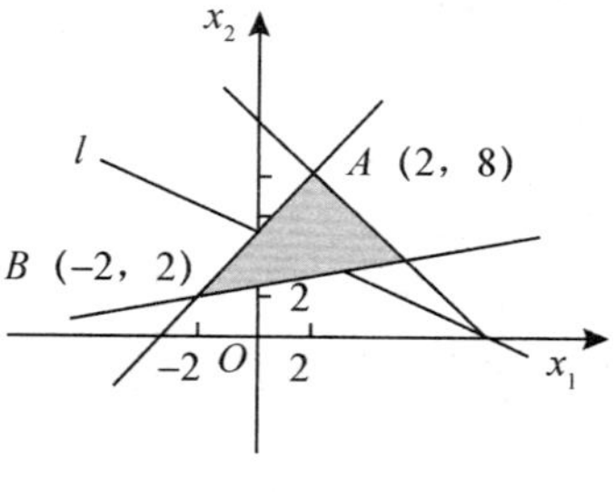

图 3—1

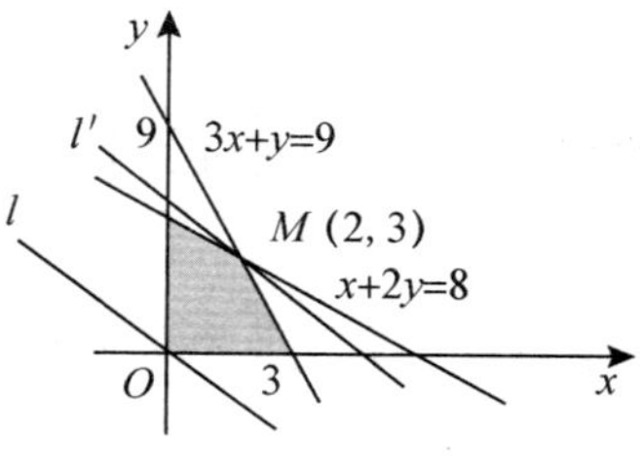

图 3—2

例 2　某工厂用两种不同原料均可生产同一产品，若采用甲种原料，每吨成本 1 000 元，运费 500 元，可得产品 90 千克；若采用乙种原料，每吨成本为 1 500元，运费 400 元，可得产品 100 千克，如果每月原料的总成本不超过 6 000 元，运费不超过 2 000 元，那么此工厂每月最多可生产多少千克产品？

分析　将已知数据列成下表：

	甲原料	乙原料	费用限额
成本	1 000（元/吨）	1 500（元/吨）	6 000 元
运费	500（元/吨）	400（元/吨）	2 000 元
产品	90 千克	100 千克	

解　设此工厂每月用甲、乙两种原料各 x 吨、y 吨，生产 z 千克产品，则得到本问题的线性规划模型为

$$\max z=90x+100y$$

$$\text{s.t.}\begin{cases}1\,000x+1\,500y\leqslant 6\,000\\ 500x+400y\leqslant 2\,000\\ x\geqslant 0,\ y\geqslant 0\end{cases}.$$

作出以上不等式组所表示的平面区域，即可行域（如图 3—3）.

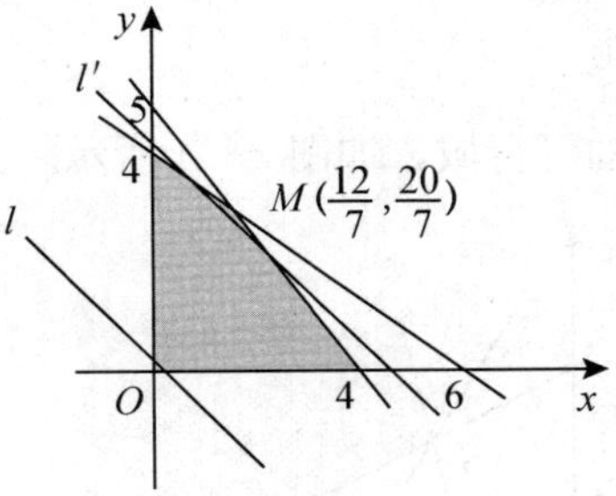

图 3—3

由 $\begin{cases}2x+3y=12\\ 5x+4y=20\end{cases}$ 得 $\begin{cases}x=\dfrac{12}{7}\\ y=\dfrac{20}{7}\end{cases}$，作直线 $90x+100y=0$ 的平行线 $90x+100y=z$，

当 $90x+100y=z$ 过点 $M\left(\dfrac{12}{7},\ \dfrac{20}{7}\right)$ 时，直线 $90x+100y=z$ 的截距最大，即 z 的值最大，故最大值 $z_{\max}=90\times\dfrac{12}{7}+100\times\dfrac{20}{7}=440$.

因此，工厂每月最多可生产 440 千克产品.

例 3 甲、乙、丙三种食物的维生素 A、B 含量及成本如下表：

	甲	乙	丙
维生素 A（单位/千克）	600	700	400
维生素 B（单位/千克）	800	400	500
成本（元/千克）	11	9	4

某食物营养研究所想用 x_1 千克甲种食物，x_2 千克乙种食物，x_3 千克丙种食物配成 100 千克的混合食物，并使混合食物至少含 56 000 单位维生素 A 和 63 000 单位维生素 B.（1）用 x_1、x_2 表示混合物成本 C.（2）确定 x_1、x_2、x_3 的值，使成本最低.

解 依题意：x_1、x_2、x_3 满足 $x_1+x_2+x_3=100 \Rightarrow x_3=100-x_1-x_2$，所以总成本为

$$C=11x_1+9x_2+4x_3=7x_1+5x_2+400(\text{元}).$$

其线性规划数学模型为：

$$\min C=11x_1+9x_2+4x_3=7x_1+5x_2+400$$

$$\text{s. t.}\begin{cases}2x_1+3x_2\geqslant 160\\3x_1-x_2\geqslant 130\\x_1\geqslant 0,x_2\geqslant 0\end{cases}.$$

作出不等式组所对应的可行域，如图 3—4 所示.

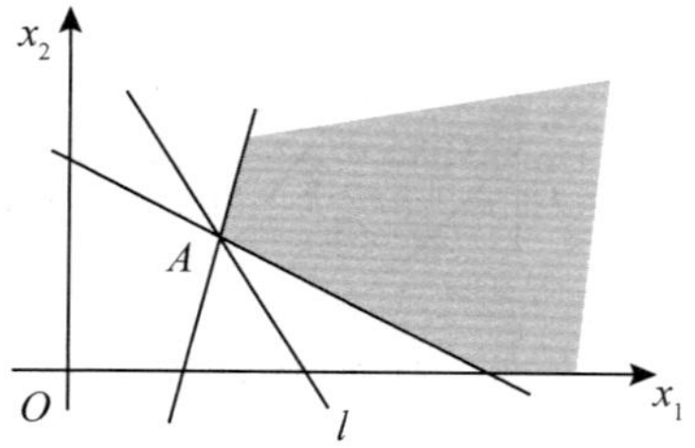

图 3—4

联立$\begin{cases}3x_1-x_2=130\\2x_1+3x_2=160\end{cases}$，求得交点 A（50，20）.

作直线 l：$7x_1+5x_2+400=C$，则易知该直线截距越小，C 越小，所以该直线过 A（50，20）时，直线在 x_2 轴截距最小，从而 C' 最小，此时 $7\times 50+5\times 20+400=C'=850$（元）.

∴　$x_1=50$ 千克，$x_2=20$ 千克，$x_3=30$ 千克时成本最低.

由上述各例可以得出，对于二元线性规划问题，无论问题的实际背景是什么，都是要求目标函数在约束条件下的最优解，其求解的格式与步骤是一样的：

（1）根据线性约束条件画出可行域（即画出由二元一次不等式组所表示的公共区域）；

（2）根据目标函数，作出等值线 l_0；

（3）通过观察、分析，平移直线 l_0 到适当的位置，从而在可行域内求得问题的最优解和目标函数的最优值.

从图解法我们还可以看到：如果一个线性规划问题有最优解，则最优解在可行域的顶点上可以得到. 这个结论可以推广到一般的多元线性规划问题. 目前的一些较成熟的算法，例如单纯形方法等，也是利用这种思想来求解的. 即先求得一个所谓的"基础可行解"（对应于可行域的某个顶点），然后判断此解是否为最优. 如果不是，则按照一定的准则迭代，寻找下一个更优的基础可行解. 可以证明，对存在最优解的线性规划问题，经过有限次的这种迭代，可以得到问题的最优解. 想要进一步了解这些算法的读者，可以查阅有关参考书籍，这里不再讨论. 此外，我们也可以用现成的各种相关的数学软件来很方便地求解各类线性规划问题.

习题 3.3

1. 用图解法求解下列线性规划问题，并指出各问题是具有唯一最优解、无穷多最优解、无界解或无可行解.

（1）$\min z=-x_1+2x_2$

$$\text{s. t.}\begin{cases}x_1-x_2\geqslant -2\\ x_1+2x_2\leqslant 6\\ x_1\geqslant 0,\ x_2\geqslant 0\end{cases}.$$

（2）$\max z=x_1-x_2$

$$\text{s. t.}\begin{cases}x_1+x_2\geqslant 1\\ 4x_1-x_2\leqslant 4\\ 2x_1-3x_2+8\geqslant 0.\\ x_1\geqslant 0,\ x_2\geqslant 0\end{cases}$$

2. 有一根钢管，长度为 4 000mm，要截成 500mm 和 600mm 两种毛坯，且这两种毛坯的数量比要大于$\frac{1}{3}$，怎样截最合理？

3. 某工厂生产甲、乙两种产品，其产量分别为 45 个和 55 个，所用原料为 A、B 两种规格的金属板，每张面积分别为 2m^2 和 3m^2，用 A 种规格金属板可造甲种产品 3 个，乙种产品 5 个，用 B 种规格金属板可造甲、乙品种各 6 个，问两种规格金属板各取多少张才能完成计划，并能使总的用料面积最省？

第四章

概率论初步

一切事物都是相互联系和不断发展的. 在它们彼此间的联系和发展中，根据它们是否有必然的因果联系，可以分成截然不同的两大类：一类是确定性的现象，这类现象在一定条件下，必定会导致某种确定的结果；另一类是不确定性的现象，这类现象在一定条件下，它的结果是不确定的. 正因为这样，我们在这一类现象中，就无法用必然性的因果关系，对个别现象的结果事先做出确定的答案. 事物间的这种关系是属于偶然性的，这种现象称为偶然现象，或者称为随机现象. 概率论就是研究和揭示随机现象的统计规律性的一门数学学科. 本章介绍了随机事件、概率、分布等基本概念与其性质，给出了几个最常用的概率分布，并对这些常用分布讨论了它们的期望、方差等基本数字特征.

第一节 概率论发展简史

概率论产生于 17 世纪，本来是为保险事业的发展而产生的，但它最早来自于赌博者的请求. 早在 1654 年，一个著名的赌徒梅累向当时的数学家帕斯卡提出一个使他苦恼了很久的问题：“两个赌徒相约赌若干局，谁先赢 m 局就算赢，全部赌本就归谁. 但是当其中一个人赢了 $a(a<m)$ 局，另一个人赢了 $b(b<m)$ 局的时候，赌博中止. 问：赌本应该如何分配才合理?”

当时的一些学者，如惠更斯、帕斯卡、费尔马等人，对这类赌博问题进行了许多研究，有的出版了著作，如惠更斯的一本著作《论机会游戏的计算》曾长期在欧洲作为概率论的教科书. 这些研究使原始的概率和有关概念得到发展和深化. 不过，在这个概率论的草创阶段，最重要的里程碑是伯努利的著作《推测术》. 在他去世后的 1713 年发表的这部著作除了总结前人关于赌博的概率问题的成果并有所提高外，还有一个极重要的内容，即如今以他的名字命名的“大数定律”，大数定律是关于算术平均值的定理，利用算术平均值是最常用的一种统计方法，人们经常使用并深信不疑. 但其理论根据何在，并不易讲清楚，伯努利的大数定律回答了这个问题. 在某种程度上可以说，大数定律是整个概率论最基本的规律之一，也是数理统计学的理论基石.

随着 18、19 世纪科学的发展，人们注意到在某些生物、物理和社会现象与机会游戏之间具有某种相似性，从而由机会游戏起源的概率论被应用到这些领域中；同时这也大大推动了概率论本身的发展. 使概率论成为数学的一个分支的奠基人是瑞士数学家伯努利，他建立了概率论中第一个极限定理，即伯努利大数定律，阐明了事件的频率稳定于它的概率. 随后棣莫弗（de Moivre）和拉普拉斯又导出第二个基本极限定理（中心极限定理）的原始形式. 拉普拉斯在系统总结前人工作的基础上写出了《概率分析理论》，明确给出了概率的古典定义，并在概率论中引入了更有力的分析工具，将概率论推向一个新的发展阶段. 19 世纪末，俄国数学家切比雪夫（P. Chebyshev）、马尔可夫（A. Markov）、李亚普诺夫（A. Lyapunov）等人用分析方法建立了大数定律及中心极限定理的一般形式，科学地解释了为什么实际中遇到的许多随机变量近似服从正态分布. 20 世纪初受物理学的影响，人们开始研究随机过程. 这方面柯尔莫哥洛夫（A. Kolmogorov）、维纳（N. Wiener）、马尔可夫、辛钦（Khinchin）、莱维（P. Levy）及费勒（W. Feller）等人作了杰出的贡献.

如何定义概率，如何把概率论建立在严格的逻辑基础上，是概率理论发展的困难所在，对这一问题的探索一直持续了三个世纪. 20 世纪初完成的勒贝格测度与积分理论及随后发展的抽象测度和积分理论，为概率公理体系的建立奠定了基础. 在这种背景下，苏联数学家柯尔莫哥洛夫 1933 年在他的《概率论基础》一书中第一次给出了概率的测度论的定义和一套严密的公理体系. 他的公理化方法成为现代概率论的基础，使概率论成为严谨的数学分支，对概率论的迅速发展起了积极的作用.

概率论虽发端于赌博，但很快在现实生活中找到多方面的应用，首先是在人口、保险精算等方面，在其发展过程中出现了若干里程碑的著作，如《机遇的原理》，其第三版发表于 1756 年；法国大数学家拉普拉斯的《概率分析理论》，发表于 1812 年. 1933 年苏联教学家柯尔莫哥洛夫完成了概率论的公理体系，在几条简洁的公理之下，发展出概率论整座的宏伟建筑，有如在欧几里得公理体系之下发展出整部几何. 自那以来，概率论成长为现代数学的一个重要分支，出现了许多深刻和抽象的数学理论，在其影响下，数理统计的理论也日益向深化的方向发展.

近几十年来，随着科技的蓬勃发展，概率论大量应用到国民经济、工农业生产及各个学科领域. 许多兴起的应用数学，如统计学、信息论、对策论、排队论、控制论等，都是以概率论作为基础的.

习题 4.1

1. 概率论的主要创始人是谁？
2. 最早的概率论著作是什么？
3. 伯努利对概率论发展的贡献是什么？

第二节　随机事件及其概率

一、样本空间与随机事件

向空中抛掷一物体，此物体上升到一定高度后必然下落，这种必然会发生的事件称为**必然事件**，记为 Ω；在一个标准大气压下，水到 60℃沸腾，这种必然不会发生的事件称为**不可能事件**，记为 $\varnothing$. 在一定条件下可能发生也可能不发生的现象称为**随机现象**. 例如：抛一枚匀质的硬币，其结果可能是正面（数字面）朝上，也可能是反面朝上，在每次抛掷之前无法预知抛掷的结果，呈现出不确定性，但多次重复抛同一枚匀质的硬币，得到正面朝上的次数大致有半数，却呈现出一定的规律性. 这类现象在个别试验或观察中其结果呈现出不确定性，而在大量重复试验或观察中其结果又呈现出一定的规律性.

概率论要研究的是随机现象的统计规律性，需要进行大量的观察和试验，要求试验具有以下三个性质：

(1) 试验可以在相同条件下重复进行；

(2) 每次试验的可能结果不止一个，并且在试验前能明确试验的所有可能结果；

(3) 每次试验必然出现这些可能结果中的一个，但试验之前不能预知哪一个结果会出现.

具有上述三个性质的试验称为随机试验，常用字母 E 表示．以后我们提到的试验都指的是随机试验．例如：

E_1：抛一枚匀质硬币，观察正面 H，反面 T 出现的情况．

E_2：将一枚匀质硬币连抛两次，观察正反面出现的情况．

E_3：将一枚匀质硬币连抛三次，观察正面出现的次数．

E_4：掷一颗匀质骰子，观察出现的点数．

E_5：记录某网站一分钟内受到的点击次数．

E_6：一射手对某一目标进行射击，观察击中的环数．

E_7：观察某一公交车站乘客的候车时间．

E_8：在一批灯泡中任取一只，测其寿命．

这些试验都是随机试验．研究一个随机试验 E，首先要明确试验的所有可能结果．我们把试验 E 的所有可能结果组成的集合称为 E 的样本空间，常用 Ω 表示．**样本空间**的每一个元素，即 E 的每个可能的基本结果（不可分解）称为**样本点**，又称为**基本事件**，常用 ω 表示．

下面写出上述随机试验 $E_i(i=1,2,\cdots,8)$ 的样本空间 Ω_i：

$\Omega_1=\{H,T\}$．　　$\Omega_2=\{HH,HT,TH,TT\}$．

$\Omega_3=\{0,1,2,3\}$．　　$\Omega_4=\{1,2,3,4,5,6\}$．

$\Omega_5=\{0,1,2,3,\cdots\}$．　　$\Omega_6=\{0,1,2,3,\cdots,10\}$．

$\Omega_7=\{t|0\leqslant t\leqslant b\}$．　　$\Omega_8=\{t|t\geqslant 0\}$．

样本点和样本空间是概率论中的两个基本概念．随着对所讨论问题的兴趣不同，同一随机试验可以有不同的样本空间．讨论问题前必须先取定样本空间．下面通过实例来介绍．

口袋中装有 10 个球：三个红球，三个白球和四个黑球．任取一球，若观其颜色，则样本空间可以取为 $\Omega_1=\{$取得一个红球，取得一个白球，取得一个黑球$\}$．但若把球编号，红球编为 1～3 号，白球和黑球分别为 4～6 号和 7～10 号．任取一球，若观其编号，则每取一球，必定是且只能是这些球号中的一个，故样本空间为 $\Omega_2=\{\omega_1,\omega_2,\cdots,\omega_{10}\}$，其中 $\omega_i=\{$取得第 i 号球$\}$，$i=1,2,\cdots,10$.

在研究随机试验的结果时，我们不但关心试验的单个样本点，而常常对试验的某些样本点所组成的集合更感兴趣．例如，在 E_4 中，要研究出现的点数为偶数这样的情况，满足这一条件的样本点组成样本空间 Ω_4 的一个子集：$A=\{2,4,6\}$．我们称 A 是随机试验 E_4 的一个随机事件．显然事件 A 在每次试验中可能发生也可能不发生，当且仅当子集 A 中的某一个样本点 2（或 4 或 6）出现时，出现的点数为偶数这一事件 A 发生.

一般地，我们把这种在每次试验中可能发生也可能不发生的事件称为**随机事件**，简称**事件**，通常用大写英文字母 A，B，C，A_1，A_2，…表示. 从集合论的观点看，**随机事件就是样本空间 Ω 的子集**. 特别地，基本事件就是样本空间 Ω 的单元素子集，即每个样本点构成的集合. 在一次试验中，当且仅当这一子集中的某一个样本点出现时称这一事件发生，即如果一次试验中某样本点 ω 出现，而 $\omega\in A$，则称**事件 A 发生**，否则称**事件 A 不发生**.

例如，在 E_4 中，事件 $A=\{$出现的点数为偶数$\}=\{2, 4, 6\}$.

事件 $B=\{$出现的点数大于 3$\}=\{4, 5, 6\}$.

事件 $C=\{$出现的点数能被 3 整除$\}=\{3, 6\}$.

样本空间 Ω 自然也可看做一个事件，它包含所有的样本点，是自身的全集，在每次试验中必然会发生，因此称样本空间 Ω 为**必然事件**. 类似地，把空集 $\varnothing$ 作为一个事件，因空集不包含任何样本点，它是样本空间 Ω 的一个最小子集，它在每次试验中都必定不发生，所以称为**不可能事件**.

二、事件间的关系与运算

把事件看做样本点的集合，这种观点使我们能用集合论的方法来研究事件，特别是可用集合之间的关系和运算来研究事件之间的关系和运算. 下面给出这些关系和运算在概率论中的含义.

设随机试验 E 的样本空间为 Ω，而 A，B，A_i（$i=1, 2, \cdots$）都是 Ω 的子集，即都是随机事件.

1. 事件间的关系

(1) 事件的包含关系

若 $A\subset B$(或 $B\supset A$)，则称事件 B **包含**事件 A（即事件 A 包含于事件 B)，也称事件 A 是事件 B 的子事件，如图 4—1 所示. 也就是说，事件 A 发生必导致事件 B 发生. 换一种说法，也即如果事件 B 不发生必导致事件 A 也不发生.

例 1　掷一颗骰子，事件 $A=$“出现 4 点”，$B=$“出现偶数点”，则事件 A 发生必然导致 B 发生，所以 $A\subset B$.

由于必然事件在每一次试验中都发生，所以对任何一个随机事件 A 都有 $\varnothing\subset A\subset\Omega$.

(2) 事件相等

若 $A\supset B$ 并且 $B\supset A$，则称事件 A 与事件 B **相等**，记作 $A=B$.

例 2 掷两颗骰子，A=“两颗骰子点数之和为奇数”，B=“两颗骰子的点数为一奇一偶”，则事件 A 发生必然导致事件 B 发生，而且事件 B 发生必然导致事件 A 发生，所以 $A=B$.

（3）和事件

事件 $A\cup B$ 称为事件 A 与事件 B 的**和事件**（或者**并事件**），$A\cup B$ 也记作 $A+B$. 当且仅当事件 A 与事件 B 至少有一个发生时，和事件 $A\cup B$ 发生，如图 4—2 所示.

例 3 有两门火炮同时向一个目标各射击一次，设 A 表示甲火炮击中目标，B 表示乙火炮击中目标，C 表示目标被击中，则 C 意味着事件 A 或 B 至少有一个发生，即 $C=A\cup B$.

类似地，$\bigcup\limits_{i=1}^{n} A_i = A_1\cup A_2\cup\cdots\cup A_n$ 称为 n 个事件 A_1，A_2，…，A_n 的和事件.

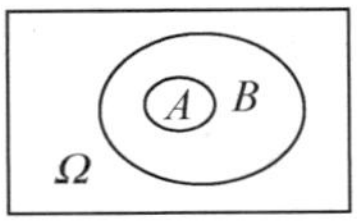

图 4—1　$A\subset B$

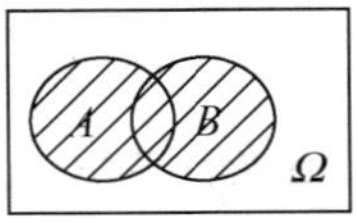

图 4—2　$A\cup B$

（4）积事件

事件 $A\cap B$ 称为事件 A 与事件 B 的**积事件**（或者**交事件**），$A\cap B$ 也记作 AB. 当且仅当事件 A 与事件 B 都发生时，积事件 $A\cap B$ 发生，如图 4—3 所示.

例 4 掷一颗骰子，事件 A=“出现点数不超过 3”，B=“出现偶数点”，则 $A=\{1，2，3\}$，$B=\{2，4，6\}$，所以，$A\cap B=\{2\}$.

类似地，称 $\bigcap\limits_{i=1}^{n} A_i = A_1A_2\cdots A_n$ 为 n 个事件 A_1，A_2，…，A_n 的积事件.

（5）互不相容事件

若 $A\cap B=\varnothing$，则称事件 A 与事件 B 是**互不相容的，或互斥的**. 这指的是事件 A 与事件 B 不可能同时发生. 基本事件是两两互不相容的，如图 4—4 所示.

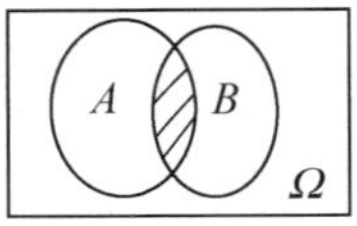

图 4—3　$A\cup B$

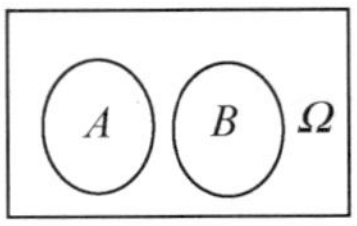

图 4—4　$A\cap B=\varnothing$

（6）互逆事件

若 $A\cup B=\Omega$ 且 $A\cap B=\varnothing$，则称事件 A 与事件 B 为**互逆事件**，又称事件 A 与事件 B 互为**对立事件**．这指的是，对每一次试验而言，事件 A 与事件 B 中必有一个发生，且仅有一个发生．A 的逆事件（或对立事件）常记为 $\overline{A}$．显然，$\overline{A}$ 由样本空间中一切不属于 A 的基本事件组成，即 $\overline{A}=\Omega-A$，如图 4—5 所示．

例 5　掷一颗骰子，事件 $A=$“出现点数不超过 3”，则 $A=\{1,\ 2,\ 3\}$，$\Omega=\{1,\ 2,\ 3,\ 4,\ 5,\ 6\}$．所以，$\overline{A}=\{4,\ 5,\ 6\}$．

（7）差事件

事件 $A-B=\{\omega\mid\omega\in A$ 但 $\omega\notin B\}$ 称为事件 A 与事件 B 的**差事件**，如图 4—6 所示．当且仅当事件 A 发生而事件 B 不发生时，差事件 $A-B$ 发生．显然 $A-B=A\overline{B}=A-AB$．

例 6　抛一粒骰子，事件 $A=$“出现点数不超过 3”，事件 $B=$“出现偶数点”，即 $A=\{1,\ 2,\ 3\}$，$B=\{2,\ 4,\ 6\}$，所以，$A-B=\{1,\ 3\}$．读者可以思考一下 $B-A$ 的值为多少．

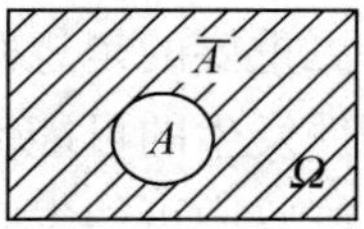

图 4—5　$\overline{A}$

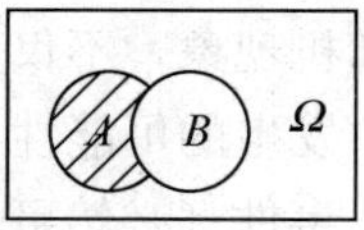

图 4—6　$A-B$

2．事件的运算定律

事件的运算满足集合论中有关集合运算的性质．

（1）交换律：$A\cup B=B\cup A$，$A\cap B=B\cap A$；

（2）结合律：$(A\cup B)\cup C=A\cup(B\cup C)$，$(A\cap B)\cap C=A\cap(B\cap C)$；

（3）分配律：$(A\cup B)\cap C=(A\cap C)\cup(B\cap C)$，$(A\cap B)\cup C=(A\cup C)\cap(B\cup C)$；

（4）德摩根（De Morgan）律：$\overline{A\cup B}=\overline{A}\cap\overline{B}$，$\overline{A\cap B}=\overline{A}\cup\overline{B}$．

对于有限多个事件，德摩根律也成立．

例 7　设随机试验为掷一颗匀质骰子，观察出现的点数，则样本空间 $\Omega=\{1,\ 2,\ 3,\ 4,\ 5,\ 6\}$．设事件 $A=\{$出现的点数为偶数$\}$，$B=\{$出现的点数大于 3$\}$，$C=\{$出现的点数能被 3 整除$\}$．求 $A\cap B$，$B\cup C$，$B-A$，$\overline{A\cup C}$．

解　$A=\{2,\ 4,\ 6\}$，$B=\{4,\ 5,\ 6\}$，$C=\{3,\ 6\}$．

$A\cap B=\{4,\ 6\}$，$B\cup C=\{3,\ 4,\ 5,\ 6\}$，$B-A=\{5\}$，

$\overline{A\cup C}=\overline{\{2,\ 3,\ 4,\ 6\}}=\{1,\ 5\}$，或 $\overline{A\cup C}=\overline{A}\cap\overline{C}=\{1,\ 3,\ 5\}\cap\{1,\ 2,\ 4,\ 5\}=\{1,\ 5\}$．

例 8 若 A，B，C 是三个随机事件，试用 A，B，C 的运算关系式表示下列随机事件.

（1）事件 A 与 B 都发生而 C 不发生；

（2）事件 A，B，C 都发生；

（3）事件 A，B，C 中恰有一个发生；

（4）事件 A，B，C 中恰好有两个发生；

（5）事件 A，B，C 中至少一个发生.

解（1）$AB\overline{C}$ 或 $AB-C$ 或 $AB-ABC$；

（2）ABC；

（3）$A\overline{B}\overline{C}+\overline{A}B\overline{C}+\overline{A}\overline{B}C$；

（4）$AB\overline{C}+A\overline{B}C+\overline{A}BC$；

（5）$A\cup B\cup C$ 或 $\overline{A}\overline{B}C+\overline{A}B\overline{C}+A\overline{B}\overline{C}+\overline{A}BC+A\overline{B}C+AB\overline{C}+ABC$.

三、概率的定义和性质

研究随机现象，不仅关心试验中会发生哪些事件，更重要的是想知道事件在一次试验中发生的可能性大小，也就是事件的概率. 事件发生的可能性越大，概率就越大. 事件（必然事件和不可能事件除外）在一次试验中可能发生，也可能不发生，是否发生具有随机性，但它发生的可能性大小是其本身所固有的客观属性. 概率就是度量某事件发生可能性大小的一种数量指标，它是介于 0 与 1 之间的一个实数. 我们用 $P(A)$ 表示事件 A 发生的概率，则 $0\leqslant P(A)\leqslant 1$.

在概率论的发展过程中，人们针对不同的问题，从不同的角度给出了概率的定义及相应的计算方法. 下面将介绍几种概率的定义.

1. 概率的统计定义

在大量重复试验或观察中，随机事件发生的可能性大小会呈现出一定的统计规律性，可以通过大量重复试验来确定事件的概率.

在相同条件下将试验重复进行 n 次，各次试验互不影响. 在 n 次试验中，事件 A 发生了 k 次，k 称为事件 A 在这 n 次试验中发生的**频数**，而比值 $f_n(A)=\dfrac{k}{n}$ 称为事件 A 在这 n 次试验中发生的**频率**.

例如：掷一枚硬币，可能出现正面，也可能出现反面. 记 $A=\{$出现正面$\}$，当硬币均匀时，在大量试验中出现正面的频率应接近 50%. 自然地，我们认为对均匀硬币来说，$P(A)=1/2$. 历史上有一些著名的统计学家进行过掷硬币的试验，结果如表 4—1 所示：

表 4—1　　**掷硬币试验频率表**

实验者	掷硬币次数	出现正面次数	频　率
蒲　丰	4 040	2 048	0.506 9
皮尔逊	12 000	6 019	0.501 6
皮尔逊	24 000	12 012	0.500 5

又如：英文字母使用频率的研究，对于信息的编码、密码的破译等是十分有用的．大量统计表明，字母 E 的使用频率最高，约为 0.105；其次为字母 T、O；字母 J、Q 与 Z 的使用频率最低，仅为 0.001．据此可以认为，在英语中，字母 E 出现的概率最高，约为 0.105．

频率一般与试验次数 n 有关，并且在 n 固定时，作若干组 n 次试验，各组频率一般也不相同．但当 n 很大时，频率却呈现某种稳定性，即 $f_n(A)$ 在某常数附近摆动，且当 n 无限增大时，一般说来，频率会“趋向”这个常数．这种“**频率的稳定性**”就是我们通常所说的随机现象的统计规律性．很自然地，把频率所稳定到的那个常数表示事件 A 在一次试验中发生的可能性的大小，即事件 A 发生的概率 $P(A)$．概率的这种定义称为统计定义．

定义 1　在相同条件下进行大量重复试验，当试验次数 n 充分大时，事件 A 发生的频率 $f_n(A)$ 稳定地在某一常数 p 附近摆动，且 n 越大摆动幅度越小，则称常数 p 为事件 A 的概率，记作 $P(A)$．这样定义的概率称为**统计概率**．

在日常生活与生产实践中，直接计算事件的概率往往是非常困难的，甚至是不可能的．虽然我们并不能由概率的统计定义确切地定出一个事件的概率，但是它提供了一种估计概率的方法：把多次重复试验中事件 A 的频率 $f_n(A)$ 作为事件 A 的概率 $P(A)$ 的近似值，即当试验次数 n 充分大时，$P(A)\approx f_n(A)=\frac{k}{n}$．

诸如一批种子的“发芽率”，某人射击的“命中率”，某产品的“次品率”，等等，都是用频率来近似概率的实例．但必须注意，应用概率的统计定义时，各次试验是在基本相同的条件下独立进行的，而且次数要足够的多．

频率与概率的关系就像物体长度的测量值与该长度之间的关系：物体的长度是客观存在的，是该物体的固有属性，测量值是它的某种程度的近似值．同样，随机事件发生的可能性的大小——概率是随机事件的客观属性，多次随机试验所得的频率则是它的某种程度的近似．

2．古典概率

考察一类最简单的随机试验模型，它们具有以下两个特点：

（1）试验的样本空间 Ω 只包含有限个样本点（即**有限性**）；

（2）在每次试验中，每个基本事件出现的可能性相同（即**等可能性**）.

具有这两个特点的试验称为**古典概型**（或**等可能概型**）.

在概率论的产生和发展过程中，古典概型是最早且最常用的一种概率模型. 我们经常引用的“抛硬币”和“掷骰子”的试验就属于这一类试验. 很多实际问题符合或近似符合这两个条件，可以作为古典概型来看待. 在“等可能性”概念的基础上，很自然地引进如下的**古典概率**的定义.

定义 2 设一古典概型试验有 n 个等可能的基本事件，而事件 A 恰包含其中的 k 个基本事件，则事件 A 的概率 $P(A)$ 定义为

$$P(A)=\frac{k}{n}=\frac{\text{事件 }A\text{ 中所包含的基本事件数}}{\text{样本空间 }\Omega\text{ 中所含基本事件总数}}=\frac{N(A)}{N(\Omega)}.$$

即在古典概型试验中，事件 A 的概率 $P(A)$ 等于 A 中所包含的样本点个数在样本空间的全部样本点总数中所占的比例.

利用概率的古典定义计算事件 A 的概率，首先要确定随机试验满足古典概型的特点，然后确定样本空间 Ω 所包含的基本事件总数 $N(\Omega)$ 和事件 A 中所包含的基本事件数 $N(A)$. 在计算中常常要用到排列与组合数的计算.

例 9 设在 100 件产品中，有 4 件次品，其余均为正品，求

（1）这批产品的次品率；

（2）任取 3 件，全是正品的概率；

（3）任取 3 件，恰好有 2 件正品的概率.

解 设 A 为“任取 1 件产品取到次品”，A_i 表示“任取 3 件产品取到 i 件正品”，$i=0$，1，2，3.

（1）基本事件总数 $n_1=100$，A 包含的基本事件数 $m_1=4$，所以

$$P(A)=\frac{4}{100}=0.04.$$

（2）基本事件总数 $n_2=C_{100}^3$，A_3 包含的基本事件数 C_{96}^3，故

$$P(A_3)=\frac{C_{96}^3}{C_{100}^3}\approx 0.883\,6.$$

（3）基本事件总数仍为 C_{100}^3，事件 A_2 包含的基本事件数 $C_{96}^2C_4^1$，故

$$P(A_2)=\frac{C_{96}^2C_4^1}{C_{100}^3}\approx 0.112\,8.$$

例 10　用 0，1，2，3，4，5 这六个数字排成三位数，求

（1）没有相同数字的三位数的概率.

（2）没有相同数字的三位偶数的概率.

解　设 A 表示没有相同数字的三位数，B 表示没有相同数字的三位偶数，则基本事件总数 $n=5\times6\times6=180$.

（1）事件 A 包含的基本事件数为 $m_A=5\times5\times4$，所以

$$P(A)=\frac{5\times5\times4}{5\times6\times6}=\frac{5}{9}.$$

（2）事件 B 包含的基本事件数为 $m_B=4\times4\times2+5\times4=52$，所以

$$P(B)=\frac{52}{5\times6\times6}=\frac{13}{45}.$$

例 11　将一枚硬币抛掷两次，设事件 $A=\{$恰有一次出现正面$\}$，事件 $B=\{$至少有一次出现正面$\}$. 求 $P(A)$ 和 $P(B)$.

解　正面记为 H，反面记为 T，则随机试验的样本空间为 $\Omega=\{HH, HT, TH, TT\}$，这里四个基本事件是等可能发生的，故属古典概型.

$A=\{HT, TH\}$，$B=\{HH, HT, TH\}$，则 $N(\Omega)=4$，$N(A)=2$，$N(B)=3$，故

$$P(A)=\frac{2}{4}=\frac{1}{2},\quad P(B)=\frac{3}{4}.$$

例 12　袋内有三个白球与两个黑球（外形相同），从袋中任取两个球，求取出的两个球是白球与黑球各一个的概率.

解　本题为古典概型. 设事件 A 表示取出的两个球是白球与黑球各一个. 5 个球中任取两个，共有 $C_5^2=10$ 种取法，每一种取法为一基本事件且等可能，即基本事件总数 $N(\Omega)=C_5^2=10$. 而事件 A 中所包含的基本事件数 $N(A)=C_3^1C_2^1=6$. 故

$$P(A)=\frac{C_3^1C_2^1}{C_5^2}=\frac{6}{10}=0.6.$$

一般地，若在一批产品中有 a 件次品，b 件正品，外形相同. 从中任取 n 件（$n\leqslant a$），则这 n 件产品中恰好有 $k(k\leqslant n)$ 件次品的概率为 $\dfrac{C_a^kC_b^{n-k}}{C_{a+b}^n}$.

本例是产品抽样检查时常用的概率模型.

例 13 两封信随机地向标号为Ⅰ、Ⅱ、Ⅲ、Ⅳ的 4 个邮筒投寄，求

（1）前两个邮筒中各有一封信的概率；

（2）第二个邮筒恰好被投入一封信的概率.

解 设事件 A 表示前两个邮筒中各有一封信，设事件 B 表示第二个邮筒恰好被投入一封信. 两封信的每一种投法是一个基本事件且等可能，这属于古典概型. 两封信随机地投入 4 个邮筒，共有 4^2 种等可能投法，而组成事件 A 的不同投法只有 C_2^1 种，组成事件 B 的不同投法有 $C_2^1C_3^1$ 种，故

$$P(A)=\frac{C_2^1}{4^2}=\frac{1}{8}=0.125;$$

$$P(B)=\frac{C_2^1C_3^1}{4^2}=\frac{3}{8}=0.375.$$

3. 概率的性质

由概率的定义不难证明概率具有如下一系列性质：

性质 1 **（非负性）** 对于任意事件 $A\subset\Omega$，有 $0\leqslant P(A)\leqslant 1$.

性质 2 **（规范性）** $P(\Omega)=1$.

性质 3 **（有限可加性）** 若 A 与 B 是两个互不相容的事件，则

$$P(A+B)=P(A)+P(B).$$

一般地，若 A_1，A_2，…，A_n 是有限个两两互不相容的事件，则

$$P(A_1+A_2+\cdots+A_n)=\sum_{i=1}^{n}P(A_i).$$

性质 4 对于任一事件，有 $P(\overline{A})=1-P(A)$. 显然，$P(\varnothing)=0$.

性质 5 **（单调不减性）** 设 A 与 B 是两个事件，且 $A\supset B$，则

$$P(A-B)=P(A)-P(B)\text{ 且 }P(A)\geqslant P(B).$$

一般地，若 A 与 B 是任意两个事件，则

$$P(A-B)=P(A-AB)=P(A)-P(AB).$$

性质 6 **（广义加法公式）** 若 A 与 B 是任意两个事件，则

$$P(A\cup B)=P(A)+P(B)-P(AB).$$

该公式可推广到任意 n 个事件 A_1，A_2，…，A_n 的情形（多退少补原则）. 例如，设 A，B，C 是任意三个事件，则

$$P(A\cup B\cup C)=P(A)+P(B)+P(C)-P(AB)-P(BC)-P(AC)+P(ABC).$$

例 14　设 A 与 B 是两个互不相容的事件，已知 $P(A)=0.3$，$P(B)=0.6$，求

$$P(\overline{A}),P(A+B),P(A\overline{B}),P(\overline{A}\overline{B})\text{和 }P(\overline{A}\cup\overline{B})$$

解　$P(\overline{A})=1-P(A)=1-0.3=0.7$.

因 A 与 B 互不相容，即 $P(AB)=0$，则有

$$P(A+B)=P(A)+P(B)=0.3+0.6=0.9.$$

$$P(A\overline{B})=P(A-B)=P(A-AB)=P(A)-P(AB)=0.3-0=0.3.$$

$$P(\overline{A}\overline{B})=P(\overline{A\cup B})=1-P(A\cup B)=1-0.9=0.1.$$

$$P(\overline{A}\cup\overline{B})=P(\overline{A\cap B})=1-P(AB)=1-0=1.$$

例 15　已知 $A\subset B$，$P(A)=0.2$，$P(B)=0.8$，求

$$P(\overline{A}),P(A\cup B),P(AB),P(A-B)\text{和 }P(\overline{A}B).$$

解　$P(\overline{A})=1-P(A)=1-0.2=0.8$.

因 $A\subset B$，则 $A\cup B=B$，$AB=A$，故有

$$P(A\cup B)=P(B)=0.8.$$

$$P(AB)=P(A)=0.2.$$

$$P(A-B)=P(A-AB)=P(A)-P(AB)=P(A)-P(A)=0.$$

或由 $A\subset B$，可知 $A-B=\varnothing$，故 $P(A-B)=P(\varnothing)=0$.

$$P(\overline{A}B)=P(B-A)=P(B)-P(AB)=P(B)-P(A)=0.8-0.2=0.6.$$

例 16　小王参加“智力大冲浪”游戏，他能答出甲、乙两类问题的概率分别为 0.7 和 0.4，两类问题都能答出的概率为 0.3. 求：

(1) 小王答出甲类问题而答不出乙类问题的概率；

(2) 小王至少有一类问题能答出的概率；

(3) 小王两类问题都答不出的概率.

解　设事件 A 与 B 分别表示小王能答出甲类问题和乙类问题，则有 $P(A)=0.7$，$P(B)=0.4$，$P(AB)=0.3$，于是所求概率分别为

(1) $P(A\overline{B})=P(A-B)=P(A-AB)=P(A)-P(AB)=0.7-0.3=0.4$.

(2) $P(A\cup B)=P(A)+P(B)-P(AB)=0.7+0.4-0.3=0.8$.

(3) $P(\overline{A}\overline{B})=P(\overline{A\cup B})=1-P(A\cup B)=1-0.8=0.2$.

四、概率计算

1. 条件概率

任一个随机试验都是在某些基本条件下进行的，在这些基本条件下某个事件 A 的发生具有某种概率. 但如果除了这些基本条件外还有附加条件，所得概率就可能不同. 这些附加条件可以看成是另外某个事件 B 发生. 一般地，在已知一事件 B 发生的前提下，事件 A 发生的可能性不一定再是 $P(A)$.

已知事件 B 发生条件下事件 A 发生的概率称为**事件 A 关于事件 B 的条件概率**，记作 $P(A \mid B)$. 那么条件概率该如何计算呢?

在某种情况下，条件的附加意味着对样本空间进行缩减，相应的概率可在缩减的样本空间内直接计算. 我们来分析一个简单的实例.

例 17 考虑恰有两个小孩的家庭，若已知某一家有男孩，求这家有两个男孩的概率；若已知某家第一个是男孩，求这家有两个男孩（相当于第二个也是男孩）的概率（假定生男生女为等可能）

解 设 B 表示有男孩，A 表示有两个男孩，B_1 表示第一个是男孩，我们有

$$\Omega=\{(\text{男},\text{男}),(\text{男},\text{女}),(\text{女},\text{男}),(\text{女},\text{女})\},$$
$$B=\{(\text{男},\text{男}),(\text{男},\text{女}),(\text{女},\text{男})\},$$
$$B_1=\{(\text{男},\text{男}),(\text{男},\text{女})\}.$$

于是得

$$P(B)=\frac{3}{4},\ P(B_1)=\frac{1}{2},\ P(AB)=P(A)=\frac{1}{4},\ P(AB_1)=P(A)=\frac{1}{4}.$$

所求的两个条件概率为

$$P(A|B)=\frac{P(AB)}{P(B)}=\frac{\frac{1}{4}}{\frac{3}{4}}=\frac{1}{3}.$$

$$P(A|B_1)=\frac{P(AB_1)}{P(B_1)}=\frac{\frac{1}{4}}{\frac{1}{2}}=\frac{1}{2}.$$

例 18 盒中有不同颜色和不同材质的球，具体情况如表 4—2 所示. 从盒中任取一球，试求：

（1）取到黄球的概率；

（2）取到玻璃球的概率；

（3）已知取到的是玻璃球，则它是黄球的概率.

表 4—2　　**不同颜色和不同材质的球**

球的个数	玻璃	塑料	总计
红色	6	2	8
黄色	8	4	12
总计	14	6	20

解　设 $A=\{$取得黄球$\}$，$B=\{$取得玻璃球$\}$，显然这是古典概型. 样本空间 Ω 包含的样本点总数为 20，事件 A 包含的样本点数为 12，事件 B 包含的样本点数为 14，故

（1）$P(A)=\dfrac{12}{20}=\dfrac{6}{10}=0.6.$

（2）$P(B)=\dfrac{14}{20}=\dfrac{7}{10}=0.7.$

（3）如果已知取得为玻璃球，则它是黄球的概率，就是 B 发生的条件下 A 发生的条件概率，即所求为 $P(A\mid B)$. 在 B 发生的条件下可能的样本点总数应为“玻璃球的总数 14”，也即把样本空间缩减到玻璃球全体. 而在 B 发生的条件下 A 包含的样本点数为黄色玻璃球数 8，故

$$P(A|B)=\frac{8}{14}=\frac{4}{7}\neq P(A)=0.6.$$

一般说来，在古典概型下，都可以这样做. 但若回到原来的样本空间，则当 $P(B)\neq 0$ 时可得到以下结果：

$$P(A|B)=\frac{\text{积事件 }AB\text{ 包含的样本点数}}{\text{事件 }B\text{ 包含的样本点数}}$$
$$=\frac{\text{积事件 }AB\text{ 包含的样本点数/总数}}{\text{事件 }B\text{ 包含的样本点数/总数}}=\frac{P(AB)}{P(B)},$$

即条件概率 $P(A\mid B)$ 等于积事件 AB 的概率 $P(AB)$ 除以事件 B 的概率 $P(B)$.

其实这一表达式对其他定义的概率也成立. 由此得出如下的一般定义：

定义 3　设 A 与 B 是随机试验 E 的两个事件，且 $P(B)>0$，则称

$$P(A|B)=\frac{P(AB)}{P(B)}$$

为事件 B 已发生的条件下事件 A 发生的条件概率.

容易验证，条件概率也满足概率的公理化定义中的非负性、规范性和可列可加性. 由此它也可与一般概率同样运算，只要每次都加上“在某事件发生的条件下”即可.

例 19 将一枚匀质硬币抛掷两次，观察出现正面 H，反面 T 的情况. 事件 $A=\{$两次掷出同一面$\}$，事件 $B=\{$至少有一次为正面$\}$，求 $P(A\mid B)$，$P(\bar{A}\mid B)$.

解 方法一 $\Omega=\{HH, HT, TH, TT\}$，$A=\{HH, TT\}$，$\bar{A}=\{HT, TH\}$，$B=\{HH, HT, TH\}$，则由古典定义得 $P(A\mid B)=\frac{1}{3}$，$P(\bar{A}\mid B)=\frac{2}{3}$.

方法二 易知 $AB=\{HH\}$，$\bar{A}B=\{HT, TH\}$，于是

$$P(B)=\frac{3}{4}, P(AB)=\frac{1}{4}, P(\bar{A}B)=\frac{2}{4},$$

故有

$$P(A|B)=\frac{P(AB)}{P(B)}=\frac{1/4}{3/4}=\frac{1}{3}.$$

$$P(\bar{A}|B)=\frac{P(\bar{A}B)}{P(B)}=\frac{2/4}{3/4}=\frac{2}{3}.$$

显见，$P(\bar{A}\mid B)=1-P(A\mid B)$，但注意 $P(A\mid \bar{B})\neq 1-P(A\mid B)$.

2. 乘法公式

由条件概率的定义式，可得如下计算积事件概率的乘法公式.

定理 1 **（概率的乘法定理）**

设 $P(B)>0$，则有 $P(AB)=P(B)\cdot P(A\mid B)$.

或 $P(A)>0$，则有 $P(AB)=P(A)\cdot P(B\mid A)$.

以上式子称为**概率的乘法公式**，即两个事件 A 与 B 的积事件的概率等于其中一事件的概率乘以在该事件发生的条件下，另一事件发生的条件概率.

两个事件的乘法公式可推广到任意有限个事件的积事件的情况. 例如，设 A，B，C 是任意三个事件，且 $P(AB)>0$，则有

$$P(ABC)=P(A)P(B|A)P(C|AB).$$

注 由假设 $P(AB)>0$，而 $A\supset AB$，故 $P(A)\geqslant P(AB)>0$，因此上式中的条件概率是有意义的.

例 20 一个盒子中有 6 只白球，4 只黑球，从中不放回地每次任取 1 只，连取 3 次，求第三次才取得白球的概率.

解　设事件 A_i 表示第 i 次取得白球（$i=1$，2，3），依题意知第一次取得黑球，第二次取得黑球，第三次取得白球也就是事件 $\overline{A}_1\overline{A}_2A_3$，易知

$$P(\overline{A}_1)=\frac{4}{10},P(\overline{A}_2|\overline{A}_1)=\frac{3}{9},P(A_3|\overline{A}_1\overline{A}_2)=\frac{6}{8}.$$

$$P(\overline{A}_1\overline{A}_2A_3)=P(\overline{A}_1)P(\overline{A}_2|\overline{A}_1)P(A_3|\overline{A}_1\overline{A}_2)=\frac{4}{10}\times\frac{3}{9}\times\frac{6}{8}=\frac{1}{10}.$$

例 21　10 个考签中有 4 个难签，甲、乙、丙三人依次参加抽签（不放回）. 求甲、乙都抽到难签，甲没抽到难签而乙抽到难签以及甲、乙、丙都抽到难签的概率.

解　设事件 A，B，C 分别表示甲、乙、丙各抽到难签，则由乘法公式可得

$$P(AB)=P(A)\cdot P(B|A)=\frac{4}{10}\times\frac{3}{9}=\frac{2}{15};$$

$$P(\overline{A}B)=P(\overline{A})\cdot P(B|\overline{A})=\frac{6}{10}\times\frac{4}{9}=\frac{4}{15};$$

$$P(ABC)=P(A)P(B|A)P(C|AB)=\frac{4}{10}\times\frac{3}{9}\times\frac{2}{8}=\frac{1}{30}.$$

由古典概率的定义易知甲抽到难签的概率 $P(A)=\frac{4}{10}=\frac{2}{5}$，那么乙抽到难签的概率 $P(B)$ 该如何计算呢？

由于 $B=AB+\overline{A}B$，并且 AB 与 $\overline{A}B$ 互不相容，于是由加法公式和乘法公式，有

$$\begin{aligned}P(B)&=P(AB+\overline{A}B)=P(AB)+P(\overline{A}B)\\&=P(A)\cdot P(B|A)+P(\overline{A})\cdot P(B|\overline{A})\\&=\frac{4}{10}\times\frac{3}{9}+\frac{6}{10}\times\frac{4}{9}=\frac{4}{10}=\frac{2}{5}.\end{aligned}$$

把这种方法推广到一般情形即为如下全概率公式.

3. 全概率公式与贝叶斯（Bayes）公式

定理 2　若事件组 A_1，A_2，…，A_n 是有限个两两互不相容的事件，$P(A_i)>0(i=1，2，\cdots，n)$，且 $\sum\limits_{i=1}^{n}A_i=\Omega$，则对任何事件 B，有

(1) $P(B)=\sum\limits_{i=1}^{n}P(A_i)P(B\mid A_i)$，称此式为**全概率公式**.

(2) $P(A_j \mid B)=\dfrac{P(A_jB)}{P(B)}=\dfrac{P(A_j)P(B \mid A_j)}{\sum\limits_{i=1}^{n}P(A_i)P(B \mid A_i)}$, $P(B)>0$，称此式为**贝叶斯（Bayes）公式或逆概率公式或后验概率公式**.

如果把 B 看成“结果”，A_1，A_2，…，A_n 看成导致这一结果的可能的“原因”，则全概率公式可以看成为“由原因推结果”，而贝叶斯公式正好相反，可以看成是“由结果推原因”. 现在一个结果 B 发生了，那么导致这一结果的各种不同的原因的可能性就可由贝叶斯公式求得.

例 22 有甲乙两个袋子，甲袋中有 2 个白球，1 个红球，乙袋中有 2 个红球，1 个白球. 这六个球手感上不可区别. 今从甲袋中任取一球放入乙袋，搅匀后再从乙袋中任取一球，求此球是红球的概率. 若已知取到一个红球，则从甲袋放入乙袋的是白球的概率是多少?

解 设 $A_1=\{$从甲袋放入乙袋的是白球$\}$，$A_2=\{$从甲袋放入乙袋的是红球$\}$，$B=\{$从乙袋中任取一球是红球$\}$，则

$$P(A_1)=\frac{2}{3},P(A_2)=\frac{1}{3},P(B|A_1)=\frac{2}{4},P(B|A_2)=\frac{3}{4}.$$

由全概率公式得

$$\begin{aligned}P(B)&=P(A_1)\cdot P(B|A_1)+P(A_2)\cdot P(B|A_2)\\&=\frac{2}{3}\times\frac{2}{4}+\frac{1}{3}\times\frac{3}{4}=\frac{7}{12}.\end{aligned}$$

由贝叶斯公式得

$$\begin{aligned}P(A_1|B)&=\frac{P(A_1B)}{P(B)}=\frac{P(A_1)P(B|A_1)}{P(B)}\\&=\frac{2/3\times2/4}{7/12}=\frac{4}{7}.\end{aligned}$$

例 23 无线电通讯中，发报台分别以概率 0.6 和 0.4 发出信号“.”和“—”. 由于干扰，发出信号“.”时，收报台以概率 0.98 收到信号“.”，发出信号“—”时，收报台以概率 0.99 收到信号“—”. 求在收报台收到信号“—”的条件下，发报台发出信号“.”的概率.

解 设 $B_1=\{$发出信号“.”$\}$，$B_2=\{$发出信号“—”$\}$，$A_1=\{$收到信号“.”$\}$，$A_2=\{$收到信号“—”$\}$. 由于 $B_1B_2=\varnothing$，$B_1\cup B_2=\Omega$，$A_2=A_2B_1\cup A_2B_2$，于是

$$P(B_1|A_2)=\frac{P(A_2B_1)}{P(A_2)}=\frac{P(B_1)P(A_2|B_1)}{P(B_1)P(A_2|B_1)+P(B_2)P(A_2|B_2)}$$

$$=\frac{0.6\times0.02}{0.6\times0.02+0.4\times0.99}\approx0.029.$$

例 24　用血清甲胎蛋白法诊断肝癌．用 C 表示被检验者确实患有肝癌的事件，A 表示判断被检验者患肝癌的事件，已知

$$P(A|C)=0.95,P(\overline{A}|\overline{C})=0.90,P(C)=0.0004.$$

现若有一人被此法诊断患有肝癌，求此人真正患肝癌的概率．

解　由贝叶斯公式得所求概率为

$$P(C|A)=\frac{P(C)P(A|C)}{P(C)P(A|C)+P(\overline{C})P(A|\overline{C})}.$$

$$P(\overline{C})=1-P(C)=0.9996,P(A|\overline{C})=1-P(\overline{A}|\overline{C})=0.10,$$

将这些数值与已知值代入上述贝叶斯公式，得

$$P(C|A)=\frac{0.0004\times0.95}{0.0004\times0.95+0.9996\times0.10}\approx0.0038.$$

注　条件中 $P(A\mid C)$ 表示确实患肝癌的人被确诊有肝癌的概率，$P(\overline{A}\mid\overline{C})$ 表示确实没有患肝癌的人被确诊没有患肝癌的概率，$P(A\mid C)=0.95$ 及 $P(\overline{A}\mid\overline{C})=0.90$ 两式表明该检验法还是相当可靠的．但若有一人被诊断患肝癌，而实际上他真患肝癌的概率 $P(C\mid A)$ 并不大．如果在分析问题时不运用概率论的思想，是很难理解这一结论的．事实上因 $P(C)=0.0004$，即人群中真正患肝癌的人很少，又由于检验方法并不完全准确，在大批健康人中还会有一定数量的人被误诊为肝癌．另一方面，真正的肝癌患者在全人口中占很小比例，即使全部被检出，在这两部分被检验为患肝癌的总人数中也只占一小部分．

三、事件的独立性

1．两个事件的独立性

对于 A 与 B 两个事件，一般来说 $P(A\mid B)\neq P(A)$，即事件 B 发生与否对事件 A 发生的概率有影响，但也有相反的情况 $P(A\mid B)=P(A)$，也就是 B 发生与否对事件 A 发生的概率没有影响．这时 $P(AB)=P(B)P(A\mid B)=P(A)P(B)$．

反过来，若 $P(AB)=P(A)P(B)$，则

$$P(A|B)=\frac{P(AB)}{P(B)}=\frac{P(A)\cdot P(B)}{P(B)}=P(A).$$

这种情况称 A 与 B 相互独立，简称 A 与 B 独立.

例如，分别掷甲乙两枚硬币，观察其出现正面 H 和反面 T 的情况. 设事件 $A=\{$甲币出现正面 $H\}$，$B=\{$乙币出现正面 $H\}$，则

$$\Omega=\{HH,HT,TH,TT\},A=\{HH,HT\},AB=\{HH\}.$$

$$P(A)=\frac{1}{2},P(B)=\frac{1}{2},P(B|A)=\frac{1}{2},P(AB)=\frac{1}{4}.$$

从而有 $P(B \mid A)=P(B)$，$P(AB)=P(A)P(B)$. 事实上，显然甲币是否出现正面与乙币是否出现正面是互不影响的.

定义 4 设 A 与 B 是两事件，$P(B)\neq 0$，若 $P(A \mid B)=P(A)$，则称**事件 A 与 B 相互独立.**

随机事件的独立性是一种相互对称的性质. 也就是说，如果两事件中任一事件的发生不影响另一事件发生的概率，则称事件 A 与 B 相互独立.

定理 3 事件 A 与 B 相互独立的充要条件是 $P(AB)=P(A)P(B)$.

定理 4 若事件 A 与 B 相互独立，则 A 与 $\overline{B}$，$\overline{A}$ 与 B，$\overline{A}$ 与 $\overline{B}$ 也相互独立.

例 25 甲、乙两个战士打靶，甲的命中率为 0.9，乙的命中率为 0.85，两人同时射击同一目标，各打一枪. 求目标被击中的概率.

解 方法一 设 $A=\{$甲击中目标$\}$，$B=\{$乙击中目标$\}$，$C=\{$目标被击中$\}$，则

$$\begin{aligned}P(C)&=P(A\cup B)=P(A)+P(B)-P(AB)\\&=0.9+0.85-0.9\times 0.85=0.985.\end{aligned}$$

方法二

$$\begin{aligned}P(C)&=P(A\cup B)=1-P(\overline{A}\overline{B})=1-P(\overline{A})P(\overline{B})\\&=1-0.1\times 0.15=0.985.\end{aligned}$$

很多实际问题中，往往根据独立的含义直观判断. 例如，甲、乙两个战士打靶是否击中目标可以认为是相互独立的；一个电路系统中两个不同元件出现故障可以认为是相互独立的.

例 26 设一个产品分两道工序独立生产，第一道工序的次品率为 10%，第二道工序的次品率为 3%. 问该产品的次品率是多少?

解 方法一 设 $A=\{$任取一件产品为正品$\}$，$B=\{$任取一件产品为次品$\}$，

$A_i=\{$第 i 道工序为正品$\}$ $(i=1,\ 2)$，则

$$P(A)=P(A_1A_2)=P(A_1)P(A_2)=[1-P(\overline{A}_1)][1-P(\overline{A}_2)]$$
$$=(1-10\%)(1-3\%)=0.873.$$

所以

$$P(B)=1-P(A)=1-0.873=0.127.$$

方法二

$$\begin{aligned}P(B)&=P(\overline{A}_1\cup\overline{A}_2)=P(\overline{A}_1)+P(\overline{A}_2)-P(\overline{A}_1\cap\overline{A}_2)\\&=P(\overline{A}_1)+P(\overline{A}_2)-P(\overline{A}_1)P(\overline{A}_2)\\&=10\%+3\%-10\%\times3\%\\&=0.127.\end{aligned}$$

2. 多个事件的独立性

对 n 个事件，除考虑两两的独立性以外，还要考虑其整体的相互独立性. 以三个事件 A，B，C 为例来说明.

定义 5 设 A，B，C 是三个事件，如果具有等式

$$P(AB)=P(A)P(B),P(BC)=P(B)P(C),P(AC)=P(A)P(C),$$

则称三事件 A，B，C **两两独立**.

定义 6 设三事件 A，B，C 两两独立，且满足 $P(ABC)=P(A)P(B)P(C)$，则称三事件 A，B，C **相互独立**.

显然 A，B，C 相互独立包含了两两独立，但 A，B，C 的两两独立并不能代替三个事件相互独立. 可看下面的实例.

例 27 一个均匀的正四面体，其第一面为红色，第二面为白色，第三面为黑色，第四面红白黑三色都有. 分别用 A，B，C 记投一次四面体时底面出现红、白、黑的事件. 由于在四面体中有两面出现红色，故 $P(A)=0.5$，同理 $P(B)=P(C)=0.5$，同时出现两色或同时出现三色只有第四面，故 $P(AB)=P(AC)=P(BC)=P(ABC)=\dfrac{1}{4}$，于是

$$P(AB)=P(A)P(B),P(BC)=P(B)P(C),P(AC)=P(A)P(C),$$

即 A，B，C 两两独立.

但 $P(ABC)=\dfrac{1}{4}\neq P(A)P(B)P(C)=\dfrac{1}{8}$，故 A，B，C 不相互独立.

定理 5 若 n 个事件 A_1，A_2，…，A_n 相互独立，则有

（1）$P(A_1A_2\cdots A_n)=P(A_1)\cdot P(A_2)\cdot\cdots\cdot P(A_n)$；

（2）其中任意 $k(2\leqslant k\leqslant n)$ 个事件也相互独立；

（3）将 A_1，A_2，…，A_n 中任意多个换成它们各自的对立事件，所得的 n 个事件仍相互独立.

下面研究一种重要的独立重复试验模型.

3. 伯努利概型

每次只有两个可能结果（A 与 $\overline{A}$）的随机试验称为**伯努利（Bernoulli）试验**. 例如，掷一枚硬币，观察其出现“正面”还是“反面”；考察一条线路，只有“通”与“不通”；传递一个信号，只有“正确”与“错误”；播下一颗种子，观察它“发芽”与否；观察一台机器“开动”与否，等等. 有些试验虽然可能的结果不止两个，但我们总是可以将感兴趣的试验结果定义为事件 A，而其他所有结果都定义为 $\overline{A}$，如果只考虑事件 A 发生与否，这样该试验也就只含有 A 与 $\overline{A}$ 这两个对立的结果，也可作为伯努利试验. 例如，抽检一个产品，虽有各种质量指标，但如果只考虑合格与否，就是伯努利试验. 我们可以用 A 代表“成功”，而 $\overline{A}$ 代表“失败”这种抽象的说法来描述伯努利试验. 我们将这样的伯努利试验独立地重复进行 n 次，称为 **n 重伯努利试验**，针对 n 重伯努利试验给出的概率模型称为**伯努利概型**. 对于伯努利概型，设 $P(A)=p(0<p<1)$，则 $P(\overline{A})=1-p=q$. 这里“重复”是指在每次试验中 $P(A)=p$ 保持不变；“独立”是指一次试验的任一结果与另一次试验的任一结果相互独立. 下面我们来看一个实例.

例 28 某射手打靶，每次命中的概率都是 0.8，连续射击 5 次.

（1）前两次命中，后三次没命中的概率；

（2）恰有两次命中的概率.

解 5 次射击可看成 5 次重复独立的伯努利试验. 记 $A=\{$一次射击时命中$\}$，则 $P(A)=0.8$，$P(\overline{A})=0.2$，记事件 $B=\{$前两次命中，后三次不命中$\}$，则

（1）前两次命中，后三次没命中的概率为 $P(B)=[P(A)]^2[P(\overline{A})]^3=p^2q^3$.

（2）记事件 $B_2=\{$恰有两次命中$\}$，与题（1）不同的是这里只指定 A 发生的次数，而没有限定在哪两次 A 发生，共有 C_5^2 种不同的情况，且每种情况发生的概率都是 p^2q^3，按照概率加法定理，恰有两次命中的概率为 $P(B_2)=C_5^2p^2q^3$.

一般地，我们有下面的定理.

定理 6 对于伯努利概型，事件 A 在 n 次试验中出现 k 次的概率为

$$P_n(k)=C_n^kp^kq^{n-k},k=0,1,2,\cdots,n;\quad p+q=1.$$

上式常称为伯努利公式. 由于它是二项展开式 $(p+q)^n=\sum\limits_{k=0}^{n} C_n^k p^k q^{n-k}$ 的各项（其和恰好为 1），故也常称为**二项概率公式**. 这是伯努利概型中最重要的概率，由它可推出很多事件的概率.

我们顺便再复习一下概率论中常用的排列组合公式.

(1) 从 n 个相异物件中取 r 个（$1\leqslant r\leqslant n$）的不同排列总数为

$$P_n^r=n(n-1)\cdots(n-r+1)=\frac{n!}{(n-r)!}.$$

特别地，若 $n=r$，则有 $P_r^r=r(r-1)\cdots 1=r!$（称为全排列).

人们常约定 $0!=1$. 当 r 不是非负整数时，记号 $r!$ 没有意义.

(2) 从 n 个相异物件中取 $r(1\leqslant r\leqslant n)$ 个的不同组合总数为

$$C_n^r=\frac{P_n^r}{r!}=\frac{n!}{r!\,(n-r)!}.$$

习题 4.2

1. 某袋子中装有 5 个球，其中 3 个红球，编号 A、B、C，有 2 个黄球，编号 D、F. 设试验为：

(1) 从袋中任取一个球，观察其颜色；

(2) 从袋中任取一个球，观察其编号.

分别写出各试验的样本空间，并指出样本空间中的基本事件是否是等可能的.

2. 任意抛掷一颗骰子，观察出现的点数. 设事件 $A=\{$出现偶数点$\}$，事件 $B=\{$出现的点数能被 3 整除$\}$.

(1) 写出试验的样本空间；

(2) 把事件 A，B，$\overline{A}$，$A\cup B$，AB 分别表示为样本点的集合.

3. 设 A、B、C 为三个随机事件，试用它们表示下列事件：

(1) A、B 出现，C 不出现；

(2) A、B、C 都不出现；

(3) A、B、C 中至少有两个出现；

(4) A、B、C 中至多有一个出现.

4. 把 10 本书任意地放在书架上，求其中指定的 3 本书放在一起的概率.

5. 一个袋内有 5 个红球，3 个白球，2 个黑球. 求任取 3 个球恰为一红一白一黑的概率.

6. 设有同类产品 6 件，其中有 4 件合格品，2 件不合格品. 从 6 件产品中任意抽取 2 件，求抽得合格品和不合格品各一件的概率.

7. 某门课只有通过口试及笔试两种考试才能获得学分. 某学生通过口试的概率为 65%，通过笔试的概率为 75%，至少通过两者之一的概率为 80%. 问这名学生能获得这门课的学分的概率是多少?

8. 一家大型工厂的雇员中，有 80%具有本科文凭，有 12%是管理人员，有 8%既具有本科文凭又是管理人员. 求：

(1) 已知某雇员有本科文凭，那么他是管理人员的概率是多少?

(2) 已知某雇员不具有本科文凭，那么他是管理人员的概率是多少?

9. 两台车床加工同样的零件，第一台出现废品的概率是 0.03，第二台出现废品的概率是 0.02. 加工出来的零件混放在一起，并且已知第一台加工的零件比第二台加工的零件多一倍. 求：

(1) 任意取出的一个零件是合格品的概率；

(2) 如果已知任意取出的一个零件是废品，求它是第二台车床加工的概率.

10. 有十个袋子，各袋中装球的情况如下：

(1) 两个袋子中各装有 2 个白球与 4 个黑球；

(2) 三个袋子中各装有 3 个白球与 3 个黑球；

(3) 五个袋子中各装有 4 个白球与 2 个黑球.

任选一个袋子，并从其中任取 2 个球，求取出的 2 个球都是白球的概率.

11. 某一治疗方法对病人有效的概率为 0.9. 今对 3 个病人进行治疗，求对 3 个病人的治疗中，至少有一人有效的概率，假设对各个病人的治疗效果是相互独立的.

12. 设有 5 门大炮独立地同时向同一目标各射击一次，若有不少于两发炮弹命中目标，则目标就被击毁. 如果每门炮命中目标的概率都是 0.6，求目标被击毁的概率.

第三节　随机变量及其分布

为了全面地研究随机试验的结果，更好地揭示随机现象的统计规律性，我们将随机试验的结果与实数对应起来，将随机试验的结果数量化，引入随机变量这一重要的概念.

一、随机变量的概念

定义 1　设 $\Omega=\{\omega\}$ 是随机试验的样本空间，如果变量 X 是定义在 Ω 上的一个单值实值函数，即对于每一个 $\omega\in\Omega$，有唯一确定的实数 $X=X(\omega)$ 与之对应，则称 X 为**随机变量**. 随机变量常用大写字母 X，Y，Z 或希腊字母 ξ，η，ζ 等表示，而常用小写字母 x，y，z 等表示实数.

例 1　(1) 用随机变量 X 表示掷一颗骰子出现的点数，则 X 的所有可能取值为 1，2，3，4，5，6.

(2) 抛掷一枚硬币，观察其出现正面与反面的情况，则其有两个可能结果：出现正面 H 和出现反面 T，其样本空间为 $\Omega=\{H, T\}$. 虽然结果与数量无关，但若令

$$X=X(\omega)=\begin{cases}1, & \omega=H\\ 0, & \omega=T\end{cases},$$

则每一个试验结果都可以用随机变量 X 的取值表示.

(3) 某段时间内某寻呼台接到的呼叫次数 X 是一个随机变量，它可取非负整数值.

(4) 某一公交车站乘客的候车时间是一个随机变量 X，它可以在某个有限的实数区间 $[a, b]$ 内取值.

(5) 在一批灯泡中任取一只，测其寿命，则灯泡的寿命有长有短，是一个随机变量 X，它可以在 $(0, +\infty)$ 上取值.

随机变量随着试验的结果而取不同的值，因而在试验之前只知道它可能取值的范围，而不能预知它取什么值. 此外，随机变量与普通函数存在着本质的差异，这就是随机变量取各个值有一定的概率. 再者，普通函数是定义在实数轴上的，而随机变量是定义在样本空间上的（样本空间的元素不一定是实数）.

按照随机变量可能取值的特点，可以将它分为离散型随机变量和非离散型随机变量. 若 X 的取值是有限个或无限可列个，则称 X 为**离散型随机变量**，如例 1(1)～(3) 中的随机变量. 非离散型随机变量中最常见的是连续型随机变量，它的取值可以充满某个实数区间，如例 1(4) 和 (5) 中的随机变量.

二、离散型随机变量及其概率分布

如果随机变量的全部可能取值是**有限个或可列无限多个**，则这种随机变量称

为**离散型随机变量**.

要掌握一个离散型随机变量 X 的统计规律，必须知道 X 的所有可能取值以及取每一个可能值的概率，也就是随机变量的概率分布.

1．离散型随机变量的概率分布

定义 2　设离散型随机变量 X 的所有可能取的不同值为 x_1，x_2，…，x_n，…，X 取各个可能值的概率分别为 p_1，p_2，…，p_n，…，即

$$P(X=x_k)=p_k,\quad k=1,2,\cdots,$$

且满足条件

（1）$p_k \geqslant 0$，$k=1$，2，…；

（2）$\sum_{k=1}^{\infty} p_k = 1$，

则称 $P(X=x_k)=p_k$，$k=1$，2，…为离散型随机变量 X 的**概率分布**或**分布律（列）**.

X 的分布律也可以用如下的表格形式来表示：

X	x_1	x_2	…	x_k	…
p_k	p_1	p_2	…	p_k	…

例 2　设袋中有 5 个球，其中有 2 个白球和 3 个黑球，现每次从中任取 1 个球（不放回），直至取到白球为止，求取球次数的概率分布.

解　设随机变量 X 表示取到白球为止的取球次数，则 X 的可能取值是 1，2，3，4. 易知

$$P(X=1)=\frac{2}{5}=0.4,$$

$$P(X=2)=\frac{3}{5}\times\frac{2}{4}=0.3,$$

$$P(X=3)=\frac{3}{5}\times\frac{2}{4}\times\frac{2}{3}=0.2,$$

$$P(X=4)=\frac{3}{5}\times\frac{2}{4}\times\frac{1}{3}\times\frac{2}{2}=0.1.$$

因此，所求的概率分布为：

X	1	2	3	4
p_k	0.4	0.3	0.2	0.1

2．几种常见的离散型随机变量的概率分布

下面介绍几种常见的离散型随机变量的概率分布，它们在实际工作中经常碰到，在理论研究中也有其特殊的重要性．

（1）两点分布或（0－1）分布

若随机变量 X 只有两个可能的取值：0 与 1，其概率分布为

X	0	1
p_k	$1-p$	p

则称 X 服从参数为 p 的**两点分布或（0－1）分布**．

在伯努利试验中，每次试验只有两个结果——事件 A 发生或不发生．本来这一结果与数值无关，但我们可以把它数量化，用一随机变量的取值与它相对应，就得到一个服从两点分布的随机变量．任一伯努利试验的结果，例如电路断与不断，产品质量合格与不合格，种子发芽与不发芽，掷硬币得正面与反面等，都可用两点分布来描述．

例 3　商店里有 10 张同类 CD 片，其中 6 张为一级品，3 张为二级品，1 张为不合格品．顾客购买时任取其中一张，求取得合格品的概率．

解　令 $X=\begin{cases}1，取得合格品\\0，否则\end{cases}$，则 X 服从 0－1 分布，其分布律为

X	0	1
$P(X)$	0.1	0.6＋0.3

取得合格品的概率为 $P(X=1)=0.9$．

（2）二项分布

设随机变量 X 表示 n 重伯努利试验中事件 A 发生的次数，则 X 的所有可能的取值为 0，1，2，…，n，其概率分布为

$$P(X=k)=\mathrm{C}_n^k p^k q^{n-k}, k=0,1,2,\cdots,n; 0<p<1, p+q=1,$$

并称 X 服从参数为 n，p 的**二项分布**．记作 $X\sim B(n, p)$．

二项分布是概率论中最重要的分布之一，应用很广．例如：

①检查一人是否患某种非流行性疾病是一次伯努利试验．各人是否生该疾病可认为相互独立，并可近似认为患病的概率 p 相等．因此考察某地 n 个人是否患此病可作为 n 重伯努利试验，其中患病的人数 X 服从二项分布．

②保险公司对某种灾害（自行车被盗，火灾，……）进行保险，各人发生此种灾害与否可认为相互独立，并假定概率相等. 设一年间一人发生此种灾害的概率为 p，则在参加此种保险的 n 个人中发生此种灾害的人数 Y 服从二项分布.

③n 台同类机器，在一段时间内每台机器损坏的概率为 p，则这 n 台机器在这段时间内损坏的机器数 Z 服从二项分布.

例 4 从某大学到火车站途中有 6 个交通岗，假设在各个交通岗是否遇到红灯相互独立，并且遇到红灯的概率都是 1/3.

（1）设 X 为汽车行驶途中遇到的红灯数，求 X 的分布律.

（2）求汽车行驶途中至少遇到 2 次红灯的概率.

解 （1）由题意，$X \sim B\left(6,\ \frac{1}{3}\right)$. 于是，$X$ 的分布律为：

$$P(X=k)=C_6^k\left(\frac{1}{3}\right)^k\left(\frac{2}{3}\right)^{6-k},\quad k=0,1,\cdots,6.$$

（2）
$$\begin{aligned}P(X\geqslant 2)&=1-P(X=0)-P(X=1)\\&=1-\left(\frac{2}{3}\right)^6-C_6^1\left(\frac{1}{3}\right)\left(\frac{2}{3}\right)^5\approx 0.65.\end{aligned}$$

例 5 经验表明人们患了某种疾病，有 30%的人不经治疗会自行痊愈. 医药公司推出一种新药，随机地选 10 个患此种疾病的病人服用了新药，知道其中有 9 人很快就痊愈了. 设各人自行痊愈与否相互独立. 试推断这些病人是自行痊愈的，还是新药起了作用?

解 假设新药毫无效用，则一个病人痊愈的概率为 $p=0.3$. 设 X 为 10 个病人中痊愈的病人数，则 $X\sim B(10,\ 0.3)$. 故 $P(X=9)=C_{10}^9 0.3^9 0.7=0.000\,138$. 不仅如此，

$$\begin{aligned}P(X\geqslant 9)&=P(X=9)+P(X=10)\\&=C_{10}^9 0.3^9 0.7+C_{10}^{10} 0.3^{10} 0.7^0\approx 0.000\,144.\end{aligned}$$

这一概率很小. 人们在长期的实践中总结得到“概率很小的事件，在一次试验中实际上是几乎不可能发生的”（称为**小概率事件的实际不可能性原理**）. 现在概率很小的事件在一次试验中竟然发生了，因此有理由怀疑“新药毫无效用”这一假设的正确性，从而推断新药是有疗效的.

（3）泊松（Poisson）分布

设随机变量 X 可取一切非负整数值，其概率分布为

$$P(X=K)=\frac{\lambda^k}{k\,!}e^{-\lambda},\quad k=0,1,2,\cdots,$$

其中$\lambda>0$是常数，则称X服从参数为λ的**泊松分布**．记作$X\sim P(\lambda)$．以后将会证明，参数λ就是X的平均值．

近数十年来，人们发现很多随机现象都可利用泊松分布进行描述，例如：

①在社会生活中，各种服务需求量，如一定时间内，某电话交换台接到的呼叫数，某公共汽车站来到的乘客数，某商场来到的顾客数或出售的某种货物数，某银行取款机前等待服务的人数，一个医院一天中的急诊病人数，一本书一页中的印刷错误数等，它们都服从泊松分布，因此泊松分布在管理科学和运筹学中占有很重要的地位．

②在生物学中，某区域内某种微生物的个数，某生物繁殖后代的数量等也服从泊松分布．

③在物理学中，放射性物质在一定时间内放射到指定地区的粒子数也是服从泊松分布的．

例 6　统计资料表明某路口每月交通事故发生次数服从参数为 6 的泊松分布，求该路口一个月内至少发生两起交通事故的概率．

解　设该路口每月发生的交通事故次数为X，由题设，$X\sim P(6)$，因此，所求概率为

$$\begin{aligned}P(X\geqslant 2)&=1-P(X=0)-P(X=1)\\&=1-\frac{6^0}{0!}\cdot e^{-6}-\frac{6}{1!}\cdot e^{-6}\approx 0.982\,6,\end{aligned}$$

即该路口每月都要发生两起或两起以上交通事故的概率为 0.982 6．

二项分布的计算比较复杂．如果$X\sim B(n,\ p)$，当$n\geqslant 20$，$p\leqslant 0.05$时，可利用下面的泊松定理作近似计算．

定理 1　二项分布在n趋向无穷时的极限为泊松分布，即

$$\lim_{n\to\infty}P(X=k)=\lim_{n\to\infty}C_n^k p^k q^{n-k}=\frac{\lambda^k}{k!}e^{-\lambda},\quad k=1,2,\cdots,$$

其中，$\lambda=np$．

例 7　已知一电话交换台每分钟接到的呼叫次数X服从$\lambda=4$的泊松分布．

求：(1) 每分钟恰有 8 次呼叫的概率；

(2) 每分钟接到的呼叫次数大于 2 次的概率．

解　由题意，$X\sim P(4)$．于是

(1) 每分钟恰有 8 次呼叫的概率为

$$P(X=8)=\frac{4^8}{8!}e^{-4}\approx 0.0298.$$

(2) 每分钟接到的呼叫次数大于2次的概率为

$$\begin{aligned}P(X>2)&=1-P(X=0)-P(X=1)-P(X=2)\\&=1-\frac{4^0}{0!}e^{-4}-\frac{4^1}{1!}e^{-4}-\frac{4^2}{2!}e^{-4}=1-13e^{-4}\approx 0.7619.\end{aligned}$$

三、随机变量的分布函数

离散型随机变量是用分布列来表示其概率分布. 但对其他随机变量来说，分布列不存在，例如随机变量可取的值为一连续区间的一切值时，就无法一一罗列这些值及其概率. 为此引入分布函数的概念，它可以用来描述任何类型的随机变量.

1. 分布函数的定义

在很多情况下，我们需要研究随机变量所取的值落在一个区间内的概率，即对于任意实数 x_1，$x_2(x_1<x_2)$，求 $P(x_1<X\leqslant x_2)$. 但由于

$$P(x_1<X\leqslant x_2)=P(X\leqslant x_2)-P(X\leqslant x_1),$$

所以我们只需要知道 $P(X\leqslant x_2)$ 和 $P(X\leqslant x_1)$ 就可以了.

定义 3 设 X 是一个随机变量，x 是任意实数，函数

$$F(x)=P(X\leqslant x),\quad -\infty<x<+\infty,$$

称为 X 的**分布函数**.

对确定的随机变量 X，其分布函数是唯一确定的，它是实变量 x 的函数.

因此，对于任意实数 x_1，$x_2(x_1<x_2)$，有 $P(x_1<X\leqslant x_2)=F(x_2)-F(x_1)$.

2. 分布函数的性质

(1) $0\leqslant F(x)\leqslant 1$，且

$$F(-\infty)=\lim_{x\to-\infty}F(x)=0, F(+\infty)=\lim_{x\to+\infty}F(x)=1.$$

(2) $F(x)$是单调非减函数，即对于任意 $x_1<x_2$，有 $F(x_1)\leqslant F(x_2)$.

(3) $F(x)$是右连续函数，即对于任意实数 x，有 $F(x)=F(x+0)$.

分布函数具有上述三个性质，反之，具有上述三个性质的函数必可作为某随机变量的分布函数.

四、连续型随机变量及其概率密度

1. 连续型随机变量及其概率密度函数

定义 4　设随机变量 X 可取某个区间（有限或无限）中的一切值，如果存在定义在整个实数轴的非负函数 $f(x)$，满足条件

（1）$f(x)\geqslant 0$；

（2）$\int_{-\infty}^{+\infty} f(x)\mathrm{d}x=1$；

（3）对于任意实数 a，$b(a\leqslant b)$，a 也可为 $-\infty$，b 也可为 $+\infty$，有

$$P(a<X\leqslant b)=F(b)-F(a)=\int_a^b f(x)\mathrm{d}x,$$

则称 X 为**连续型随机变量**，$f(x)$ 称为 X 的**概率密度函数**，简称**概率密度**.

概率密度函数具有上述（1）（2）两个性质，反之，具有上述两个性质的函数必可作为某随机变量的概率密度函数.

由定义可以得到如下结论：

①连续型随机变量的分布函数 $F(x)=\int_{-\infty}^{x} f(t)\mathrm{d}t$ 在（$-\infty$，$+\infty$）上是连续的，而且在 $f(x)$ 的连续点处有 $f(x)$ 就是 $F(x)$ 的导数，即 $f(x)=F'(x)$.

②在定义的条件（3）中令 $b=a$，可知对于任意实数 a，

$$P(X=a)=\int_a^a f(x)\mathrm{d}x=0.$$

这表示连续型随机变量取任一特定值 a 的概率等于零. 因此对于连续型随机变量及任意实数 a，$b(a<b)$，a 也可为 $-\infty$，b 也可为 $+\infty$，有

$$\begin{aligned}P(a<X\leqslant b)&=P(a<X<b)=P(a\leqslant X<b)=P(a\leqslant X\leqslant b)\\&=F(b)-F(a)=\int_a^b f(x)\mathrm{d}x.\end{aligned}$$

上式表明，对于连续型随机变量 X，计算 X 落在某一区间的概率时，可以不必考虑该区间是否包括端点. 因此对连续型随机变量，计算在一点处的概率是没有意义的，这也是不能用分布律描述连续型随机变量的理由之一.

例 8　一教授当下课铃打响时，还不结束讲解，他常在铃响后的一分钟内结束他的讲解. 以 X 表示铃响至他结束讲解的时间. 设 X 的概率密度为

$$f(x)=\begin{cases}cx^2+x, & 0<x\leqslant 1\\ 0, & \text{其他}\end{cases}.$$

（1）确定常数 c；（2）求概率 $P(X\leqslant 0.5)$，$P(0.5\leqslant X\leqslant 1.5)$，$P\left(X>\frac{1}{3}\right)$.

解　（1）由概率密度 $f(x)$ 的性质 $\int_{-\infty}^{+\infty}f(x)\mathrm{d}x=1$，得

$$1=\int_{-\infty}^{+\infty}f(x)\mathrm{d}x=\int_0^1(cx^2+x)\mathrm{d}x=\left(\frac{c}{3}x^3+\frac{1}{2}x^2\right)\Big|_0^1=\frac{c}{3}+\frac{1}{2},$$

即有 $c=\frac{3}{2}$. 于是概率密度为

$$f(x)=\begin{cases}\frac{3}{2}x^2+x, & 0\leqslant x\leqslant 1\\ 0, & \text{其他}\end{cases}.$$

（2）$P(X\leqslant 0.5)=\int_0^{0.5}f(x)\mathrm{d}x=\int_0^{0.5}\left(\frac{3}{2}x^2+x\right)\mathrm{d}x$

$$=\left(\frac{1}{2}x^3+\frac{1}{2}x^2\right)\Big|_0^{0.5}=\frac{3}{16}.$$

$$P(0.5\leqslant X\leqslant 1.5)=\int_{0.5}^{1.5}f(x)\mathrm{d}x=\int_{0.5}^{1}\left(\frac{3}{2}x^2+x\right)\mathrm{d}x$$

$$=\left(\frac{1}{2}x^3+\frac{1}{2}x^2\right)\Big|_{0.5}^{1}=\frac{13}{16}.$$

$$P(X>\frac{1}{3})=\int_{1/3}^{+\infty}f(x)\mathrm{d}x=\int_{1/3}^{1}\left(\frac{3}{2}x^2+x\right)\mathrm{d}x$$

$$=\left(\frac{1}{2}x^3+\frac{1}{2}x^2\right)\Big|_{1/3}^{1}=\frac{25}{27}.$$

2. 常见的连续型随机变量

下面介绍三种重要的连续型随机变量的分布.

（1）均匀分布

若连续型随机变量 X 具有概率密度

$$f(x)=\begin{cases}\frac{1}{b-a}, & a\leqslant x\leqslant b\\ 0, & \text{其他}\end{cases},$$

则称随机变量 X 在区间 $[a, b]$ 上服从**均匀分布**，记为 $X\sim U(a, b)$.

容易验证，服从均匀分布的随机变量 X 落在区间 $[a, b]$ 内任意等长小区间上的概率相等，这就是称为均匀分布的原因. 进一步可知，X 落在区间 $[a, b]$ 内任何一个小区间中的概率与该区间的长度成正比，而与该区间的位置无关.

均匀分布常见于下列情形. 例如，在刻度器上读数时把零头数化为最靠近整分度时所产生的舍入误差；在每隔一定时间有一辆公共汽车通过的汽车停车站上乘客候车的时间等.

例 9　设某公共汽车每 10 分钟按时通过一车站，可将在车站上候车的乘客全部运走. 一乘客在随机选择的时间到达车站，求该乘客等车时间不超过 4 分钟的概率以及乘客等车时间在 2 分钟至 6 分钟之间的概率.

解　设 X 表示该乘客等车时间，则 X 是一个随机变量，且在区间 $[0, 10]$ 上服从均匀分布. 于是 X 的概率密度为

$$f(x)=\begin{cases}\dfrac{1}{10}, & 0\leqslant x\leqslant 10\\ 0, & \text{其他}\end{cases}.$$

故该乘客等车时间不超过 4 分钟的概率为

$$P(X\leqslant 4)=\int_0^4 f(x)\mathrm{d}x=\int_0^4\frac{1}{10}\mathrm{d}x=\frac{2}{5}.$$

该乘客等车时间在 2 分钟至 6 分钟之间的概率为

$$P(2\leqslant X\leqslant 6)=\int_2^6 f(x)dx=\int_2^6\frac{1}{10}\mathrm{d}x=\frac{2}{5}.$$

(2) 指数分布

若连续型随机变量 X 具有概率密度

$$f(x)=\begin{cases}\lambda\mathrm{e}^{-\lambda x}, & x>0\\ 0, & \text{其他}\end{cases},$$

其中 $\lambda>0$ 是常数，则称 X 服从参数为 λ 的**指数分布**，记作 $X\sim\mathrm{e}(\lambda)$.

指数分布的分布函数为

$$F(x)=\begin{cases}1-\mathrm{e}^{-\lambda x}, & x\geqslant 0\\ 0, & x<0\end{cases}.$$

指数分布在可靠性理论与排队论中有广泛的应用.

例 10　已知某种电子元件的寿命（以小时计）X 服从指数分布，其概率密

度为

$$f(x)=\begin{cases}\dfrac{1}{1\,000}e^{-\frac{x}{1\,000}} & x>0\\ 0, & 其他\end{cases}.$$

（1）求这种电子元件寿命至少为 1 000 小时的概率；

（2）若这种电子元件已使用了 1 000 小时，求能再使用 1 000 小时的概率.

解 （1）这种电子元件寿命至少为 1 000 小时的概率为

$$P(X\geqslant 1\,000)=1-\int_0^{1\,000}f(x)\mathrm{d}x=1-\int_0^{1\,000}\frac{1}{1\,000}e^{-\frac{x}{1\,000}}\mathrm{d}x$$

$$=1+e^{-\frac{x}{1\,000}}\Big|_0^{1\,000}=e^{-1}\approx 0.368.$$

（2）若这种电子元件已使用了 1 000 小时，则能再使用 1 000 小时的概率为

$$P(X>1\,000+1\,000\,|\,X>1\,000)=P(X>2\,000)=e^{-2}\approx 0.135.$$

（3）正态分布

若连续型随机变量 X 具有概率密度

$$f(x)=\frac{1}{\sqrt{2\pi}\,\sigma}e^{-\frac{(x-\mu)^2}{2\sigma^2}},-\infty<x<+\infty,$$

其中 μ，σ 为常数，$-\infty<\mu<+\infty$，$\sigma>0$，则称随机变量 X 服从参数为 μ，σ 的**正态分布**，又称**高斯（Gauss）分布**. 记为 $X\sim N(\mu,\sigma^2)$. 其概率密度函数曲线如图 4—7 所示.

特别地，当 $\mu=0$，$\sigma=1$ 时，得到特别重要的情形：$X\sim N(0,1)$. 此时称 X 服从标准正态分布. 它的概率密度和分布函数通常特别记为 $\varphi(x)$ 和$\Phi(x)$，即

$$\varphi(x)=\frac{1}{\sqrt{2\pi}}e^{-\frac{x^2}{2}},-\infty<x<+\infty.$$

$$\Phi(x)=\int_{-\infty}^{x}\varphi(t)\mathrm{d}t=\int_{-\infty}^{x}\frac{1}{\sqrt{2\pi}}e^{-\frac{t^2}{2}}\mathrm{d}t,-\infty<x<+\infty.$$

$\varphi(x)$ 的图形如图 4—8 所示. 图 4—9 中阴影部分的面积是对应分布函数 $\Phi(x)$的值.

标准正态分布概率密度曲线是一条悬钟形的曲线，中间高，两头低. 由于 $\varphi(x)$是偶函数，曲线 $y=\varphi(x)$ 关于纵轴对称. 在点 $x=0$ 处 $\varphi(x)$ 取得最大值，曲线以横轴为水平渐近线.

利用标准正态分布概率密度曲线的对称性（见图 4—10），可以证明 $\Phi(x)$ 有下列性质：

(1) $\Phi(0)=0.5$；

(2) $\Phi(+\infty)=1$；

(3) $\Phi(-x)=1-\Phi(x)$，$-\infty<x<+\infty$.

在本书附录 3 中附有 $\Phi(x)$ 的函数数值表，可供查用. 表中只列出 $x\geqslant 0$ 时的函数值，当 $x<0$ 时可利用 $\Phi(x)$ 的性质计算得到. 例如，

$$\Phi(-1.68)=1-\Phi(1.68)=1-0.9535=0.0465.$$

可以证明，一般正态分布与标准正态分布之间有如下关系.

定理 2　设 $X\sim N(\mu,\sigma^2)$，则

(1) $\dfrac{X-\mu}{\sigma}\sim N(0,1)$；

(2) $F(x)=P(X\leqslant x)=\Phi\left(\dfrac{x-\mu}{\sigma}\right)$，$-\infty<x<+\infty$；

(3) $P(a\leqslant X\leqslant b)=\Phi\left(\dfrac{b-\mu}{\sigma}\right)-\Phi\left(\dfrac{a-\mu}{\sigma}\right)$，$-\infty<a<b<+\infty$.

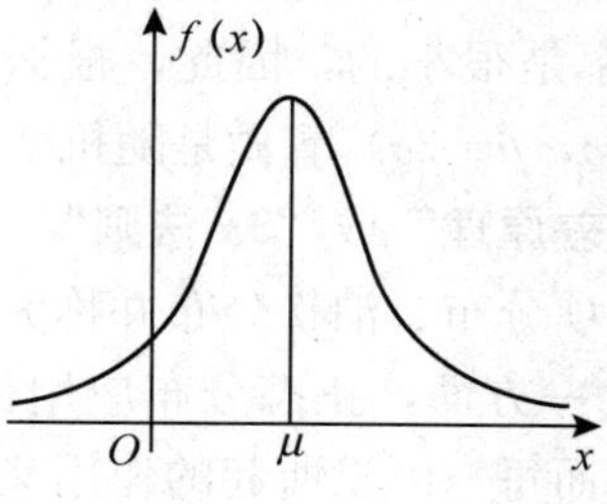

图 4—7

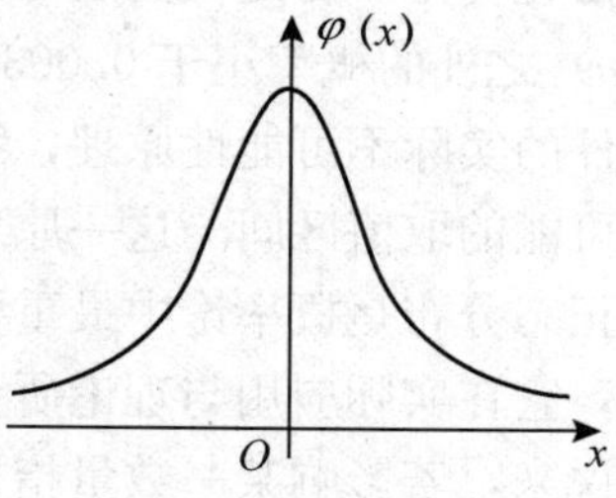

图 4—8

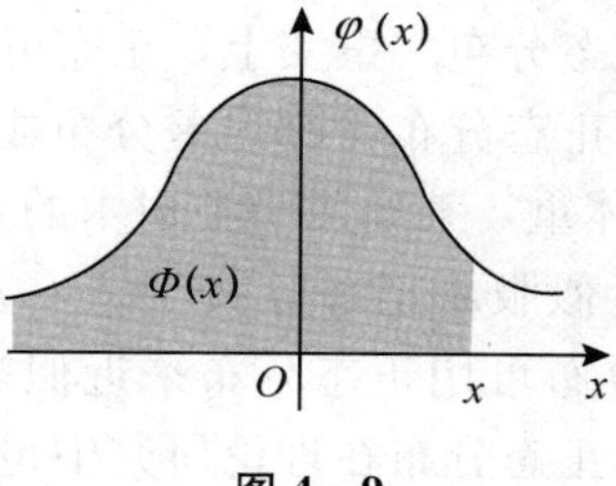

图 4—9

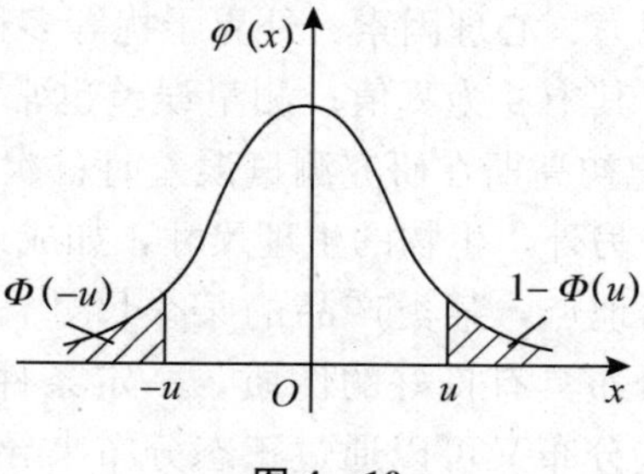

图 4—10

利用该定理的结论以及 $\Phi(x)$ 的函数数值表，就能求出一般正态分布的变量落在任一区间的概率了.

例 11 设随机变量 X 服从正态分布 $N(\mu, \sigma^2)$. 求 X 落在区间 $(\mu-k\sigma, \mu+k\sigma)$ 内的概率，$k=1, 2, 3, \cdots$.

解 由定理 2，我们有

$$
\begin{aligned}
P(|X-\mu|<k\sigma) &= P(\mu-k\sigma<X<\mu+k\sigma) \\
&= \Phi\left(\frac{\mu+k\sigma-\mu}{\sigma}\right)-\Phi\left(\frac{\mu-k\sigma-\mu}{\sigma}\right) \\
&= \Phi(k)-\Phi(-k)=\Phi(k)-[1-\Phi(k)] \\
&= 2\Phi(k)-1, k=1,2,3,\cdots.
\end{aligned}
$$

查 $\Phi(x)$ 的函数数值表得

$$
\begin{aligned}
&P(|X-\mu|<\sigma)=2\Phi(1)-1=0.682\,6, \\
&P(|X-\mu|<2\sigma)=2\Phi(2)-1=0.954\,4, \\
&P(|X-\mu|<3\sigma)=2\Phi(3)-1=0.997\,4. \\
&P(|X-\mu|\geqslant 3\sigma)=1-0.997\,4=0.002\,6<0.003.
\end{aligned}
$$

由此可见，若随机变量 X 服从正态分布 $N(\mu, \sigma^2)$，则 X 落在区间 $(\mu-3\sigma, \mu+3\sigma)$ 之外的概率小于 0.003. 通常认为这一概率是很小的，因此，根据小概率事件的实际不可能性原理，我们常把区间 $(\mu-3\sigma, \mu+3\sigma)$ 看做是随机变量 X 实际可能的取值区间. 这一原理常称为“**三倍标准差原理**”或“**3σ 法则**”.

正态分布是概率论中最重要的一种分布，与二项分布、泊松分布并称为三大分布，它在实际应用与理论研究上都有很大作用. 一方面，正态分布应用很广，一般说来，若影响某一数量指标的随机因素很多，而每一因素所起的作用又不很大，则这个数量指标可认为服从正态分布. 例如，进行测量时，由于仪器精度、人的视力、心理因素、外界干扰等多种因素影响，测量结果可认为大致服从正态分布，其中 μ 为真值；测量误差也常认为服从正态分布. 事实上，正态分布是 19 世纪初高斯在研究测量误差时首次引进的，故正态分布又称误差分布或高斯分布；另外，生物的生理尺寸，如成人的身高、体重，某地区一类树木的直径，炮弹落地点，某类产品的某个尺寸，等等，都近似服从正态分布. 另一方面，正态分布具有良好的性质，一定条件下，很多分布可用正态分布来近似表达，另一些分布又可以通过正态分布来导出，因此，正态分布在理论研究中也相当重要.

习题 4.3

1. 设某人投篮命中率为 0.6，以 X 表示他投篮三次命中的次数，写出 X 的概率分布.

2. 设在某一人群中有 40%的人的血型是 B 型. 现在在人群中随机地选人来验血，直至发现血型是 B 型的人为止，用 Y 表示进行验血的次数. 求 Y 的概率分布.

3. 在初三的一个班中，有 1/4 的学生成绩优秀. 从班中随机地找出 5 名学生，求其中“成绩优秀的学生数” X 的概率分布.

4. 一家大型工厂聘用了 100 名新员工进行上岗培训. 据以往的培训情况，估计大约有 4%的培训者不能完成培训任务. 求至多有两人不能完成培训任务的概率（用泊松分布近似）.

5. 设 X 的概率密度为 $F(x)=\begin{cases} cx^2, & 0\leqslant x\leqslant 1 \\ 0, & \text{其他} \end{cases}$.

(1) 确定常数 c；(2) 求概率 $P\left(X\leqslant\frac{1}{3}\right)$；(3) 求 $P\left(\frac{1}{4}\leqslant X\leqslant\frac{1}{2}\right)$；(4) 求 $P\left(X>\frac{2}{3}\right)$.

6. 设随机变量 X 服从正态分布 $N(10, 2^2)$. 求 $P(10\leqslant X\leqslant 13)$；$P(|X-10|<2)$.

7. 测量某一目标的距离时，产生的随机误差 X(cm) 服从正态分布 $N(0, 20^2)$. 求在三次测量中至少有一次误差的绝对值不超过 30cm 的概率.

第四节 随机变量的数字特征

分布函数、概率密度函数和分布律可以完整地描述一个随机变量的统计特性，但事实上，在实际问题中，有的随机变量的概率分布较难确定，而它的一些数字特征则较易确定. 一些常用的重要分布，如二项分布、泊松分布、指数分布、正态分布等，只要知道了它们的某些数字特征，就能完全确定其具体的分布. 另外，在一些实际问题中，往往不需要去全面考察随机变量的变化情况，而更关心某些能描述随机变量的某一特征的常数. 我们把一些与随机变量的分布密切相关且能刻画随机变量某些方面特征的常数称为随机变量的数字特征. 主要的数字特征有描述平均水平的数学期望（即均值）和描述相对于均值的离散程度的方差，还有描述两个随机变量间线性关系密切程度的相关系数等，本节主要介绍数学期望和方差的概念、性质及计算.

一、数学期望

1. 离散型随机变量的数学期望

例 1 为评价甲的射击技术，随机观察甲的 10 次射击，统计各次击中环数 x_k 和频数 m_k 如下表，求他每次射击击中的平均环数（其中 $n=10$）.

表 4—3　　射击环数和频数表

击中环数 x_k	8	9	10
频　数 m_k	2	5	3
频率 $f_k=\frac{m_k}{n}$	0.2	0.5	0.3

解 这是一般的求平均数问题，他每次射击击中的平均环数为

$$\overline{x}=\frac{8\times2+9\times5+10\times3}{10}=8\times\frac{2}{10}+9\times\frac{5}{10}+10\times\frac{3}{10}=9.1.$$

写成一般公式为

$$\overline{x}=\frac{x_1\times m_1+x_2\times m_2+x_3\times x_3}{n}=\sum_{k=1}^{3}x_k\times\frac{m_k}{n}=\sum_{k=1}^{3}x_kf_k.$$

若要全面考察甲的射击技术，仅凭这 10 次观察是不够的，因为频率 $f_k=\frac{m_k}{n}$ 是与该 10 次射击（试验）的结果有关的. 但当观察次数 n 不断增多时，由于频率稳定于概率 p_k，和式 $\sum\limits_k x_kf_k$ 就稳定于 $\sum\limits_k x_kp_k$. 它是一个确定值，不依赖于具体试验，应该更能表示甲的射击水平. 把上述实例一般化，就导出了下述定义.

定义 1 设离散型随机变量 X 的概率分布为

$$P(X=x_k)=p_k, k=1,2,\cdots,$$

则称数 $\sum\limits_{k=1}^{\infty}x_kp_k$ 为随机变量 X 的**数学期望**或**均值**，记作 $E(X)$ 或简记为 EX，即

$$E(X)=\sum_{k=1}^{\infty}x_k p_k.$$

注　期望即随机变量 X 取值的平均数（加权平均），它是一个实数，而不是随机变量.

例 2　掷一颗均匀的骰子，以 X 表示掷得的点数，求 X 的数学期望.

解　由于 $P(X=k)=\frac{1}{6}$，$k=1$，2，…，6，故

$$E(X)=\sum_{k=1}^{6}kp_k=\frac{1}{6}(1+2+3+4+5+6)=3.5.$$

2. 随机变量函数的数学期望

定理 1　设离散型随机变量 X 的概率分布为 $P(X=x_k)=p_k$，$k=1$，2，…，$Y=g(X)$ 是随机变量 X 的连续函数，则有

$$E(Y)=E[g(X)]=\sum_{k=1}^{\infty}g(x_k)p_k.$$

定理 1 的重要意义在于：当我们求 Y 的数学期望时，不必知道 Y 的分布，而只需知道 X 的分布就可以了，这给我们计算提供了很大的方便.

3. 数学期望的基本性质

(1) $E(C)=C$，C 为常数.

(2) $E(CX)=CE(X)$，C 为常数.

(3) $E(X+Y)=E(X)+E(Y)$.

这一性质可推广到任意有限多个随机变量之和的情形.

(4) 设 X，Y 是两个相互独立的随机变量，则有 $E(XY)=E(X)E(Y)$.

这一性质可推广到任意有限多个相互独立的随机变量之积的情形.

二、方差

例 3　比较甲乙两人的射击技术，已知两人每次击中环数 X 与 Y 的概率分布分别为：

X	7	8	9
p_k	0.1	0.8	0.1

Y	6	7	8	9	10
p_k	0.1	0.2	0.4	0.2	0.1

试问哪一个技术较好？

首先看两人平均击中环数，此时 $E(X)=E(Y)=8$，从均值来看无法分辨孰优孰劣．但从直观上看，甲基本上稳定在 8 环左右，而乙却一会儿击中 10 环，一会儿击中 6 环，较不稳定．因此从直观上可以讲甲的射击技术较好．

例 3 说明，对一随机变量，除考虑它的平均取值的大小外，还要考虑它的取值在均值周围的散布程度．方差就是用来刻画随机变量的取值与均值的平均偏离程度（即散布程度）的数字特征．

1．方差的定义

定义 2 设随机变量 X 的数学期望 EX 存在，称 $X-EX$ 为随机变量 X 的**离差**．

显然，随机变量 X 的离差的数学期望是零，即 $E(X-EX)=EX-EX=0$ 对一切随机变量均成立，也即 X 的正负离差完全相消．但不论正偏差大还是负偏差大，同样都是离散程度大，为了避免正负离差完全相消，我们用离差的平方的数学期望 $E(X-EX)^2$ 来衡量 X 与数学期望 EX 的平均离散程度，这就是方差．

定义 3 设 X 是随机变量，如果 $E(X-EX)^2$ 存在，则称 $E(X-EX)^2$ 为随机变量 X 的**方差**，记为 $D(X)$ 或简记为 DX，即 $D(X)=E(X-EX)^2$．

方差的算术平方根 $\sqrt{DX}$ 称为 X 的**均方差**或**标准差**．$\sqrt{DX}$ 与 X 有相同的量纲．

根据方差的定义，对于离散型随机变量 X，设其概率分布为

$$P(X=x_k)=p_k,k=1,2,\cdots,$$

则有

$$D(X)=E(X-EX)^2=\sum_{k=1}^{\infty}(x_k-EX)^2 p_k.$$

利用数学期望的性质，可以得到下面计算方差的常用公式．

定理 2 $D(X)=E(X^2)-(EX)^2$．

证 由数学期望的性质，并注意到 $E(X)$ 是常量，得

$$\begin{aligned}D(X)&=E[X-E(X)]^2=E\{X^2-2X\cdot E(X)+[E(X)]^2\}\\&=E(X^2)-2E(X)\cdot E(X)+[E(X)]^2=E(X^2)-[E(X)]^2\end{aligned}$$

例 4 计算例 3 中的方差 $D(X)$ 与 $D(Y)$．

解 用公式

$$D(X)=E(X^2)-(EX)^2.$$

由于 $E(X)=E(Y)=8$，

$$E(X^2)=\sum_{k=1}^{3}x_k^2p_k=7^2\times0.1+8^2\times0.8+9^2\times0.1=64.2,$$

故

$$D(X)=E(X^2)-(EX)^2=64.2-64=0.2.$$

同理，

$$D(Y)=E(Y^2)-(EY)^2=65.2-64=1.2.$$

因此，$D(Y)>D(X)$，即 Y 的取值较 X 分散．这说明甲的射击技术更稳定．

注　由数学期望与方差的定义可计算得到如下很重要的结论：若随机变量 X 服从正态分布 $N(\mu,\sigma^2)$，则 $E(X)=\mu$，$D(X)=\sigma^2$，即对于服从正态分布 $N(\mu,\sigma^2)$ 的随机变量 X，第一个参数 μ 就是数学期望，第二个参数 σ^2 就是方差．

2．方差的基本性质

(1) $D(C)=0$，C 为常数．

(2) $D(CX)=C^2D(X)$，C 为常数．

(3) $D(X+C)=D(X)$，C 为常数．

(4) 设 X，Y 是两个相互独立的随机变量，则有

$$D(X\pm Y)=D(X)+D(Y).$$

$$D(aX\pm bY+c)=a^2D(X)+b^2D(Y),a,b,c\text{ 为常数}.$$

这一性质可推广到任意有限多个相互独立的随机变量之和（或差）的情形．

例 5　设随机变量 X 的数学期望与方差都存在，$D(X)>0$．令

$$X^*=\frac{X-E(X)}{\sqrt{D(X)}},$$

称 X^* 为随机变量 X 的标准化随机变量．试求 $E(X^*)$ 与 $D(X^*)$．

解　由均值与方差的性质可知

$$E(X^*)=E\left(\frac{X-E(X)}{\sqrt{D(X)}}\right)=\frac{1}{\sqrt{D(X)}}E(X-E(X))=0.$$

$$D(X^*)=D\left(\frac{X-E(X)}{\sqrt{D(X)}}\right)=\frac{1}{D(X)}D(X-E(X))=\frac{1}{D(X)}D(X)=1.$$

例 6　设随机变量 X_1，X_2，…，X_n 相互独立同分布，

$$E(X_i)=\mu,D(X_i)=\sigma^2,i=1,2,\cdots,n.$$

记 $\overline{X}=\dfrac{1}{n}\sum\limits_{i=1}^{n}X_i$，求 $E(\overline{X})$ 与 $D(\overline{X})$.

解 由数学期望与方差的性质得

$$E(\overline{X})=\frac{1}{n}\sum_{i=1}^{n}E(X_i)=\frac{1}{n}\sum_{i=1}^{n}\mu=\mu.$$

$$D(\overline{X})=\frac{1}{n^2}\sum_{i=1}^{n}D(X_i)=\frac{1}{n^2}\sum_{i=1}^{n}\sigma^2=\frac{\sigma^2}{n}.$$

这说明各变量独立同分布时，$\overline{X}$ 作为 X_1，X_2，…，X_n 的算术平均，它的数学期望与各 X_i 的数学期望相同，但方差只有各 X_i 的 $\dfrac{1}{n}$ 倍. 这一事实在数理统计中有重要意义.

三、常用分布的数学期望与方差

现在将某些常用分布及它们的数学期望与方差列在表 4—4 中，以备查阅.

表 4—4　常用分布及其数学期望与方差

分布名称及记号	概率分布或概率密度	数学期望	方差
(0—1) 分布	$P(X=k)=p^kq^{1-k}$，$k=0$，1. $(0<p<1$，$p+q=1)$	p	pq
二项分布 $B(n,\ p)$	$P(X=k)=C_n^kP^kq^{n-k}$，$k=0$，1，2，…，n. $(0<p<1$，$p+q=1)$	np	npq
泊松分布 $P(\lambda)$	$P(X=k)=\dfrac{\lambda^k}{k!}e^{-\lambda}$，$k=0$，1，2，…，$\lambda>0$.	λ	λ
均匀分布 $U(a,\ b)$	$f(x)=\begin{cases}\dfrac{1}{b-a}, & a\leqslant x\leqslant b\\ 0, & \text{其他}\end{cases}.$	$\dfrac{a+b}{2}$	$\dfrac{(b-a)^2}{12}$
指数分布 $e(\lambda)$	$f(x)=\begin{cases}\lambda e^{-\lambda x}, & x>0\\ 0, & \text{其他}\end{cases}$，$\lambda>0$.	$\dfrac{1}{\lambda}$	$\dfrac{1}{\lambda^2}$
正态分布 $N(\mu,\ \sigma^2)$	$f(x)=\dfrac{1}{\sqrt{2\pi}\sigma}e^{-\frac{(x-\mu)^2}{2\sigma^2}}$，$-\infty<x<+\infty$，$\mu$，$\sigma$ 为常数，$-\infty<\mu<+\infty$，$\sigma>0$.	μ	σ^2

习题 4.4

1. 设随机变量 X 的分布律为

X	-2	-1	0	1
p	0.1	0.4	0.3	0.2

求：(1) $E(X)$；(2) $E(3X+1)$；(3) $D(X)$.

2. 一批零件中有 9 个合格品与 3 个废品. 安装机器时从这批零件中任取 1 个. 如果取出的废品不再放回去，求在取得合格品以前已取出的废品数的数学期望与方差.

3. 设随机变量 X 与 Y 相互独立，X 服从二项分布 $B(50, 0.2)$，Y 服从参数为 $\lambda=4$ 的泊松分布，求 $E(2X-3Y+4)$ 和 $D(2X-3Y+4)$.

4. 设随机变量 X 与 Y 相互独立，且 $X\sim N(0, 2)$，$Y\sim U(0, 2)$，求

$E(X-3Y)$，$D(X-3Y)$和 $E[(X+Y)^2]$.

第五章

数理统计及 Excel 统计应用简介

在实际生活中，我们常常需要应用概率论的相关知识深入地分析统计资料，这就逐渐形成了数理统计这门学科．它主要研究怎样去有效地收集、整理和分析带有随机性的数据，对所考察的问题作出推断或预测，直至为采取合理的决策和行动提供依据和建议．当前，数理统计在工农（林）业、经济、管理、工程技术、生物技术与医学、物理、化学乃至人文学科等诸多领域中得到越来越广泛和深刻的应用，其研究的内容也随着科学技术、经济与社会的不断发展而逐步扩大．统计推断是数理统计的主要内容之一．本章将简单介绍数理统计的概念以及部分统计推断的思想和方法，并结合实例应用 Excel 对相关内容进行实践（即统计分析），主要包括描述性统计、假设检验、方差分析和线性回归分析等内容的 Excel 实现．

第一节　基本概念

一、 数理统计的基本问题

在概率论的讨论中，概率分布通常总是已知的，而一切计算和推理就是在已知的基础上得出的．但在实际问题中，情况却并非如此，一个随机现象所遵循的分布是什么概型可能完全不知道；或者我们根据随机现象所反映的某些事实能断定其概型，但却不知道其分布函数中所含的参数．类似的实例很多，如：

（1）在一段时间内某段公路上行驶车辆的速度服从什么概率分布是完全不知道的．

（2）某工厂生产的一批电视机的寿命遵循何种分布也可能是不知道的．

(3) 某仪器厂向某元件厂购买一批三极管，任抽一件是次品或正品遵循的是两点分布（即分布概型已知），但是分布中的参数 p（即次品率）往往是未知的.

找出一个随机现象所联系的随机变量的分布或分布中的未知参数，这就是数理统计所要解决的首要问题，办法是什么呢？以上述实例来说，我们要掌握车辆速度的分布，电视机寿命的分布，次品率 p 的值，就必须对这一公路上行驶的车辆的速度，电视机的寿命及三极管中的次品作一段时间的观察或测试一部分，从而对所关心的问题做出推断.

在数理统计学中，我们总是从所要研究的对象全体中抽取一部分进行观测或试验，以取得信息，从而对我们所关心的问题做出推断和估计. 于是，如何抽取样本，如何合理地获取数据，怎样合理地利用采集的数据资料对问题做出推断，等等，就成为数理统计研究的基本问题.

二、 数理统计学的基本概念

1. 总体、个体、简单随机抽样

在数理统计中，常把研究对象的全体称为**总体**，而把组成总体的每个基本单元称为**个体**. 例如，研究某厂生产的电子元件的使用寿命分布情况，则总体为该厂生产的所有电子元件，而每一个该厂生产的电子元件都是一个个体. 若总体中包含有限个个体，则称为有限总体；若总体中包含无限个个体，则称为无限总体.

在实际问题中，我们研究总体不是笼统地对它进行研究，而是研究它的某一个或某几个数量指标. 例如，对电子元件我们主要关心的是其使用寿命. 而该厂生产的所有电子元件的使用寿命取值的全体，就构成了研究对象的全体，即总体，显然它是一个随机变量，常用 X 表示. 为方便起见，今后我们把总体与随机变量 X 等同起来看，即总体就是某随机变量 X 可能取值的全体. 它客观上存在一个分布，但我们对其分布一无所知，或部分未知，正因为如此，才有必要对总体进行研究.

对总体进行研究，首先需要获取总体的有关信息. 一般采用两种方法：一是全面调查. 例如，人口普查，该方法常要消耗大量的人力、物力、财力，有时甚至是不可能的，例如，测试某厂生产的所有电子元件的使用寿命. 因此在大多数情况下，都采用第二种方法，即抽样调查. 抽样调查是按照一定的方法，从总体 X 中抽取 n 个个体. 这是我们对总体掌握的信息. 数理统计就是要利用这一信息，对总体进行分析、估计、推断. 因此，要求抽取的这 n 个个体应具有很好的代表性.

简单随机抽样就是采用独立、重复地随机抽样；而这样抽得的这 n 个个体称为一个**简单随机样本**，简称为一个**样本**，常表示为 X_1，X_2，…，X_n，也可表示为（X_1，X_2，…，X_n），是一个 n 维随机变量；其观察值为 x_1，x_2，…，x_n，称为**样本观测值**．这里 n 称为**样本容量**．

简单随机样本具有以下两条重要性质：

(1) X_1，X_2，…，X_n 之间相互独立；

(2) X_1，X_2，…，X_n 与总体具有相同的分布．

例 1 某工厂为检查某车间生产的一批产品的质量，需进行抽样验收以了解不合格品率 P，这里总体 X 表示任一件产品的质量指标，且定义

$$X=\begin{cases}1, & \text{产品为不合格品}\\ 0, & \text{产品为合格品}\end{cases}.$$

现在我们从这批产品中任取 n 件产品，每抽一件产品后记下其质量指标，然后放回搅匀后再抽．于是所得的样本（X_1，X_2，…，X_n）为简单随机样本．在实际问题中，当产品总量较大，而样本容量相对较小时，可将不放回抽样看做有放回抽样，这时仍视抽样为简单随机抽样．

2．统计量

定义 1 设（X_1，X_2，…，X_n）是来自总体 X 的一个样本，g（X_1，X_2，…，X_n）是一个 n 元函数，如果 g 中不含任何总体的未知参数，则称 $g(X_1$，X_2，…，X_n）为**一个统计量**，经过抽样后得到一组样本观测值 x_1，x_2，…，x_n，则称 $g(x_1$，x_2，…，x_n）为**统计量观测值或统计量值**．统计量也是一个随机变量（一维或多维）．

例如，设总体 $X\sim N(\mu,\sigma^2)$，其中 σ^2 为未知参数，（X_1，X_2，…，X_n）为取自总体的（简单随机）样本，根据定义，显然 $\sum\limits_{i=1}^{n}X_i$，$\max\limits_{1\leqslant i\leqslant n}X_i$，$\frac{1}{n}\sum\limits_{i=1}^{n}X_i-\mu$，均为统计量，但 $\frac{X_1}{\sigma}$ 不是统计量．下面我们先介绍几个常用的统计量．

定义 2 设（X_1，X_2，…，X_n）是从总体 X 中抽取的一个容量为 n 的样本，则

(1) $\overline{X}=\frac{1}{n}\sum\limits_{i=1}^{n}X_i$ 称为**样本均值**．

(2) $s^2=\frac{1}{n-1}\sum\limits_{i=1}^{n}(X_i-\overline{X})^2$ 称为**样本方差**．

(3) $s=\sqrt{s^2}$ 称为**样本标准差**．

将样本观测值代入定义 2 中，即可得样本均值、样本方差和样本标准差的观测值，此时，用小写字母表示各统计量的观测值．下面举例进行说明．

例 2　某厂实行计件工资制，为及时了解情况，随机抽取 30 名工人，调查各自在一周内加工的零件数，然后按规定算出每名工人的周工资如下（单位：元）：

156	134	160	141	159	141	161	157	155	149	144	169	138	168	171
147	156	125	156	135	156	151	155	146	155	157	198	161	151	153

求这 30 名工人的周工资的平均数、样本方差和标准差．

解　根据定义 2，有

$$\text{平均数：}\bar{x}=\frac{1}{n}\sum_{i=1}^{n}x_i=\frac{1}{30}(156+134+\cdots+151+153)$$

$$=\frac{4\,605}{30}=153.5.$$

$$\text{样本方差：}s^2=\frac{1}{n-1}\sum_{i=1}^{n}(x_i-\bar{x})^2$$

$$=\frac{1}{29}[(156-153.5)^2+(134-153.5)^2+\cdots+(153-153.5)^2]$$

$$=182.328.$$

$$\text{标准差：}s=\sqrt{s^2}=\sqrt{182.328}=13.503.$$

本例也可以用 Excel 的描述性统计功能计算，方法见后续章节．

三、　求估计量的矩估计法简介

求估计量的问题就是参数点估计的问题，我们知道参数是总体分布数量规律性的特征值，通常用 θ 表示分布的参数．例如，正态总体 $X\sim N(\mu,\sigma^2)$，这里 μ 和 σ^2 均是总体 X 的分布参数．

在实际问题中，总体参数 θ 通常都是未知的，通常需要通过样本数据所提供的总体的有关信息对参数加以推断．用样本构成的函数即统计量 $\hat{\theta}(X_1, X_2, \cdots, X_n)$ 去估计总体参数 θ，也就是用合适的估计量 $\hat{\theta}(X_1, X_2, \cdots, X_n)$ 替换未知参数 θ，这种估计方法称为**参数的点估计**．

矩估计和最大似然估计是两种常用的求估计量的方法，这里简单介绍矩估计法：

记样本的 k 阶原点矩为 $A_k=\frac{1}{n}\sum_{i=1}^{n}X_i^k$；记总体的 k 阶原点矩为 $\mu_k=EX^k$，用样本的各阶原点矩去估计对应的各阶总体的原点矩，这就是矩估计的基本方法，即令 $\mu_k=A_k$，有

$$EX^k = \frac{1}{n}\sum_{i=1}^{n} X_i^k.$$

解上面关于 θ_1，θ_2，…，θ_k 的 k 个方程，则得 $\hat{\theta}_1$，$\hat{\theta}_2$，…，$\hat{\theta}_k$ 为 θ_1，θ_2，…，θ_k 的**矩估计**.

通常我们**用样本均值估计总体均值，用样本方差估计总体方差**.

例 3 要估计一批种子的发芽率 p，设（X_1，X_2，…，X_n）是总体 X 的一个样本，求发芽率 p 的矩估计量.

解 由题意可知总体 X 服从两点分布：

$$p\{X=x\}=(1-p)^{1-x}p^x, x=0,1.$$

要估计的参数只有一个 p，只要令样本的一阶原点矩（样本均值）$\overline{X}$ 等于总体均值 EX，即令

$$\overline{X}=EX=p.$$

因此，得 p 的矩估计量为

$$\hat{p}=\overline{X}.$$

例 4 设样本（X_1，X_2，…，X_n）是取自总体 X 的一个样本，X 的密度函数为

$$f(x)=\begin{cases}\dfrac{2x}{\theta^2}, & 0<x<\theta \\ 0, & \text{其他}\end{cases},$$

其中 $\theta>0$ 未知，求 θ 的矩估计量.

解 $E(X)=\int_0^\theta x\cdot\frac{2x}{\theta^2}\mathrm{d}x=\frac{2}{3}\theta$，令 $\frac{2}{3}\theta=\overline{X}$，故 θ 的矩估计量为 $\hat{\theta}=\frac{3}{2}\overline{X}$.

由例 3 和例 4 可知，只要获得样本（X_1，X_2，…，X_n）的观测值（x_1，x_2，…，x_n），就可以用其计算出平均数，代入参数的矩估计量中，从而得到未知参数的估计值.

四、点估计的无偏性和有效性

用什么标准来评价一个估计量的好坏呢？这里我们介绍两种常用的评价方法：无偏性和有效性.

定义 3 若参数 θ 的估计量 $\hat{\theta}$ 满足

$$E(\hat{\theta})=\theta,$$

则称 $\hat{\theta}$ 是 θ 的**无偏估计**.

定义 4　若 $\hat{\theta}_1$，$\hat{\theta}_2$ 都是参数 θ 的无偏估计量且

$$D(\hat{\theta}_1)<D(\hat{\theta}_2),$$

则称 $\hat{\theta}_1$ 是较 $\hat{\theta}_2$ 有效的估计.

例 5　设 X_1，X_2，X_3 是来自总体 X 的样本，μ 和 σ^2 分别是总体均值和总体方差，试验证下列三个统计量

$$\hat{\mu}_1=\frac{2}{5}X_1+\frac{2}{5}X_2+\frac{1}{5}X_3,\ \hat{\mu}_2=\frac{1}{6}X_1+\frac{1}{2}X_2+\frac{1}{3}X_3,$$

$$\hat{\mu}_3=\frac{1}{3}X_1+\frac{1}{3}X_2+\frac{1}{3}X_3$$

都是总体均值 μ 的无偏估计量；并指出它们中哪个估计量最有效.

解　先求三个统计量的数学期望：

$$E(\hat{\mu}_1)=\frac{2}{5}E(X_1)+\frac{2}{5}E(X_2)+\frac{1}{5}E(X_3)=\frac{2}{5}\mu+\frac{2}{5}\mu+\frac{1}{5}\mu=\mu,$$

$$E(\hat{\mu}_2)=\frac{1}{6}E(X_1)+\frac{1}{2}E(X_2)+\frac{1}{3}E(X_3)=\frac{1}{6}\mu+\frac{1}{2}\mu+\frac{1}{3}\mu=\mu,$$

$$E(\hat{\mu}_3)=\frac{1}{3}E(X_1)+\frac{1}{3}E(X_2)+\frac{1}{3}E(X_3)=\frac{1}{3}\mu+\frac{1}{3}\mu+\frac{1}{3}\mu=\mu.$$

因此，三个统计量都是总体均值 μ 的无偏估计量.

下面求它们的方差：

$$D(\hat{\mu}_1)=\frac{4}{25}D(X_1)+\frac{4}{25}D(X_2)+\frac{1}{25}D(X_3)=\frac{4}{25}\sigma^2+\frac{4}{25}\sigma^2+\frac{1}{25}\sigma^2=\frac{9}{25}\sigma^2,$$

$$D(\hat{\mu}_2)=\frac{1}{36}D(X_1)+\frac{1}{4}D(X_2)+\frac{1}{9}D(X_3)=\frac{1}{36}\sigma^2+\frac{1}{4}\sigma^2+\frac{1}{9}\sigma^2=\frac{7}{18}\sigma^2,$$

$$D(\hat{\mu}_3)=\frac{1}{9}D(X_1)+\frac{1}{9}D(X_2)+\frac{1}{9}D(X_3)=\frac{1}{9}\sigma^2+\frac{1}{9}\sigma^2+\frac{1}{9}\sigma^2=\frac{1}{3}\sigma^2.$$

不难看出 $D(\hat{\mu}_3)<D(\hat{\mu}_1)<D(\hat{\mu}_2)$，从而估计量 $\hat{\mu}_3$ 最有效.

事实上，对一般总体 X 而言，样本均值 $\overline{X}$ 和样本方差 s^2 分别为总体均值 μ 和总体方差 σ^2 的无偏估计.

习题 5.1

1. 设 X_1，X_2，…，X_6 是来自总体 $X\sim U[0,\ \theta]$ 的样本，$\theta>0$ 未知，指出

下列样本函数中哪些是统计量.

$$T_1=\overline{X},\quad T_2=\overline{X}-\theta,\quad T_3=\overline{X}+E(X_1).$$

2. 设样本的一组观察值是：0.5，1，0.7，0.6，1，1. 写出样本均值、样本方差和标准差.

3. 设总体 X 的均值为 μ 且未知，X_1，X_2，…，X_n 为来自该总体的样本，求 μ 的矩估计量.

4. 设(X_1, X_2, X_3)是来自总体 X 的样本，试验证下列统计量

$$\hat{\mu}_1=\frac{1}{5}X_1+\frac{2}{5}X_2+\frac{2}{5}X_3,$$

$$\hat{\mu}_2=\frac{1}{2}X_1+\frac{1}{4}X_2+\frac{1}{4}X_3,$$

是总体均值 μ 的无偏估计，并说明哪一个估计较有效.

第二节　Excel 统计功能和描述性统计分析

一、Excel 统计分析功能简介

在当今众多的电子表格软件中，微软公司的 Excel 以其强大的功能、先进的技术、良好的可操作性和简单易用，赢得了全世界的一致认可. 它是一个快速制表、将数据图表化以及进行数据分析和管理的工具软件包，可以管理、组织纷繁复杂的数据，并对数据进行分析处理，最后以图表、统计图形的形式给出分析结果. 该软件以分析工具库和统计函数的形式提供了最基本的统计分析功能.

Excel 软件中提供了 15 个数据分析工具，称为“分析工具库”. 在进行统计分析时使用分析工具可节省步骤. 只需为每一个分析工具提供必要的数据和参数，分析工具就会使用适宜的统计函数，在输出表格中显示相应的结果. 其中，有些工具在生成输出表格时还能同时生成图表.

利用 Excel 分析工具库中的“直方图”分析工具，可以进行频数分布处理和绘制直方图. 利用“描述统计”分析工具，可以计算常用的集中趋势测度、离散程度测度、数据分布测度及其他基本统计量. 利用 F 检验分析工具、t 检验分析工具、z 检验分析工具，可以进行总体均值、方差的假设检验. 利用方差分析工具，可进行单因素和双因素的方差分析. 利用“相关系数”分析工具可以对两个

及两个以上变量间的相关关系进行分析计算．利用“回归分析”分析工具，可以建立简单线性回归和多元线性回归模型，并可对模型的有效性进行检验分析．除此之外，还可以进行时间序列分析以及随机数产生等统计功能．Excel 中还提供了 78 个统计函数用于统计分析，其相应函数见软件的帮助文档．需要提醒读者的是，Excel 只适合处理不太复杂的统计分析，而复杂的统计分析需要借助专业的统计软件，例如 SAS、SPSS、R 等软件来完成分析．

二、 Excel 分析工具库的安装

本节借助 Excel 2003 的分析工具库进行统计分析．该分析工具库可以采用以下三种方式调出．

（1）如果在 Office 的安装中分析工具库已经安装到你的计算机中，第一次使用“分析工具库”时．操作步骤是：单击“工具”菜单中的“加载宏”命令，在弹出的“加载宏”对话框中选择“分析工具库”，单击“确定”按钮（如图 5—1 所示），加载完成后，在“工具”菜单就多出了一个“数据分析”命令（如图 5—2 所示）．“数据分析”模块提供了对数据进行描述统计、假设检验、方差分析和回归分析等分析工具．

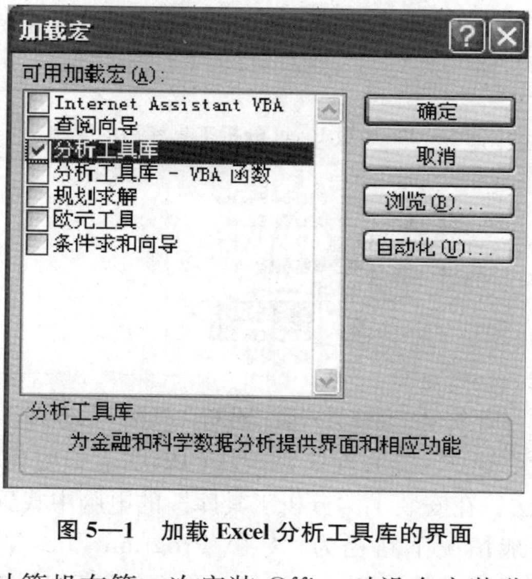

图 5—1　加载 Excel 分析工具库的界面

（2）如果你的计算机在第一次安装 Office 时没有安装分析工具库，则可以选择重新安装 Office 的 Excel，在安装 Office 时选择自定义安装，再选中“选择应用程序的高级自定义”选择框，选择“下一步”，会弹出一个对话框，在Excel

的加载宏中把“分析工具库”的安装方式改为“从本机运行”（如图 5—3 所示）. 接下来，采用方法 1 加载“分析工具库”即可；另外，也可以在方法 1 的加载宏时插入 Office 安装盘，即可完成“分析工具库”加载，此时不需要重新安装 Excel.

图 5—2　加载 Excel 分析工具库后的菜单

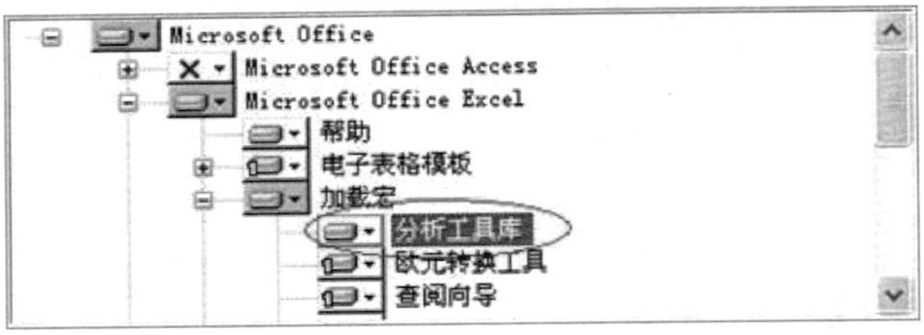

图 5—3　自定义安装“分析工具库”的界面

（3）如果你需要在一台没有安装该模块的电脑上临时使用“分析工具库”，也可以采用以下方法：在安装了“分析工具库”的电脑中找到一个名为“Analysis”的文件夹（一般情况下路径为“C：\ Program Files \ Microsoft Office \ OFFICE11 \ Library \ Analysis”），把这个文件夹复制到 U 盘上. 需要使用“分析工具库”时双击运行文件夹中的 ANALYS32. XLL 就可以了（如果系统弹出一个安全警告的对话框，单击“启用宏”）.

Excel 2007 的“分析工具库”的安装和路径与 Excel 2003 不同，需进入 Excel 2007 单击“Microsoft Office 按钮”，单击“Excel 选项”，然后单击“加载项”类别. 在“管理”列表中选择“Excel 加载项”，然后单击“转到”. 在“加载宏”列表中，选择“分析工具库”框，然后单击“确定”. 那么在 Excel 2007 的“数据”菜单中，就有“数据分析”的名称，然后单击即可进入分析工具库.

三、 描述性统计分析

可以使用 Excel 提供的统计函数来获得常用统计量. 例如，AVERAGE(平均值)、STDEV(样本标准差)、VAR(样本方差)、KURT(峰度系数)、SKEW(偏度系数)、MEDIAN(中位数)、MODE(众数) 等. 但最方便快捷的方法是利用 Excel 提供的“描述统计”工具，它可以给出一组数据的许多常用统计量.

例 1 为研究某工厂工人生产某种产品的能力，随机调查了 20 名工人某天生产该种产品的数量，如表 5—1 所示. 试求这 20 名工人一天生产该种产品的平均数量、最大数量、最小数量和标准差.

表 5—1　　被调查的 20 名工人一天生产的产品数量

产品数量	160	175	161	156	196	178	168	170	164	166
	166	157	148	181	162	162	170	162	172	154

解 首先将产品数量的 20 个数据按一列输入 Excel 中，以产品数量作为变量命名，然后选择“工具”→“数据分析”，会弹出如图 5—4 所示的“数据分析”对话框. 在这个对话框中选择“描述统计”，然后单击“确定”，会弹出“描述统计”对话框（图 5—5），如果输入区域包括变量名或者标志名称“产品数量”，则在图 5—5 中选中“标志位于第一行”，否则不需要选中，本例是选中的，单击“确定”得结果，如图 5—6 所示.

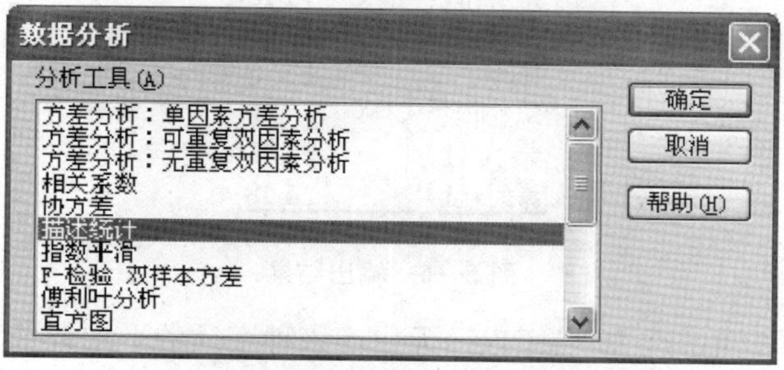

图 5—4　“数据分析”对话框

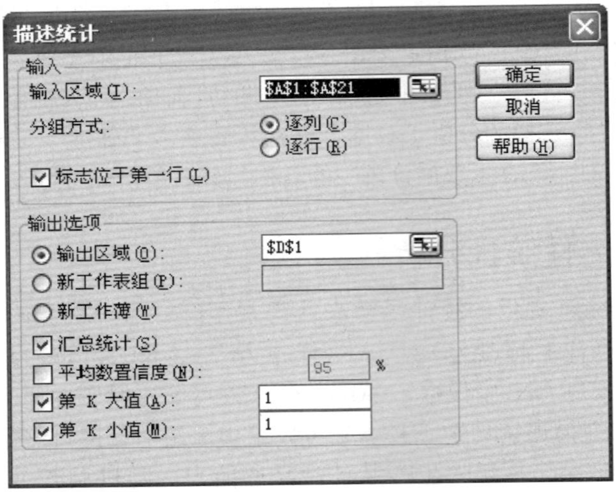

图 5—5 “描述统计”对话框

D	E
产品数量	
平均	166.4
标准误差	2.39561
中位数	165
众数	162
标准差	10.71349
方差	114.7789
峰度	1.941182
偏度	0.986122
区域	48
最小值	148
最大值	196
求和	3328
观测数	20
最大(1)	196
最小(1)	148

图 5—6 输出结果

由图 5—6 可知，这 20 名工人一天生产该种产品的平均数量为 166.4，最大数量为 196，最小数量为 148，标准差 10.713 49，还有诸如标准误差（标准差与样本容量的算术根的比值）为 2.395 61. 当然我们还能获得众数（产品数量出现最多的数，162）、中位数（产品数量数据排序后处在中间位置的数，165）、观测数（产品数量样本容量，20）等描述性统计值的输出结果，相应统计量的含义详见相关的统计学教程，因为篇幅原因这里不一一介绍.

习题 5.2

1. 假若某地 30 名某专业的学生实习的月薪（单位：元）数据如下：

909	1 086	1 120	999	1 320	1 091	1 071	1 081	1 130	1 336
967	1 572	825	914	992	1 232	950	775	1 203	1 025
1 096	808	1 224	1 044	871	1 164	971	950	866	738

试用 Excel 给出平均月薪、最低月薪和最高月薪.

第三节　Excel 统计推断实现

统计推断的问题常表述为所研究的问题有一个确定的总体，总体分布未知或部分未知，通过从该总体中抽取的样本（观测数据）作出与未知分布有关的某种结论．在这些内容中，未知参数的矩估计法见本章第一节，样本均值等的观测值可以借助 Excel 计算得到，见本章第二节的描述性统计．本节将借助 Excel 的分析工具库来实现参数的假设检验、方差分析以及回归分析的部分内容.

一、两正态总体均值差的假设检验

假设检验的基本思想是小概率反证法思想．小概率思想是指小概率事件（一般指事件概率 $p<0.01$ 或 $p<0.05$）在一次试验中基本上不会发生．反证法思想是先提出假设（给出一个不能轻易否定的假设 H_0，称为原假设或零假设；同时，还要给出与原假设互斥的假设 H_1，称为备择假设），再用适当的统计方法确定假设成立的可能性即计算事件发生的概率，如可能性小，则认为原假设 H_0 不成立，从而选择备择假设 H_1，若可能性大，则不能认为原假设 H_0 不成立.

基于假设检验的基本思想，在统计软件中最常用的假设检验方法就是根据检验统计量（例如，Z 统计量、T 统计量）的观测值计算事件发生的概率 p 值，然后将 p 值与给定的显著水平 α（一个小概率，通常取 0.05 或者 0.01）比较得出检验结论，当 $\alpha>p$ 值时拒绝原假设 H_0. 下面给出具体方法和步骤.

设总体 $X\sim N(\mu_1, \sigma_1^2)$，来自总体 X 的容量为 n_1 的样本观测值为（x_1，x_2，…，x_{n_1}）；总体 $Y\sim N(\mu_2, \sigma_2^2)$，来自总体 Y 的容量为 n_2 的样本观测值为（y_1，y_2，…，y_{n_2}），且 X 与 Y 独立，现在需检验两个总体的均值 μ_1 与 μ_2 是否有显著差异. 首先，提出假设 $H_0: \mu_1=\mu_2$，$H_1: \mu_1\neq\mu_2$，并假定 H_0 成立. 下面分两种情形给出检验方法和步骤.

1. σ_1^2 与 σ_2^2 均已知的情形

计算统计量 Z 的观测值 $z=\dfrac{(\bar{x}-\bar{y})}{\sqrt{\dfrac{\sigma_1^2}{n_1}+\dfrac{\sigma_2^2}{n_2}}}$，最后计算事件 $\{Z>|z|\}$ 的概率，也就是检验统计量 Z 的伴随率 p 值 $=P(Z>|z|)$.

2. σ_1^2 与 σ_2^2 均未知且相等的情形

计算统计量 T 的观测值 $t=\dfrac{(\bar{x}-\bar{y})}{\left[\sqrt{\left(\dfrac{1}{n_1}+\dfrac{1}{n_2}\right)\dfrac{(n_1-1)s_1^2+(n_2-1)s_2^2}{n_1+n_2-2}}\right]}$，最后计算事件 $\{T>|t|\}$ 的概率即本检验的 p 值 $=P(T>|t|)$.

以上两种情形的统计量的观测值用 Excel 软件容易计算，最关键的一步是正确给出检验问题的最后结论. 方法就像上面所提及的一样，我们可以根据给定的显著性水平 α 与计算出的 p 值相比较得出. 若 $p<\alpha$，则拒绝原假设 $H_0: \mu_1=\mu_2$，从而选择 $H_1: \mu_1\neq\mu_2$，认为两总体均值有显著差异；若 $p\geqslant\alpha$，则没有理由拒绝原假设 H_0，即没有理由不认为两总体均值相等.

下面用 Excel 来实现上面两种情形的统计推断.

例 1 某克山病区测得 11 例克山病患者与 13 名健康人的血磷值（mmol/L），数据见表 5—2，设患者和健康人血磷值服从正态总体 $N(\mu_1, 2.45)$ 和 $N(\mu_2, 2.25)$，两样本独立. 在 0.05 的显著性水平下，问该地急性克山病患者与健康人的血磷值是否不同？

表 5—2　　被调查的 11 名患者和 13 名健康人的血磷值

患者	0.84	1.05	1.20	1.20	1.39	1.53	1.67	1.80	1.87	2.07	2.11		
健康人	0.54	0.64	0.64	0.75	0.76	0.81	1.16	1.20	1.34	1.35	1.48	1.56	1.87

解 根据题意，我们需要检验的问题是 H_0：$\mu_1=\mu_2$，H_1：$\mu_1\neq\mu_2$. 将表 5—2 的数据按患者和健康人按列对应输入 Excel. 应用 Excel 的分析工具库，操作路径为菜单“工具”→“数据分析”→“z-检验：双样本平均差检验”，单击

“确定”，如图 5—7 所示.

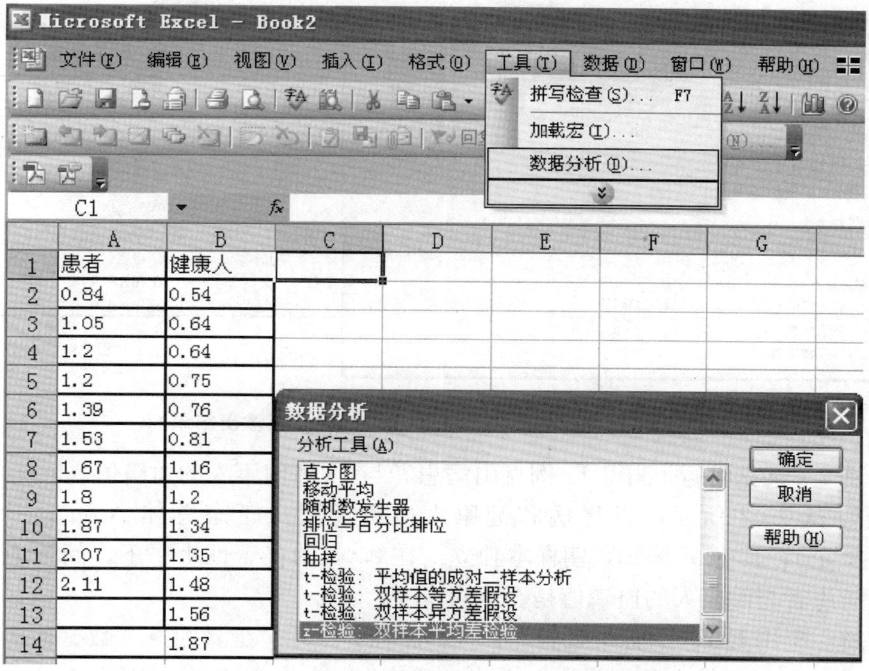

图 5—7　z-检验：双样本平均差检验操作路径

在出现的对话框“z-检验：双样本平均差检验”中，在“变量 1 的区域”输入患者对应列的数据区域（包括标志所在区域），在“变量 2 的区域”输入健康人对应的数据区域（包括标志所在区域），在“假设平均差”处输入 0（表示原假设，即 $\mu_1-\mu_2=0$），在“α”中输入显著性水平（本例为 0.05，Excel 默认就是 0.05，此时不用自己输入），在“变量 1 的方差（已知）”输入患者血磷值总体方差 2.45，在“变量 2 的方差（已知）”输入健康人的血磷值的总体方差 2.25，在“输出选项”中选择计算结果的输出位置，最后单击“确定”，如图 5—8 所示.

由图 5—8 的输出结果可知，检验 p 值 $=0.488>0.05$，因此，小概率事件没有发生，即没有理由拒绝原假设 H_0，即认为克山病患者与健康人的血磷值没有差异.

事实上，通常总体的方差是未知的，也就是说更多的是若 σ_1^2 与 σ_2^2 均未知的情形，这样我们为了说明问题，将上例改为 σ_1^2 与 σ_2^2 均未知且 $\sigma_1^2=\sigma_2^2=\sigma^2$ 的情形，见例 2.

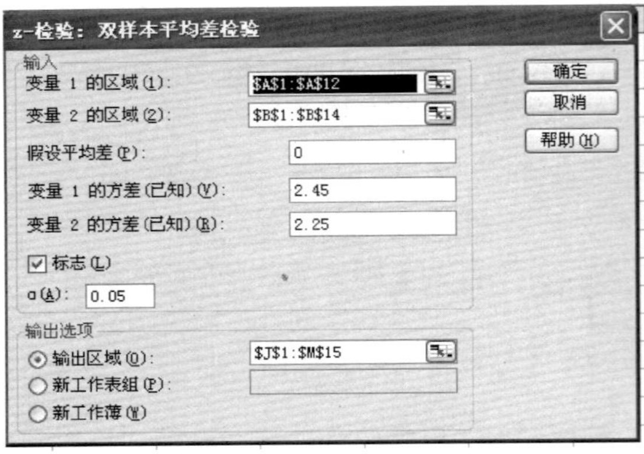

J	K	L
z-检验：双样本均值分析		
	患者	健康人
平均	1.520909	1.084615385
已知协方差	2.45	2.25
观测值	11	13
假设平均差	0	
z	0.693488	
P(Z<=z) 单尾	0.244002	
z 单尾临界	1.644854	
P(Z<=z) 双尾	**0.488**	
z 双尾临界	1.959964	

图 5—8　z-检验：双样本平均差检验及其输出结果

例 2　某克山病区测得 11 例克山病患者与 13 名健康人的血磷值（mmol/L），数据如表 5—2 所示，设患病和健康人血磷值服从正态总体 $N(\mu_1, \sigma^2)$ 和 $N(\mu_2, \sigma^2)$，其中 σ^2 未知，两样本独立. 在 0.05 的显著性水平下，问该地急性克山病患者与健康人的血磷值是否不同?

解　应用 Excel 的分析工具库，操作路径为菜单“工具”→“数据分析”→“t-检验：双样本等方差假设”→单击“确定”，弹出“t-检验：双样本等方差假设”对话框，同例 1，将数据区域选入，“假设平均差”输入 0，选中“标志”，Excel 默认 α 就是 0.05，此时不用自己输入，点击“确定”. 如图 5—9 所示.

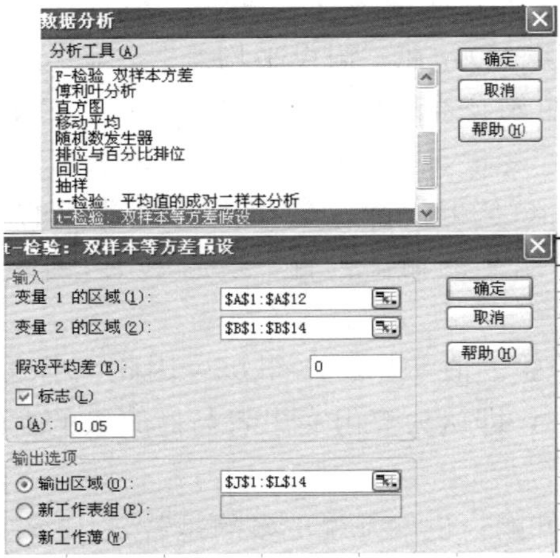

t-检验：双样本等方差假设		
	患者	健康人
平均	1.520909	1.084615385
方差	0.177909	0.178210256
观测值	11	13
合并方差	0.178073	
假设平均差	0	
df	22	
t Stat	2.523724	
P(T<=t) 单尾	0.009669	
t 单尾临界	1.717144	
P(T<=t) 双尾	**0.01934**	
t 双尾临界	2.073873	

图 5—9　t-检验：双样本等方差假设及其输出结果

由图 5—9 的输出结果可知，检验 p 值＝0.019 34＜0.05，因此，小概率事件发生了，故拒绝原假设 H_0，认为克山病患者与健康人的血磷值有显著差异.

上面两例说明，对于两总体方差的不同情形，得到的结果可能不同，因此，在实际应用中，我们应该尽可能地获得或掌握问题的信息和资料，那样更有利于得出更加合理的结论.

二、单因素方差分析

在工业、农业、林业以及社会科学领域的研究中，经常会遇到影响产品质量、某种农作物的产量、某种树木的生长、某种动物的生育率以及工人的工资收入等问题的因素比较多的情形. 例如，影响农作物产量的因素就有种子的品种、肥料、雨水等. 影响儿童识记效果的因素有教学材料、教学方法等，而各因素又有多种状态，例如影响农作物产量的肥料因素可能有肥料 1、肥料 2，等等. 因此，为了找出影响结果或者影响的效果显著的因素，并指出它们在什么状态下对结果有利，就要先做些试验，然后对测试的数据进行两个及两个以上样本均值差异的显著性检验. 方差分析（也称为变异数分析或 F 检验）就是对实测数据进行两个以上样本均值差异检验的一种统计方法.

在方差分析中，常称上述因素为**因子**，用大写字母 A、B、C 等表示，因素在试验中所处的不同状态统称为**水平**，记为 r. 例如，因子 A 的 r 个不同水平表示为 A_1，A_2，…，A_r. 如果研究一个因子的不同水平的影响效果，我们称为**单因素方差分析**. 如果研究两个因素的此类问题，称为**双因素方差分析**，依此类推. 下面举例说明单因素方差分析的思想.

例 3　为研究四种汉字识字教学法的效果，我们从小学入学新生中随机抽取 20 名学生进行试验，将儿童均分为四组，分别采用四种汉字识字教学法进行教学，一段时间后对他们进行统一测验，成绩如表 5—3 所示.

表 5—3　　**识字测验成绩**

教学方法 A	A_1	A_2	A_3	A_4
学	74	88	80	76
生	82	80	73	74
成	70	85	70	80
绩	76	83	76	78
y_{ij}	80	84	82	82

现在我们关心不同教学方法的教学效果是否有显著差异？（设显著水平 α 为 0.05.）

在上例中，只考虑了教学方法这一个因子（记为 A）的效果，四种不同的教学方法就是该因子的四个不同水平，分别记为 A_1，A_2，A_3，A_4.

从表 5—3 中的数据可以看出，即使同一教学方法下，由于随机因素（学生个体差异，随机误差等）的影响，学生测试成绩也不同. 因此，我们认为学生测验成绩 Y 是随机变量，并且应该把同一教学方法即同一水平得到的测验成绩看做来自同一总体的样本，不同教学方法下的测验成绩视为取自不同总体下的样本，也就是说表 5—3 中的数据应该看成从四个总体 Y_1，Y_2，Y_3，Y_4(分别对应四个水平）中分别抽取容量 $n_i=5(i=1，2，3，4)$ 的样本的观测值.

判断不同教学方法对识字教学效果是否有显著影响的问题，就是要辨别测验成绩之间的差异主要是由随机误差造成的，还是由不同教学法造成的. 一般我们认为测验成绩服从正态分布，且在安排试验时，除我们所关心的因子 A 外，其他试验条件总是尽可能做到一致，这就使我们可以认为每个总体的方差相同，也就是说例 3 中 $Y_i\sim(\mu_i，\sigma^2)$，因此，我们关心不同教学法的教学效果是否有显著差异的问题等价于检验几个具有相同方差的正态总体是否均值相等的检验问题，那么，提出如下假设：

$$H_0:\mu_1=\mu_2=\mu_3=\mu_4, \qquad H_1:\text{至少有两个均值不相等}.$$

这类检验若干同方差的正态总体均值是否相等的一种统计分析方法称为**方差分析**.

进行方差分析的基本原理是基于平方和分解，我们借用例 3 来说明. 该例总试验次数 $n=4\times5=20$. 测试成绩的**总平方和**记为

$$\begin{aligned}S_T&=\sum_{i=1}^{4}\sum_{j=1}^{n_i}(y_{ij}-\bar{y})^2=\sum_{i=1}^{4}\sum_{j=1}^{n_i}(y_{ij}-\bar{y}_{i.})^2+\sum_{i=1}^{4}\sum_{j=1}^{n_i}(y_{i.}-\bar{y})^2\\&=S_e+S_A,\end{aligned}$$

其中，$\bar{y}=\dfrac{1}{20}\sum\limits_{i=1}^{4}\sum\limits_{j=1}^{n_i}y_{ij}$ 为所有四个水平下平均测验成绩；$\bar{y}_{i.}=\dfrac{1}{5}\sum\limits_{j=1}^{5}y_{ij}$ 为第 i 个水平 A_i 下平均测试成绩；$S_e=\sum\limits_{i=1}^{4}\sum\limits_{j=1}^{n_i}(y_{ij}-\bar{y}_{i.})^2$ 为**误差平方和或组内平方和**，它反映学生测验过程中各种随机因素所引起的随机误差；$S_A=\sum\limits_{i=1}^{4}\sum\limits_{j=1}^{n_i}(y_{i.}-\bar{y})^2$ 为因子 A 的**组间平方和**，它反映了不同教学方法所引起的系统误差.

根据上面的平方和，可以构造出方差分析的检验统计量为

$$F=\frac{\dfrac{S_A}{r-1}}{\dfrac{S_e}{n-r}},$$

这里 F 是服从 F 分布（F 分布这里不展开，感兴趣的读者参见相关文献资料）的随机变量，根据统计量 F 的观测值来检验原假设 H_0 的这种检验方法称为 F 检验，该方法是英国统计学家费希尔（R. A. Fisher）发明的.

假设统计量 F 的观测值为 f，可以计算 F 统计量的伴随概率 $p=P(F\geqslant f)$，若 $p<\alpha$，则拒绝原假设 H_0，认为不同水平对研究对象有显著影响，在例 3 中，此时说明不同教学方法对识字效果有显著影响或者不同教学法的识字效果有显著差异；若 $p\geqslant\alpha$，则没有理由拒绝原假设 H_0，在例 3 中可解释为四种教学方法无显著差异. 通常 Excel 等软件都会给出形如表 5—4 的方差分析表，其中包含 F 统计量的伴随概率.

下面我们用 Excel 实现例 3，最后根据 F 检验的 p 值即可检验出不同教学法的效果是否有显著差异.

解　将数据以水平为列输入 Excel，点击菜单“工具”→“数据分析”→“方差分析：单因素方差分析”，单击“确定”，则进入“方差分析：单因素方差分析”对话框，然后在“输入区域”输入或者选择好数据区域，如果包含标志 A_1，A_2，A_3，A_4，则选中“标志位于第一列”，这里显著水平 α 填入 0.05（Excel 默认就是 0.05，此时不用自己输入），选好存放输出结果的区域，如图 5—10 所示. 最后，点击“确定”，得方差分析表，如表 5—4 所示.

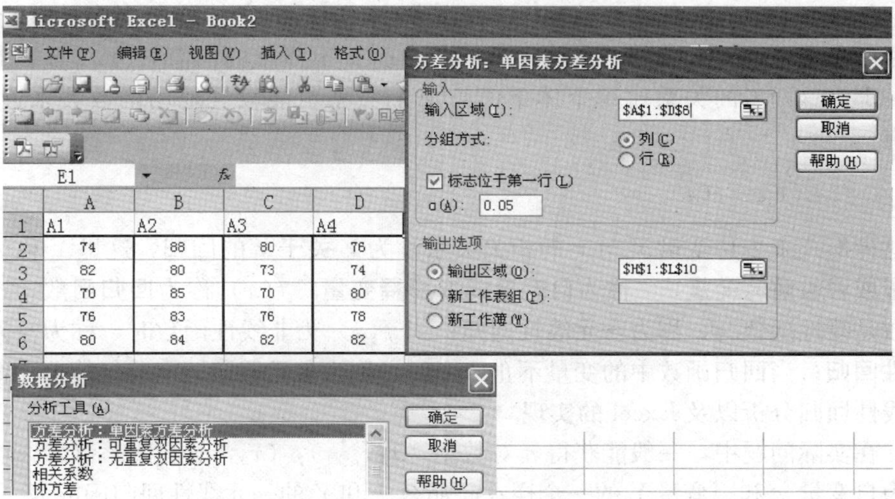

图 5—10　方差分析：单因素方差分析

表 5—4 方差分析表

方差来源	平方和 SS	自由度 df	均方差 MS	F 值	p 值
组间	$S_A=200.55$	$r-1=3$	$MS_A=\dfrac{S_A}{r-1}=66.85$	$\dfrac{MS_A}{MS_e}=4.082$	0.025
组内	$S_e=262$	$n-r=16$	$MS_e=\dfrac{S_e}{n-r}=16.375$		
总计	$S_T=462.55$	$n-1=19$			

由表 5—4 可知，$p=0.025<0.05$. 因此，认为在显著水平 $\alpha=0.05$ 下，四种不同教学法的效果有显著差异.

三、 一元线性回归分析

在农林业以及经济学等领域，常常要研究变量之间的关系. 这种关系大致可分为两类：一类是确定性的函数关系，另一类是非确定性的相关关系，即几个变量之间存在着密切的关系，但不能由一个（或几个）变量的值精确地求出另一个变量的值. 在相关关系中至少有一个变量是随机变量，例如人的血压与年龄，环境因子与农作物的产量，树木的直径与高度，人均收入与商品的销量，商品的价格与消费者的需求量. 往往相关关系可以用一定的函数关系表达式去近似地描述. 例如，一般身高与体重相关，当身高取某一值 x 时，体重 Y 有多种可能值，即说明 Y 是一个随机变量. 如果考虑同一身高 x 下体重的均值 $E(Y)$ 与 x 的关系，那么这两者的关系比单个体重值与 x 的关系更能较好地用函数关系近似，即有

$$E(Y)=f(x).$$

用这种形式来表达变量 Y 与 x 的相关关系称为 **Y 关于 x 的回归**，这里 Y 称为**因变量**或者**被解释变量**，x 称为**自变量**或者**解释变量**. $f(x)$ 称为**回归函数**，当该函数是线性函数时，称为**一元线性回归**；当 $f(x)$ 为非线性函数时，称为**一元非线性回归**；当回归函数中的变量不止一个时，称为**多元回归**. 本节仅简单介绍一元线性回归分析以及 Excel 的实现.

在实际问题中，一般能获得 n 对数据 (x_1, y_1)，(x_2, y_2)，…，(x_n, y_n)，称为自变量 x 和因变量 Y 的一个样本. 那么 x 和 Y 的一元线性回归函数为

$$E(Y)=f(x)=\beta_0+\beta_1 x,$$

其中，参数 β_0 为**回归截距**，参数 β_1 为**回归系数**，两个参数一般都是未知的. 因

为自变量 x 和因变量 Y 不是确定性关系，意味着存在随机误差，引入随机误差 ε_i，假定 ε_i 相互独立，并且 $\varepsilon_i \sim N(0, \sigma^2)$，则称

$$y_i = \beta_0 + \beta_1 x_i + \varepsilon_i, \quad i = 1, 2, \cdots, n$$

或

$$y = \beta_0 + \beta_1 x + \varepsilon$$

为**一元线性回归模型**.

我们设法在分散的具有线性关系的相关点之间配合一条最优的直线，以表明两变量之间具体的变动关系，所配合的回归直线称为**一元线性回归方程**，即

$$\hat{y} = \hat{\beta}_0 + \hat{\beta}_1 x.$$

该回归方程中 $\hat{y}$ 表示 y 的预测值；$\hat{\beta}_0$ 表示回归截距参数 β_0 的估计值；$\hat{\beta}_1$ 表示回归系数参数 β_1 的估计值，表示自变量 x 每变动一个单位时因变量 y 的平均变动值，也称回归系数的估计值.

这里引入**残差**的概念，即因变量真值与预测值之差，记为 $e = y - \hat{y}$，采用**最小二乘法**，也就是使残差平方和 $Q = \sum\limits_{i=1}^{n} e^2 = \sum\limits_{i=1}^{n}(y - \hat{y})^2 = \sum\limits_{i=1}^{n}(y - \beta_0 - \beta_1 x)^2$ 最小，由微积分知识可知，只需分别对参数 β_0 和 β_1 求导数，令其为 0，可得 $\hat{\beta}_1 = \dfrac{\sum\limits_{i=1}^{n} x_i y_i - n\bar{x}\bar{y}}{\sum\limits_{i=1}^{n} x_i^2 - n\bar{x}^2}$，$\hat{\beta}_0 = \bar{y} - \hat{\beta}_1 \bar{x}$.（读者自己推导，在求导数时可将另外一个参数看成常数，令导函数为 0.）

我们的重点是借助 Excel 实现一元线性回归分析，下面举例说明.

例 4　以家庭为单位，某商品年需求量与其价格之间的调查数据如表 5—5 所示.

表 5—5　调查数据

价格 x（元）	1	2	2	2.3	2.5	2.6	2.8	3	3.3	3.5
需求量 y（500g）	5	3.5	3	2.7	2.4	2.5	2	1.5	1.2	1.2

试用 Excel 建立该商品需求量 y 与价格 x 的一元线性回归方程.（给定显著水平 α 为 0.05.）

解　将表 5—5 的数据分两列输入 Excel，分别定义标志为 x 和 y. 选择菜单

“工具”→“数据分析”→“回归”，单击“确定”按钮，如图 5—11 所示，则弹出“回归”对话框，如图 5—12 进行设置，将 y 的数据区域选入“Y 值输入区域”，将 x 的数据区域选入“X 值输入区域”，如果选入区域包含标志 x 和 y，则选中“标志”，为了直观体现线性关系的函数近似效果，本例把“线性拟合图”选中，最后单击“确定”按钮.

关于回归分析的输出结果，经过整理得主要的三个表和一个图，分别为回归统计表（表 5—6）、方程检验表即方差分析表（表 5—7）、系数估计表（表5—8）和线性拟合图（图 5—13）.

Excel 通过**相关系数**公式：

$$r=\frac{\sum_{i=1}^{n}(x_i-\overline{x})(y_i-\overline{y})}{\sqrt{\sum_{i=1}^{n}(x_i-\overline{x})^2\sum_{i=1}^{n}(y_i-\overline{y})^2}}$$

的绝对值计算得商品需求量 y 与价格 x 相关度的绝对值（Multiple R）为 0.987（见回归统计表 5—6），即说明两个变量存在高度相关关系. 拟合优度（或称为决定系数）（R Square）为相关系数的平方，为 0.974，说明商品价格解释了需求量 97.4%的信息，其余的 2.6%的信息由随机误差反映.

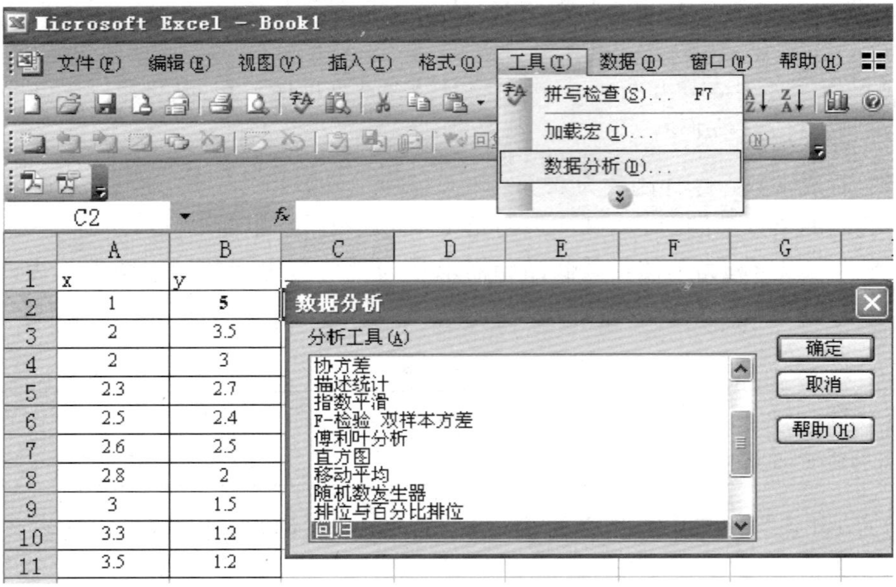

图 5—11　“回归”操作路径

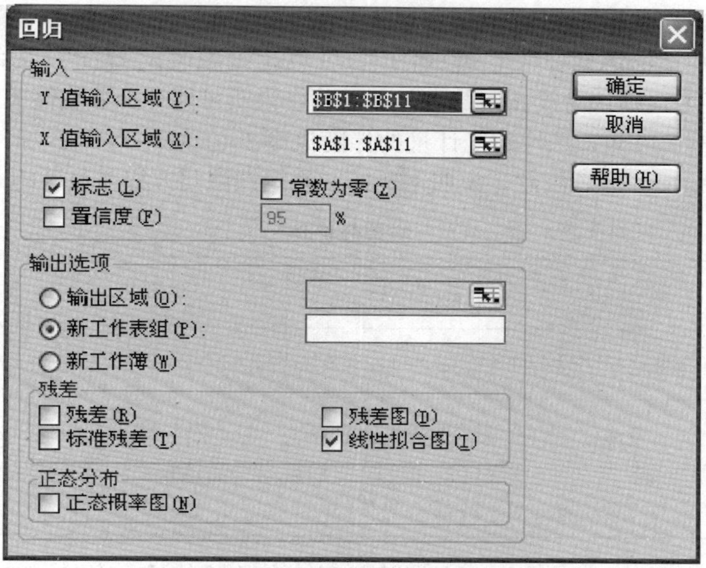

图 5—12　“回归”对话框

表 5—6　回归统计表

Multiple R	0.987
R Square	0.974

回归方程需要进行统计检验，也就是说在统计意义上方程是否是显著的，主要检验的方法是 F 检验的方差分析表. 显然，若 x 与 y 之间不存在线性关系，则回归系数 $\beta=0$，若 x 与 y 之间存在线性关系，则回归系数 $\beta\neq 0$. 所以，对 x 与 y 之间是否存在线性关系的假设检验的原假设为 H_0：$\beta=0$，备择假设为 H_1：$\beta\neq 0$.

既然是方差分析，那么就需要从总平方和出发，进行平方和分解. $SS_y=\sum(y-\bar{y})^2$ 反映了 y 的总变异程度，称为 y 的**总平方和**. $SS_y=SS_R+SS_e$，其中 $SS_R=\sum(\hat{y}-\bar{y})^2$ 反映了由于 y 与 x 之间存在线性关系所引起的 y 的变异程度，称为**回归平方和**；$SS_e=\sum(y-\hat{y})^2$ 反映了除 y 与 x 存在线性关系以外的原因，包括随机误差所引起的 y 的变异程度，称为**残差平方和**. 在原假设 H_0 假设成立的条件下，F 检验统计量为

$$F=\frac{SS_R}{SS_e/(n-2)}.$$

Excel 软件通过计算 F 的观测值，这里记为 f，可得 F 检验统计量的伴随概率 $p=P(F\geqslant f)$，给定显著水平 α，若 $p<\alpha$，则拒绝原假设 H_0，认为线性回归方程显著；反之，则认为线性回归方程不显著，说明可能存在非线性关系.

由表 5—7 可知，F 检验统计量的伴随概率 p 值为 $1.282\,17\times10^{-7}$，远远小于显著水平 $\alpha=0.05$，因此，说明本例的一元线性回归方程是显著的.

表 5—7 **方差分析表**

	df	SS	F 值	Significance F
回归分析	解释变量个数=1	$SS_R=11.862\,11$	298.524	1.282 17E-07
残差	$n-2=8$	$SS_e=0.3178\,87$		
总计	$n-1=9$	$SS_y=12.18$		

由系数估计表 5—8 可知，本例的截距项参数的估计 $\hat{\beta}_0=6.438$，对应的 T 统计量的伴随概率为 3.57×10^{-9}，远远小于显著水平 $\alpha=0.05$，因此，说明截距项参数的估计是显著的；回归系数参数的估计 $\hat{\beta}_1=-1.575$，对应的 T 统计量的伴随概率为 1.28×10^{-7}，远远小于显著水平 $\alpha=0.05$，因此，说明回归系数参数的估计是显著的. 对于一元线性回归而言，F 检验与回归系数的 T 统计量检验是一致的. 因此，我们可知，商品需求量 y 与价格 x 的一元线性回归方程是显著的，两个参数的估计都是显著的. 对应的一元线性回归方程为

$$\hat{y}=6.438-1.575x,$$

可解释为，价格 x 每增加一元，商品需求量 y 减少 1.575 个单位. 再结合线性拟合图 5—13 可直观地看出，线性方程较好地拟合了真值商品需求量 y.

表 5—8 **系数估计表**

	Coefficients(估计系数)	t Stat(T 统计量)	P-value(T 统计量的伴随概率)
Intercept(截距项)	6.438	27.224	3.57E-09
x(回归系数)	−1.575	−17.278	1.28E-07

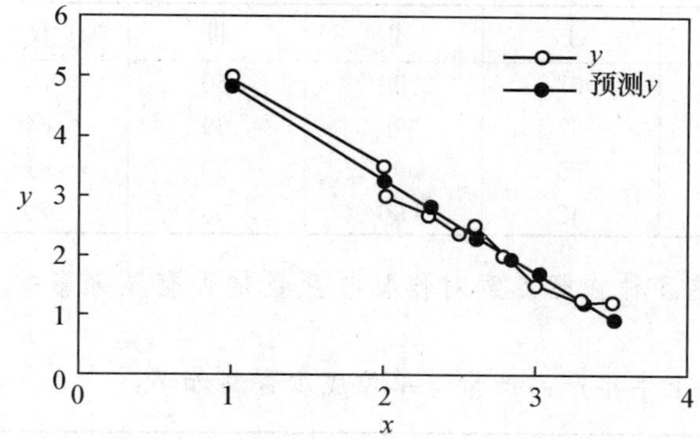

图 5—13　商品需求量与价格的线性拟合

习题 5.3

1. 随机地从甲、乙两厂生产的蓄电池中抽取一些样本，测得蓄电池的电容量（安/小时）如下：

甲厂	141	138	142	141	143	138	137	144		
乙厂	143	139	140	138	141	140	138	142	142	136

设两厂生产的蓄电池电容量分别服从正态总体 $N(\mu_1, 2.45)$，$N(\mu_2, 2.25)$，两样本独立. 在 0.05 的显著性水平下，检验甲乙两厂蓄电池的电容量是否有显著差异.

2. 为了研究真丝绸与仿真丝绸在性能上的差异，从两类丝绸中各抽取 8 个样品进行拉伸实验，测得每单位面积上的拉伸能量数据如下：

真丝绸	4.165	11.675	7.650	4.920	10.550	5.305	7.510	5.665
仿真丝绸	9.750	6.125	6.800	4.475	5.950	7.025	6.425	8.700

设拉伸能量服从正态分布，在显著水平 $\alpha=0.05$ 下，检验真丝绸与仿真丝绸在平均拉伸能量上是否有明显差异.

3. 用 5 种不同的施肥方案分别得到某种农作物的收获量如下：

施肥方案	Ⅰ	Ⅱ	Ⅲ	Ⅳ	Ⅴ
收获量	67	98	60	79	90
	67	96	69	64	70
	55	91	50	81	79
	42	66	35	70	88

试用 Excel 检验这 5 种施肥方案对作物收获量是否有显著影响.（显著水平 $\alpha=0.05$.）

4. 某企业上半年产品产量与单位成本资料如下：

月份	产量（千件）X	单位成本（元）Y
1	2	73
2	3	72
3	4	71
4	3	73
5	4	69
6	5	68

试用 Excel 建立单位成本 Y 与产量 X 的回归方程，并进行相关回归分析.（显著水平 $\alpha=0.05$.）

附录1 基本三角公式

1. 同角三角函数的基本关系式

倒数关系：$\sin\alpha \cdot \csc\alpha=1, \cos\alpha \cdot \sec\alpha=1, \tan\alpha \cdot \cot\alpha=1.$

商数关系：$\tan\alpha=\frac{\sin\alpha}{\cos\alpha}, \cot\alpha=\frac{\cos\alpha}{\sin\alpha}.$

平方关系：$\sin^2\alpha+\cos^2\alpha=1, 1+\tan^2\alpha=\sec^2\alpha, 1+\cot^2\alpha=\csc^2\alpha.$

2. 两角和与差的公式：

$$\sin(\alpha\pm\beta)=\sin\alpha\cos\beta\pm\cos\alpha\sin\beta,$$
$$\cos(\alpha\pm\beta)=\cos\alpha\cos\beta\mp\sin\alpha\sin\beta,$$
$$\tan(\alpha\pm\beta)=\frac{\tan\alpha\pm\tan\beta}{1\mp\tan\alpha\tan\beta}.$$

3. 倍角公式：

$$\sin 2\alpha=2\sin\alpha\cos\alpha,$$
$$\cos 2\alpha=\cos^2\alpha-\sin^2\alpha=2\cos^2\alpha-1=1-2\sin^2\alpha,$$
$$\tan 2\alpha=\frac{2\tan\alpha}{1-\tan^2\alpha}.$$

4. 半角公式：

$$\sin\frac{\alpha}{2}=\pm\sqrt{\frac{1-\cos\alpha}{2}},$$
$$\cos\frac{\alpha}{2}=\pm\sqrt{\frac{1+\cos\alpha}{2}},$$
$$\tan\frac{\alpha}{2}=\pm\sqrt{\frac{1-\cos\alpha}{1+\cos\alpha}}=\frac{\sin\alpha}{1+\cos\alpha}=\frac{1-\cos\alpha}{\sin\alpha}.$$

5. 积化和差公式：

$$\sin\alpha\cos\beta=\frac{1}{2}[\sin(\alpha+\beta)+\sin(\alpha-\beta)],$$
$$\cos\alpha\sin\beta=\frac{1}{2}[\sin(\alpha+\beta)-\sin(\alpha-\beta)],$$

$$\cos\alpha\cos\beta=\frac{1}{2}[\cos(\alpha+\beta)+\cos(\alpha-\beta)],$$

$$\sin\alpha\sin\beta=-\frac{1}{2}[\cos(\alpha+\beta)-\cos(\alpha-\beta)].$$

6. 和差化积公式：

$$\sin\alpha+\sin\beta=2\sin\frac{\alpha+\beta}{2}\cos\frac{\alpha-\beta}{2},$$

$$\sin\alpha-\sin\beta=2\cos\frac{\alpha+\beta}{2}\sin\frac{\alpha-\beta}{2},$$

$$\cos\alpha+\cos\beta=2\cos\frac{\alpha+\beta}{2}\cos\frac{\alpha-\beta}{2},$$

$$\cos\alpha-\cos\beta=-2\sin\frac{\alpha+\beta}{2}\sin\frac{\alpha-\beta}{2}.$$

$a\sin\alpha+b\cos\alpha=\sqrt{a^2+b^2}\sin(\alpha+\varphi)$（其中 φ 所在位置由 a,b 的符号确定，φ 的值由 $\tan\varphi=\frac{b}{a}$ 确定）.

7. 万能公式：

$$\sin\alpha=\frac{2\tan\frac{\alpha}{2}}{1+\tan^2\frac{\alpha}{2}},\quad \cos\alpha=\frac{1-\tan^2\frac{\alpha}{2}}{1+\tan^2\frac{\alpha}{2}},\quad \tan\alpha=\frac{2\tan\frac{\alpha}{2}}{1-\tan^2\frac{\alpha}{2}}.$$

附录 2 基本积分表

(1)$\int k\mathrm{d}x = kx + C$($k$ 为常数)；

(2)$\int x^{\mu}\mathrm{d}x = \frac{x^{\mu+1}}{\mu+1} + C(\mu \neq -1)$；

(3)$\int \frac{1}{x}\mathrm{d}x = \ln|x| + C$；

(4)$\int \frac{1}{1+x^2}\mathrm{d}x = \arctan x + C$；

(5)$\int \frac{1}{\sqrt{1-x^2}}\mathrm{d}x = \arcsin x + C$；

(6)$\int \cos x\mathrm{d}x = \sin x + C$；

(7)$\int \sin x\mathrm{d}x = -\cos x + C$；

(8)$\int \sec^2 x\mathrm{d}x = \tan x + C$；

(9)$\int \csc^2 x\mathrm{d}x = -\cot x + C$；

(10)$\int \sec x\tan x\mathrm{d}x = \sec x + C$；

(11)$\int \csc x\cot x\mathrm{d}x = -\csc x + C$；

(12)$\int \mathrm{e}^x\mathrm{d}x = \mathrm{e}^x + C$；

(13)$\int a^x\mathrm{d}x = \frac{a^x}{\ln a} + C(a > 0, a \neq 1)$；

(14)$\int \tan x\mathrm{d}x = -\ln|\cos x| + C$；

(15)$\int \cot x\mathrm{d}x = \ln|\sin x| + C$；

(16)$\int \sec x\mathrm{d}x = \ln|\sec x + \tan x| + C$；

(17)$\int \csc x\mathrm{d}x = \ln|\csc x - \cot x| + C$；

(18)$\int \frac{1}{x^2+a^2}\mathrm{d}x = \frac{1}{a}\arctan\frac{x}{a} + C$；

(19)$\int \frac{1}{x^2-a^2}\mathrm{d}x = \frac{1}{2a}\ln\left|\frac{x-a}{x+a}\right| + C$；

(20)$\int \frac{1}{\sqrt{a^2-x^2}}\mathrm{d}x = \arcsin\frac{x}{a} + C$；

(21)$\int \frac{1}{\sqrt{x^2 \pm a^2}}\mathrm{d}x = \ln|x + \sqrt{x^2 \pm a^2}| + C$.

附录 3　函数 $\Phi(x)=\frac{1}{\sqrt{2\pi}}\int_{-\infty}^{x}e^{-\frac{t^2}{2}}\mathrm{d}t$ 数值表

x	0	1	2	3	4	5	6	7	8	9
0.0	0.500 0	0.504 0	0.508 0	0.512 0	0.516 0	0.519 9	0.523 9	0.527 9	0.531 9	0.535 9
0.1	0.539 8	0.543 8	0.547 8	0.551 7	0.555 7	0.559 6	0.563 6	0.567 5	0.571 4	0.575 3
0.2	0.579 3	0.583 2	0.587 1	0.591 0	0.594 8	0.598 7	0.602 6	0.606 4	0.610 3	0.614 1
0.3	0.617 9	0.621 7	0.625 5	0.629 3	0.633 1	0.636 8	0.640 6	0.644 3	0.648 0	0.651 7
0.4	0.655 4	0.659 1	0.662 8	0.666 4	0.670 0	0.673 6	0.677 2	0.680 8	0.684 4	0.687 9
0.5	0.691 5	0.695 0	0.698 5	0.701 9	0.705 4	0.708 8	0.712 3	0.715 7	0.719 0	0.722 4
0.6	0.725 7	0.729 1	0.732 4	0.735 7	0.738 9	0.742 2	0.745 4	0.748 6	0.751 7	0.754 9
0.7	0.758 0	0.761 1	0.764 2	0.767 3	0.770 3	0.773 4	0.776 4	0.779 4	0.782 3	0.785 2
0.8	0.788 1	0.791 0	0.793 9	0.796 7	0.799 5	0.802 3	0.805 1	0.807 8	0.810 6	0.813 3
0.9	0.815 9	0.818 6	0.821 2	0.823 8	0.826 4	0.828 9	0.831 5	0.834 0	0.836 5	0.838 9
1.0	0.841 3	0.843 8	0.846 1	0.848 5	0.850 8	0.853 1	0.855 4	0.857 7	0.859 9	0.862 1
1.1	0.864 3	0.866 5	0.868 6	0.870 8	0.872 9	0.874 9	0.877 0	0.879 0	0.881 0	0.883 0
1.2	0.884 9	0.886 9	0.888 8	0.890 7	0.892 5	0.894 4	0.896 2	0.898 0	0.899 7	0.901 5
1.3	0.903 2	0.904 9	0.906 6	0.908 2	0.909 9	0.911 5	0.913 1	0.914 7	0.916 2	0.917 7
1.4	0.919 2	0.920 7	0.922 2	0.923 6	0.925 1	0.926 5	0.927 8	0.929 2	0.930 6	0.931 3
1.5	0.933 2	0.934 5	0.935 7	0.937 0	0.938 2	0.939 4	0.940 6	0.941 8	0.943 0	0.944 1
1.6	0.945 2	0.946 3	0.947 4	0.948 4	0.949 5	0.950 5	0.951 5	0.952 5	0.953 5	0.954 5
1.7	0.955 4	0.956 4	0.957 3	0.958 2	0.959 1	0.959 9	0.960 8	0.961 6	0.962 5	0.963 3
1.8	0.964 1	0.964 8	0.965 6	0.966 4	0.967 1	0.967 8	0.968 6	0.969 3	0.970 0	0.970 6
1.9	0.971 3	0.971 9	0.972 6	0.973 2	0.973 8	0.974 4	0.975 0	0.975 6	0.976 2	0.976 7
2.0	0.977 2	0.977 8	0.978 3	0.978 8	0.979 3	0.979 8	0.980 3	0.980 8	0.981 2	0.981 7
2.1	0.982 1	0.982 6	0.983 0	0.983 4	0.983 8	0.984 2	0.984 6	0.985 0	0.985 4	0.985 7
2.2	0.986 1	0.986 4	0.986 8	0.987 1	0.987 4	0.987 8	0.988 1	0.988 4	0.988 7	0.989 0
2.3	0.989 3	0.989 6	0.989 8	0.990 1	0.990 4	0.990 6	0.990 9	0.991 1	0.991 3	0.9916
2.4	0.991 8	0.992 0	0.992 2	0.992 5	0.992 7	0.992 9	0.993 1	0.993 2	0.993 4	0.993 6
2.5	0.993 8	0.994 0	0.994 1	0.994 3	0.994 5	0.994 6	0.994 8	0.994 9	0.995 1	0.995 2
2.6	0.995 3	0.995 5	0.995 6	0.995 7	0.995 9	0.996 0	0.996 1	0.996 2	0.996 3	0.996 4
2.7	0.996 5	0.996 6	0.996 7	0.996 8	0.996 9	0.997 0	0.997 1	0.997 2	0.997 3	0.997 4
2.8	0.997 4	0.997 5	0.997 6	0.997 7	0.997 7	0.997 8	0.997 9	0.997 9	0.998 0	0.998 1
2.9	0.998 1	0.998 2	0.998 2	0.998 3	0.998 4	0.998 4	0.998 5	0.998 5	0.998 6	0.998 6
3.0	0.998 7	0.999 0	0.999 3	0.999 5	0.999 7	0.999 8	0.999 8	0.999 9	0.999 9	1.000 0

注：本表最后一行自左至右依次是 $\Phi(3.0)$、…、$\Phi(3.9)$ 的值.

习题答案

习题 1.2

1. (1) B；(2) $(-\infty, -3] \cup (3, +\infty)$；(3) $(0, 1) \cup (1, 2]$；(4) 2；(5) B.

2. (1) $y=\sin u$，$u=3x$；

   (2) $y=u^3$，$u=\cos v$，$v=w^{\frac{1}{2}}$；$w=2-x^2$；

   (3) $y=e^u$，$u=\sin v$，$v=\dfrac{1}{x}$；

   (4) $y=u^{-\frac{1}{2}}$，$u=x^2+1$.

3. (1) 3；(2) 1；(3) 4；(4) 2；(5) 1；(6) 0.

4. (1) 0；(2) 0；(3) 0.

5. (1) 间断点为 $x=0$；(2) 在其定义域内连续；(3) 间断点为 $x=0$.

6. (1) a 取任意值，$b=1$；(2) $a=b=1$.

7. $a=3$.

8. (1) 6；(2) 4.

9. (1) 3；(2) $-\dfrac{1}{2}$或 3.

10. (1) 1；(2) 2；(3) $-\dfrac{\pi}{4}$；(4) 2；(5) 1/2；(6) e^2；(7) e^{-1}；(8) e^{-10}.

习题 1.3

1. (1) $\Delta y=-6$，$\dfrac{\Delta y}{\Delta x}=-3$；(2) $\Delta y=4$，$\dfrac{\Delta y}{\Delta x}=1$.

2. (1) $k+\dfrac{l}{2}x^{-\frac{1}{2}}-3mx^{-4}$；(2) $-4x^{-3}+\dfrac{3}{2}x^{-\frac{5}{2}}-3x^{-2}$；

   (3) $\dfrac{4x}{(1-x^2)^2}$；(4) $\dfrac{ad-bc}{(cx+d)^2}$；

（5）$3x^2-12x+11$；　　（6）$\frac{1}{\sqrt{x}(1-\sqrt{x})^2}$.

3.（2）切线方程：$4x+y-4=0$；　　法线方程：$2x-8y+15=0$.

（3）切线方程：$4y+5x-19=0$；　　法线方程：$20y-16x-13=0$.

4.（1）$y=(x^2+1)^4$；　　（2）$y=(1+\sqrt{x})^2$.

5.（1）$y''=\frac{3}{4}x^{-\frac{5}{2}}$；　　（2）$y''=4e^{-2x}$.

7.（1）$-2\cos x\sin x$；　　（2）$-a\sin(ax+b)$；　　（3）$-4\sin x\cos x$；

（4）$2x\cos(x^2)$；　　（5）$-2\cot x\csc^2 x$；　　（6）$\frac{\sec^2 x}{2\sqrt{\tan x}}$.

8.（1）$\frac{2x}{x^2+3}$；　　（2）$\frac{2}{x}$；　　（3）$-2axe^{-ax^2}$；

（4）$e^{-x}(2x-x^2)$；　　（5）$\frac{1}{|x|\sqrt{x^2-1}}$；　　（6）$2x5^{x^2}\ln 5$；

（7）$\frac{1}{x\ln x}$；　　（8）$2xe^{x^2}\cos(e^{x^2}+1)$；　　（9）$\frac{2}{1+x^2}$.

9. 0 和 3.

10.（1）$dx=4x(x^2+1)^2dx$；

（2）$dy=4\left(x+\frac{1}{x}\right)^3\left(1-\frac{1}{x^2}\right)dx$；

（3）$dy=3(x+\sqrt{x})^2\left(1+\frac{1}{2\sqrt{x}}\right)dx$；

（4）$dy=\left(x^2-\frac{1}{x^2}\right)^{-\frac{1}{2}}\left(x+\frac{1}{x^3}\right)dx$.

11.（1）单调增加；　　（2）当$|x|>1$时单调减少，当$|x|<1$时单调增加.

12.（1）极小值是 2，极大值是-2；　　（2）极小值是$-\frac{1}{2}e^{-1}$；

（3）极小值是 2；　　（4）无极值.

习题 1.4

1.（1）D；（2）B；（3）B；（4）B；（5）C.

2.（1）$\frac{1}{3}x^3+\frac{2^x}{\ln 2}-2\ln|x|+C$；　　（2）$3\ln|x|-\frac{2}{3}\sqrt{x^3}-\cos x+C$；

(3) $2e^{x}-\ln|x|+C$；　　(4) $\frac{x^3}{3}-2x^2+4x+C$；

(5) $\frac{x-\sin x}{2}+C$；　　(6) $-\frac{1}{x}-\arctan x+C$.

3. (1) $\frac{1}{3}\cos(2-3x)+C$；　　(2) $\frac{1}{2}\ln(x^2+4x+13)+C$；

(3) $-\frac{1}{202}(2-x^2)^{101}+C$；　　(4) $-\sqrt{1-x^2}+C$；

(5) $2\sqrt{e^x+1}+C$；　　(6) $\frac{x^2}{2}-2\ln(4+x^2)+C$；

(7) $-\frac{(\arccos x)^2}{2}+C$；　　(8) $\ln|\ln x|+C$；

(9) $2e^{\sqrt{x}}+C$；　　(10) $\cos\frac{1}{x}+C$.

4. (1) $x\ln(x+1)-x+\ln(x+1)+C$；

(2) $\frac{1}{3}x\sin 3x+\frac{1}{9}\cos 3x+C$；

(3) $x\arcsin x+\sqrt{1-x^2}+C$；

(4) $2(\sqrt{x}-1)e^{\sqrt{x}}+C$；

(5) $\frac{1}{2}x^2\ln x-\frac{1}{4}x^2+C$；

(6) $\frac{1}{2}\tan x\sec x-\frac{1}{2}\ln|\tan x+\sec x|+C$.

5. (1) $\sqrt{2x}-\ln(1+\sqrt{2x})+C$；

(2) $\frac{2}{3}(x-6)\sqrt{x+3}+C$；

(3) $\frac{3}{2}x^{\frac{2}{3}}-3x^{\frac{1}{3}}+3\ln\left|1+x^{\frac{1}{3}}\right|+C$；

(4) $x-2\sqrt{1+x}+2\ln(1+\sqrt{1+x})+C$；

(5) $\arcsin x-\frac{x}{1+\sqrt{1-x^2}}+C$；

(6) $\sqrt{x^2-9}-3\arccos\frac{3}{|x|}+C$.

6. (1) 0；　　(2) $\pi-\frac{4}{3}$；　　(3) $\frac{\pi}{6}-\frac{\sqrt{3}}{8}$；　　(4) $\frac{\pi^3}{324}$.

7. （1）$1-e^{-\frac{1}{2}}$； （2）$1-\frac{2}{e}$； （3）0； （4）$\frac{\pi}{4}-\frac{1}{2}$.

8. （1）$\frac{1}{6}$； （2）$2\sqrt{3}-2$； （3）$3\ln 3$； （4）$\frac{\sqrt{2}}{2}$.

9. $f(x)=\frac{1}{2}x^2+Cx+C'$.

10. （1）$e+\frac{1}{e}-2$； （2）$S=\int_{\ln a}^{\ln b} x\,dy=\int_{\ln a}^{\ln b} e^y\,dy=b-a$；

（3）$\frac{3}{2}-\ln 2$； （4）$\frac{16}{3}$.

11. （1）$V=\pi\int_0^1 (y-y^4)\,dy=\frac{3}{10}\pi$； （2）$\left(\frac{e^2}{6}-\frac{1}{2}\right)\pi$；

（3）$V=\int_0^{x_0} \pi y^2\,dx=\pi\int_0^{x_0} 4ax\,dx=2a\pi x_0^2$.

习题 2.2

1. （1）-4；（2）$8\lambda-2$；（3）-4；（4）2；（5）$-2(a^3+b^3)$.
2. （1）27；

（2）-153；

（3）$(b-a)(c-a)(c-b)(d-a)(d-b)(d-c)$；

（4）$(a-b)(ab-1)$；

（5）24；

（6）$abcd$；

（7）$(a+3b)(a-b)^3$.

习题 2.3

1. （1）$\begin{bmatrix} -1 & 1 & -3 \\ 6 & 3 & -2 \end{bmatrix}$； （2）$\begin{bmatrix} -4 & -14 \\ -3 & -7 \end{bmatrix}$；

（3）$\begin{bmatrix} 0 & -6 \\ 6 & 0 \end{bmatrix}$； （4）$\begin{bmatrix} 2\lambda-1 & -4\lambda-5 \\ 10\lambda+2 & 6\lambda-3 \end{bmatrix}$.

2. 32，16，$-\frac{1}{4}$，-4.

3. (1) $\begin{bmatrix} 5 \\ 12 \\ 2 \end{bmatrix}$; (2) $[3]$; (3) $\begin{bmatrix} 2 & -3 & 7 \\ -6 & 9 & -21 \end{bmatrix}$;

(4) $\begin{bmatrix} 0 & 0 \\ 0 & 0 \end{bmatrix}$; (5) $\begin{bmatrix} -5 & 6 & 7 \\ 10 & 2 & -6 \\ -2 & 17 & 10 \end{bmatrix}$; (6) $[29]$.

4. (1) $\begin{bmatrix} 1 & 2 & 0 & 0 & 1 \\ 0 & -1 & 0 & 0 & 2 \\ 0 & 0 & 7 & 2 & 6 \\ 0 & 0 & 0 & 6 & -2 \end{bmatrix}$; $\begin{bmatrix} 1 & 0 & 0 & 0 & 5 \\ 0 & 1 & 0 & 0 & -2 \\ 0 & 0 & 1 & 0 & \frac{20}{21} \\ 0 & 0 & 0 & 1 & -\frac{1}{3} \end{bmatrix}$.

(2) $\begin{bmatrix} 1 & 3 & -9 & 3 \\ 0 & 1 & -3 & 4 \\ 0 & 0 & 0 & 0 \end{bmatrix}$; $\begin{bmatrix} 1 & 0 & 0 & -9 \\ 0 & 1 & -3 & 4 \\ 0 & 0 & 0 & 0 \end{bmatrix}$.

(3) $\begin{bmatrix} 1 & 0 & -1 & 2 \\ 0 & 0 & 3 & -7 \\ 0 & 0 & 0 & 2 \end{bmatrix}$; $\begin{bmatrix} 1 & 0 & 0 & 0 \\ 0 & 0 & 1 & 0 \\ 0 & 0 & 0 & 1 \end{bmatrix}$.

(4) $\begin{bmatrix} 0 & 2 & -1 & 4 \\ 0 & 0 & 5 & -3 \\ 0 & 0 & 0 & -2 \\ 0 & 0 & 0 & 0 \end{bmatrix}$; $\begin{bmatrix} 0 & 1 & 0 & 0 \\ 0 & 0 & 1 & 0 \\ 0 & 0 & 0 & 1 \\ 0 & 0 & 0 & 0 \end{bmatrix}$.

5. (1) $\begin{bmatrix} \frac{1}{3} & \frac{1}{3} \\ -\frac{2}{3} & \frac{1}{3} \end{bmatrix}$; (2) $\begin{bmatrix} -2 & 1 & 0 \\ -\frac{13}{2} & 3 & -\frac{1}{2} \\ -16 & 7 & -1 \end{bmatrix}$;

(3) $\begin{bmatrix} 1 & -4 & -3 \\ 1 & -5 & -3 \\ -1 & 6 & 4 \end{bmatrix}$.

6. (1) $\begin{bmatrix} 0 & 1 \\ -1 & 2 \end{bmatrix}$; (2) $\begin{bmatrix} 2 & -1 & 1 \\ 4 & -2 & 1 \\ -\frac{3}{2} & 1 & -\frac{1}{2} \end{bmatrix}$;

（3）$\begin{bmatrix} \frac{5}{2} & -1 & -\frac{1}{2} \\ -1 & 1 & 0 \\ -\frac{1}{2} & 0 & \frac{1}{2} \end{bmatrix}$；　　（4）$\begin{bmatrix} -\frac{3}{2} & \frac{1}{2} & \frac{1}{2} \\ 0 & \frac{1}{2} & 0 \\ -2 & \frac{1}{2} & 1 \end{bmatrix}$.

7. （1）2；（2）3；（3）4；（4）3.

习题 2.4

1. （1）$x=1$，$y=2$，$z=3$；

（2）$x_1=3$，$x_2=1$，$x_3=-2$；

（3）$x_1=1$，$x_2=2$，$x_3=-1$，$x_4=-2$；

（4）$x_1=1$，$x_2=2$，$x_3=3$，$x_4=-1$.

2. $k=0$ 或 2.

3. $\lambda=1$ 或 $\mu=0$.

4. （1）无解；　（2）$\begin{bmatrix} x_1 \\ x_2 \\ x_3 \end{bmatrix}=C\begin{bmatrix} 1 \\ -2 \\ 1 \end{bmatrix}+\begin{bmatrix} -16 \\ 23 \\ 0 \end{bmatrix}$，$C$ 为任意常数；

（3）$\begin{bmatrix} x_1 \\ x_2 \\ x_3 \\ x_4 \end{bmatrix}=C\begin{bmatrix} -7 \\ -4 \\ 3 \\ 1 \end{bmatrix}+\begin{bmatrix} 1 \\ 2 \\ -1 \\ 0 \end{bmatrix}$，$C$ 为任意常数.

5. （1）$\begin{bmatrix} x_1 \\ x_2 \\ x_3 \end{bmatrix}=C\begin{bmatrix} -1 \\ -1 \\ 1 \end{bmatrix}$，$C$ 为任意常数；

（2）$\begin{bmatrix} x_1 \\ x_2 \\ x_3 \end{bmatrix}=\begin{bmatrix} 0 \\ 0 \\ 0 \end{bmatrix}$；

（3）$\begin{bmatrix} x_1 \\ x_2 \\ x_3 \\ x_4 \end{bmatrix}=C\begin{bmatrix} 1 \\ -1 \\ -1 \\ 1 \end{bmatrix}$，$C$ 为任意常数；

(4) $\begin{bmatrix} x_1 \\ x_2 \\ x_3 \\ x_4 \end{bmatrix}=C_1\begin{bmatrix} 0 \\ 1 \\ 0 \\ 4 \end{bmatrix}+C_2\begin{bmatrix} -4 \\ 0 \\ 1 \\ -3 \end{bmatrix}$，$C_1$，$C_2$ 为任意常数.

6. 当 $\lambda=3$ 时，有无穷多个解. 通解为：$\begin{bmatrix} x_1 \\ x_2 \\ x_3 \end{bmatrix}=\begin{bmatrix} 5 \\ -3 \\ 0 \end{bmatrix}+k\begin{bmatrix} -10 \\ 7 \\ 1 \end{bmatrix}$.

7. 当 $\sum\limits_{i=1}^{4} b_i \neq 0$ 时，无解；

当 $\sum\limits_{i=1}^{4} b_i = 0$ 时,有无穷多个解,通解为：$\begin{bmatrix} x_1 \\ x_2 \\ x_3 \\ x_4 \end{bmatrix}=C\begin{bmatrix} 1 \\ 1 \\ 1 \\ 1 \end{bmatrix}+\begin{bmatrix} b_1+b_2+b_3 \\ b_2+b_3 \\ b_3 \\ 0 \end{bmatrix}$.

习题 3.2

3. 设生产甲产品 x 吨，乙产品 y 吨，经济价值为 z，则数学模型为

$$\max z=7x+12y$$

$$\text{s.t.}\begin{cases} 2.5x+1.5y\leqslant 90 \\ 4x+5y\leqslant 200 \\ 3x+10y\leqslant 300 \\ x\geqslant 0, y\geqslant 0 \end{cases}.$$

4. 设由工厂 A_i 运往销售点 B_j 的产品的数量为 x_{ij}，则数学模型为

$$\begin{aligned} \min z = & 10x_{11}+12(x_{12}+x_{31}+x_{34})+11(x_{13}+x_{22}+x_{23}) \\ & +9(x_{14}+x_{21})+8x_{24}+13x_{32}+16x_{33} \end{aligned}$$

$$\text{s.t.}\begin{cases} \sum\limits_{j=1}^{4} x_{ij}=a_i, i=1,2,3 \\ \sum\limits_{i=1}^{3} x_{ij}=b_j, j=1,2,3,4 \\ x_{ij}\geqslant 0 \end{cases}.$$

5. 作矩阵 $\boldsymbol{C}=(c_{ij})=\begin{bmatrix}16&18&21&22\\19&23&22&18\\26&20&16&18\\19&21&23&17\end{bmatrix}$，则问题的数学模型为

$$\min\sum_{i=1}^{4}\sum_{j=1}^{4}c_{ij}x_{ij}$$

$$\text{s. t.}\begin{cases}\sum\limits_{j=1}^{n}x_{ij}=1,i=1,\cdots,4\\\sum\limits_{i=1}^{n}x_{ij}=1,j=1,\cdots,4\\x_{ij}=0\text{ 或 }1,i,j=1,\cdots,4\end{cases},$$

其中，$x_{ij}=1$ 代表分配 i 干 j 工作，否则 $x_{ij}=0$.

习题 3.3

1. （1）$z_{\min}=-6$；（2）$z_{\max}=1$.

2. 设 500mm 的 x 根，600mm 的 y 根，约束条件为 $500x+600y\leqslant 4\ 000$，$3x-y>0$，$x\geqslant 0$，$y\geqslant 0$，目标函数为 $z=x+y$，画图可求出最优整数解为 $x=2$，$y=5$.

3. 设 A、B 两种规格的金属板各取 x，y 张，用料面积为 z，则约束条件为 $3x+6y\geqslant 45$，$5x+6y\geqslant 55$，$x\geqslant 0$，$y\geqslant 0$，目标函数为 $z=2x+3y$，用图解法可求出最优解 $x=y=5$.

习题 4.2

1. （1）$\Omega=\{$红球，黄球$\}$；

   （2）$\Omega=\{$A，B，C，D，F$\}$，不等可能.

2. （1）$\Omega=\{1，2，3，4，5，6\}$；

   （2）$A=\{2，4，6\}$，$B=\{3，6\}$，$\overline{A}=\{1，3，5\}$，

   $A\cup B=\{2，3，4，6\}$，$AB=\{6\}$.

3. （1）$AB\overline{C}$；（2）$\overline{A}\overline{B}\overline{C}$；（3）$AB\cup BC\cup AC$；（4）$\overline{A}\overline{B}\cup\overline{B}\overline{C}\cup\overline{A}\overline{C}$.

4. $\dfrac{1}{15}$.

5. 0.25.
6. 0.533.
7. 60%.
8. 0.1；0.2.
9. 0.973 3；0.25.
10. 0.913.
11. 0.999.
12. 0.913.

习题 4.3

1. $X \sim B(3, 0.6)$，即 $P(X=k)=C_3^k 0.6^k 0.4^{3-k}$，$k=0, 1, 2, 3$.
2. $P(Y=k)=0.6^{k-1}\cdot 0.4$，$k=1, 2, \cdots$.
3. $P(X=k)=C_5^k\left(\frac{1}{4}\right)^k\left(\frac{3}{4}\right)^{5-k}$，$k=0, 1, 2, 3, 4, 5$.
4. 0.238.
5. (1) 3；(2) 1/27；(3) 7/64；(4) 19/27.
6. 0.433 2；0.682 7.
7. 0.997 6.

习题 4.4

1. (1) −0.4；(2) −0.2；(3) 0.84.
2. 0.3，0.319.
3. 12.68.
4. −3，5，10/3.

习题 5.1

1. T_1 是统计量.
2. 样本均值 0.76；样本方差 0.053；样本标准差 0.230.
3. μ 的矩估计量为 $\overline{X}$.
4. $\hat{\mu}_1$ 较有效.

习题 5.2

1. 平均月薪为 1 045.59 元；最低月薪为 775 元，最高月薪为 1 572 元.

习题 5.3

1. $p=0.4104>0.05$，甲乙两厂蓄电池的电容量无显著差异.
2. $p=0.8113>0.05$，真丝绸与仿真丝绸在平均拉伸能量上无显著差异.
3. $p=0.004<0.05$，这 5 种施肥方案对作物收获量有显著影响.
4. 单位成本 Y 与产量 X 的回归方程为 $Y=77.364-1.818X$.

图书在版编目(CIP)数据

大学文科数学/王章雄，胡桂华主编. —2版. —北京：中国人民大学出版社，2011.8
21世纪数学基础课系列教材
ISBN 978-7-300-14065-0

Ⅰ.①大… Ⅱ.①王…②胡… Ⅲ.①高等数学-高等学校-教材 Ⅳ.①O13

中国版本图书馆CIP数据核字（2011）第146673号

21世纪数学基础课系列教材
大学文科数学（第二版）
主　编　王章雄　胡桂华
副主编　徐群芳　叶彩儿
Daxue Wenke Shuxue

出版发行	中国人民大学出版社		
社　　址	北京中关村大街31号	**邮政编码**	100080
电　　话	010－62511242（总编室）		010－62511770（质管部）
	010－82501766（邮购部）		010－62514148（门市部）
	010－62515195（发行公司）		010－62515275（盗版举报）
网　　址	http://www.crup.com.cn		
经　　销	新华书店		
印　　刷	北京市鑫霸印务有限公司	**版　　次**	2007年10月第1版
规　　格	170 mm×228 mm　16开本		2011年8月第2版
印　　张	13.5插页1	**印　　次**	2023年1月第9次印刷
字　　数	242 000	**定　　价**	29.00元